高职高专“十三五”规划教材

化工设备

● 邢晓林　郭宏伟　主编

第二版

HUAGONG
SHEBEI

化学工业出版社
·北京·

本书是根据高等职业教育的培养目标，围绕职业能力训练的教学需要，以专业教学的针对性、实用性和先进性为指导思想，以应用为主构建体系。

本书主要介绍了化工设备的应用、要求、材料和典型壳体的受力分析，内压、外压容器，法兰连接、开孔与补强、人（手）孔、支座、接管与安全附件，换热设备、塔设备、反应设备等。书中每章结束后附有一定数量的习题。

本书有配套的电子教案，可在化学工业出版社的官方网站上免费下载。

本书主要作为高等职业技术院校化工装备技术类专业的教材或相关专业的教学参考书，也可供从事化工机械及设备设计、制造维修和管理工作的工程技术人员和社会读者参考。

图书在版编目（CIP）数据

化工设备/邢晓林，郭宏伟主编．—2版．—北京：化学工业出版社，2019.8（2024.2重印）
高职高专“十三五”规划教材
ISBN 978-7-122-34595-0

Ⅰ．①化…　Ⅱ．①邢…②郭…　Ⅲ．①化工设备-高等职业教育-教材　Ⅳ．①TQ05

中国版本图书馆CIP数据核字（2019）第104527号

责任编辑：高　钰　　文字编辑：孙凤英
责任校对：宋　夏　　装帧设计：刘丽华

出版发行：化学工业出版社（北京市东城区青年湖南街13号　邮政编码100011）
印　　装：涿州市般润文化传播有限公司
787mm×1092mm　1/16　印张14¼　字数　345千字　2024年2月北京第2版第4次印刷

购书咨询：010-64518888　　售后服务：010-64518899
网　　址：http://www.cip.com.cn
凡购买本书，如有缺损质量问题，本社销售中心负责调换。

定　　价：42.00元

前言

本书自2005年出版以来，已连续多次印刷，受到高职院校师生的好评，但随着高职教育教学以“工学结合”为切入点，在人才培养模式改革方面的不断探索，以及国家和行业相关标准的不断更新，为适应发展变化的需要，第二版进行了修改、更新和完善。

本次修订的主要特点有：

1. 全部采用最新国家标准，确保所引用国家标准、规范的权威性、准确性，使本书符合时代的需要。

2. 依据化工装备维修技术专业就业岗位所需的操作技能知识，在换热设备、塔设备、反应设备三个章节中，分别增加了“设备维护”“设备检修”两节的内容；加入了大量设备零部件结构及其工作原理的三维虚拟或实物图片，使教材更加生动易懂。

3. 重新编排、更新了“第一章　化工设备概述”中的“第五节　压力容器常用材料”“第六节　压力容器常用规范”的内容，使之更贴近生产实际所需知识，确保引用最新国家标准内容。

4. 在“第三章　内压薄壁容器”的“第一节　内压薄壁壳体强度计算”“第三节　内压封头结构和计算”中，依据GB/T 150—2011，增加了“以外径为基准进行强度计算”部分。

5. 将第一版第六章编为本书第五章，重新编排、更新了“第一节　法兰连接”的主要内容；在“第三节　支座”中增加了“腿式支座”内容。

本书的内容已制作成用于多媒体教学的PPT课件，并将免费提供给采用本书作为教材的院校使用。如有需要，请发电子邮件至cipedu@163.com获取，或登录www.cipedu.com.cn免费下载。

本书由邢晓林、郭宏伟主编，滕文锐、胡昆芳参加编写，武海滨、何瑞珍提出了许多很有价值的建议和意见，在此致以衷心感谢。

本次改版基本维持了原有的体系和结构，疏漏和不妥之处期望读者批评指正。

编　者

2019年5月

第一版前言

高等职业教育是中国高等教育的重要组成部分，近年来在国家大力推进职业技术教育改革和加强教育结构调整的基础上得到了较快发展。特别是第四次全国职业教育工作会议召开，进一步确立了职业教育在社会主义现代化建设中的重要地位，同时也让广大教育工作者明确了高等职业教育实施人才培养工作的目标和任务。为了更好适应高等职业教育发展的需要，配合化工高职高专化工机械类专业的建设和教学改革，在全国化工教学指导委员会的精心组织和指导下，在研究有关教材建设意见和建议，以及广泛吸收相关教材优点和总结有关院校教学改革经验的基础上，经过一定时间的努力，编写了这本供高职学院化工机械及设备维修专业使用的专业课教材。

本书是根据全国化工教学指导委员会提出的关于化工机械类专业人才培养目标和新制定的教学计划要求进行编写的。全书以专业教学的针对性、实用性和先进性为指导思想，以培养生产第一线应用型技术人才为目标，紧紧围绕职业能力训练的教学需要构建知识体系和组织教学内容。本书在结构和编写层次上淡化了理论性强的学科内容和比较复杂的设计计算内容，对一些必备的知识点，设法通过最常用或学生最熟悉的途径予以解决，并由此加强对学习者解决问题能力的训练；更加突出典型化工设备及主要零部件的结构、特点、功能、原理等方面的内容，重点引导学习者对现有规范、标准的认识和理解。另外，在本书编写中，结合本专业所要求的相关知识，注意与其他课程的合理衔接，始终体现实用和够用的编写特点。

为了便于教学，本书结合实际应用问题，选配了适量的例题、分析题、问答题和计算题。考虑到各院校不同层次的教学要求，对部分理论性分析的内容用小字排出，并在该内容前加注“*”号，供各学校在教学中选用。

本书第一、第二、第五章由邢晓林编写，第三、第四章由滕文锐编写，第六章由胡昆芳编写，第七、第八、第九章由段辉琴编写。本书由邢晓林主编，潘传九主审。

本书在编写过程中得到了有关领导和兄弟院校的指导和支持，特别是参加本书审稿的专家、同行以及出版社的有关同志，在充分肯定的同时，提出了许多建设性意见，对书稿编写质量的提高起到了很大作用。在此对各位领导以及所有对本书编写及出版工作给予大力支持和帮助的同志表示衷心的感谢。

由于编者水平有限，虽经努力，书中疏漏甚至错误在所难免，敬请各位读者指正。

编　者

2005 年 5 月

目录

第一章　化工设备概述

第二章　化工设备强度计算基础

第三章　内压薄壁容器

第四章　外压容器

第五章 化工设备主要零部件

第六章 换热设备

第七章　塔　设　备

第八章　反应设备

参考文献

第一章

化工设备概述

学习目标

了解化工设备的概念、应用特点及其基本要求；学习压力容器的分类、组成和常用材料的使用原则；初步认识压力容器的常用规范。

第一节　化工设备及其应用

任何一种石油、化工产品，都是人们利用一定的生产技术和按照特定的工艺要求，将原料经过一系列物理或化学加工处理后得到的。这一系列加工处理的步骤称为化工生产过程。

在生产实践中，要实现某种化工生产就需要有相应的机器和设备。例如，对物料进行混合、分离、加热和化学反应等操作，就需要有混合搅拌设备、分离设备、传热和反应设备；对流体进行输送，就需要有管道、阀门和储存设备等。因此，化工机器及设备是实现化工生产的重要工具，没有相应的机器和设备，任何化工生产过程都将无法实现。

下面列举两个典型实例，说明化工设备在生产中的应用。

1. 天然气部分氧化法制氢

如图 1-1 所示，是合成氨厂以天然气（甲烷）、氧气（或富氧空气）为原料，利用甲烷燃烧以及甲烷转化反应生成氢和一氧化碳，作为合成氨原料气的工艺流程。具体过程是：天

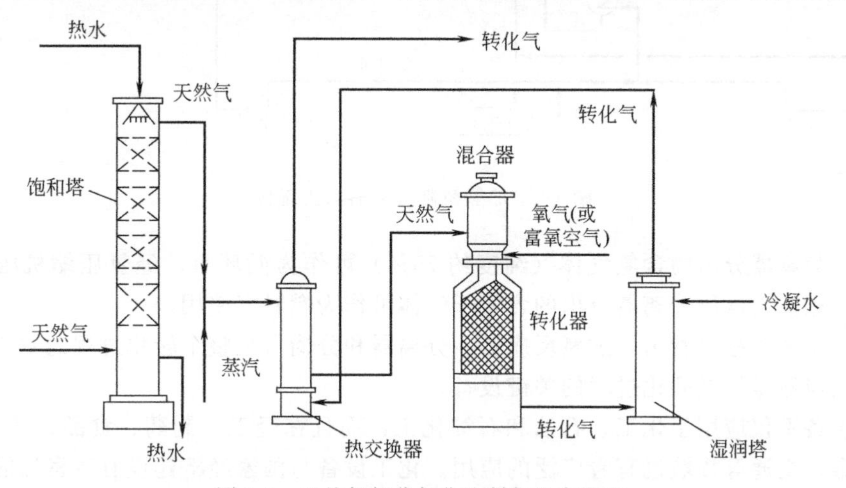

图 1-1　天然气部分氧化法制氢生产流程

然气在0.16～0.17MPa压力下进入饱和塔，在塔中加入热水，用热水预热天然气并使天然气饱和水蒸气。饱和后的天然气再加入转化所需的蒸汽，经热交换器（换热器）与转化气换热后进入混合器。接下来天然气与空气充分混合进入转化器，并在800～850℃温度和催化剂作用下完成以下转化反应，即

$$CH_4+H_2O \longrightarrow 3H_2+CO \qquad CH_4+CO_2 \longrightarrow 2H_2+2CO$$

最后将转化气通过热交换器冷却到400～420℃，送往下一工段处理。该流程使用的饱和塔、换热器和转化器，就是完成天然气转化过程所必需的重要设备。

2. 重质油加氢裂化

重质油加氢裂化是现代炼油工业中比较重要的转化过程。它是在催化剂和氢气存在的条件下，使重质油通过裂化反应转化为汽油、煤油和柴油等轻质油品的加工工艺。图1-2所示为重柴油在一定温度（400℃）、压力（10～15MPa）和氢气作用下制取汽油和煤油的工艺流程。具体过程是：原料油、循环油和氢气混合后经加热进入反应器，反应后的生成物和氢气自反应器下部排出，经换热、冷却后送入高压分离器；自高压分离器下部排出的生成油经减压后再送入低压分离器；最后，由低压分离器分出来的液体产物经加热后送入分馏塔，分离出燃料气、汽油、煤油等。

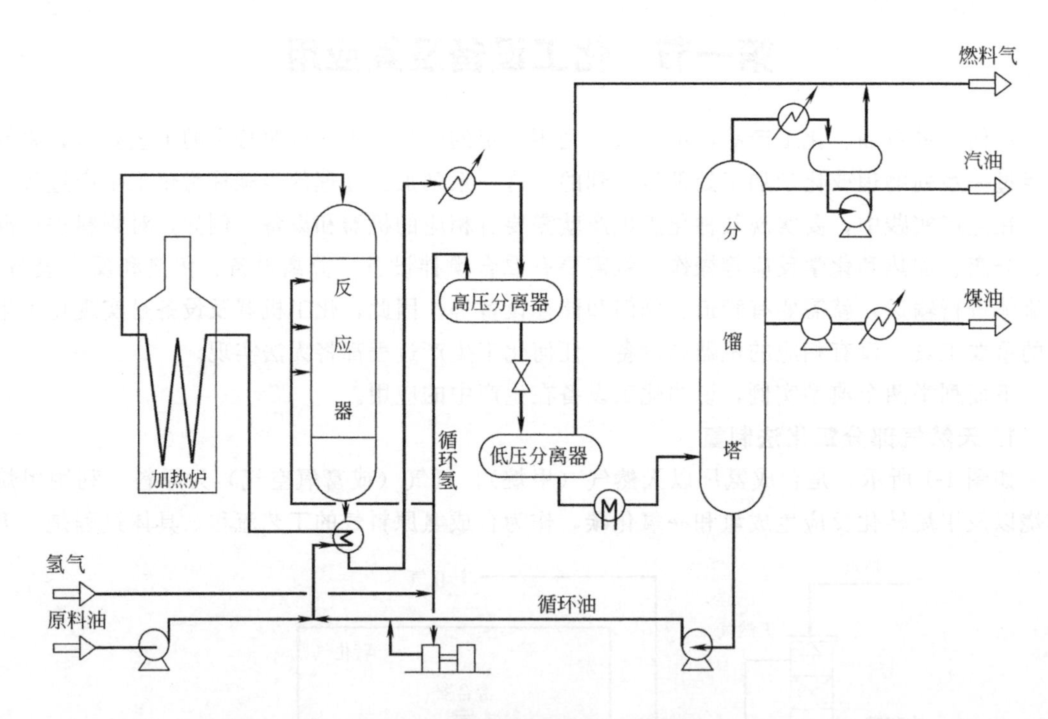

图1-2 加氢精制重柴油工艺流程

由高压分离器分出的含氢气体（纯度约75%）可作为循环氢，经氢压缩机压缩后在系统中循环使用。由低压分离器分出的含氢干气体可作为燃料气使用。

从上述工艺流程可看出，加氢反应器、分离器和分馏塔是整个转化过程的主要设备。其中，加氢反应器是加氢裂化过程的关键设备。

化工设备不仅应用于化工、石油和石油化工，而且在轻工、制药、食品、环境、生物、能源、冶金、交通等领域也有着广泛的应用。化工设备与国家经济建设有着密切的关系，对国民经济的发展起着非常重要的作用。

第二节　化工设备的特点

从上述实例看出，任何化工设备都是为满足一定生产工艺条件而提出的，而化工设备的新设计、新材料和新制造技术的应用，则是按照化工生产过程要求的不断变化而发展起来的。因此，服务于这类生产工艺过程的设备，与通常的产业机械设备相比，有着以下显著特点。

1. 功能原理多样化

化工设备及技术与“化工过程”的原理密不可分。设备的设计、制造及运行在很大程度上依赖于设备内部进行的各种物理或化学过程以及设备外部所处的环境条件，或者说“化工生产过程”是“化工设备”的前提。由此，化工生产过程的介质特性、工艺条件、操作方法以及生产能力的差异，也就决定了人们必须根据设备的功能、条件、使用寿命、安全质量以及环境保护等要求，采用不同的材料、结构和制造工艺对其进行单独设计。从而，使得在工业领域中所使用的化工设备的功能原理、结构特征多种多样，并且设备的类型也比较繁多。例如，换热设备的传热过程，根据工艺条件的要求不同，可以利用加热器或冷却器实现无相变传热，也可以采用冷凝器或重沸器实现有相变的传热。

2. 外部壳体多是压力容器

对于处理气体、液体和粉体等这样一些流体材料为主的化工设备，通常都是在一定温度和压力条件下工作的。尽管它们服务对象不同，形式多样，功能原理和内外结构各异，但一般都是由限制其工作空间且能承受一定温度、压力载荷的外壳（筒体和端部）和必要的内件所组成。从强度和刚度分析，这个能够承受压力载荷的外壳体即是压力容器，如图 1-3～图 1-5 所示。

压力容器及整个设备通常是在高温、高压、高真空、低温、强腐蚀的条件下操作，相对

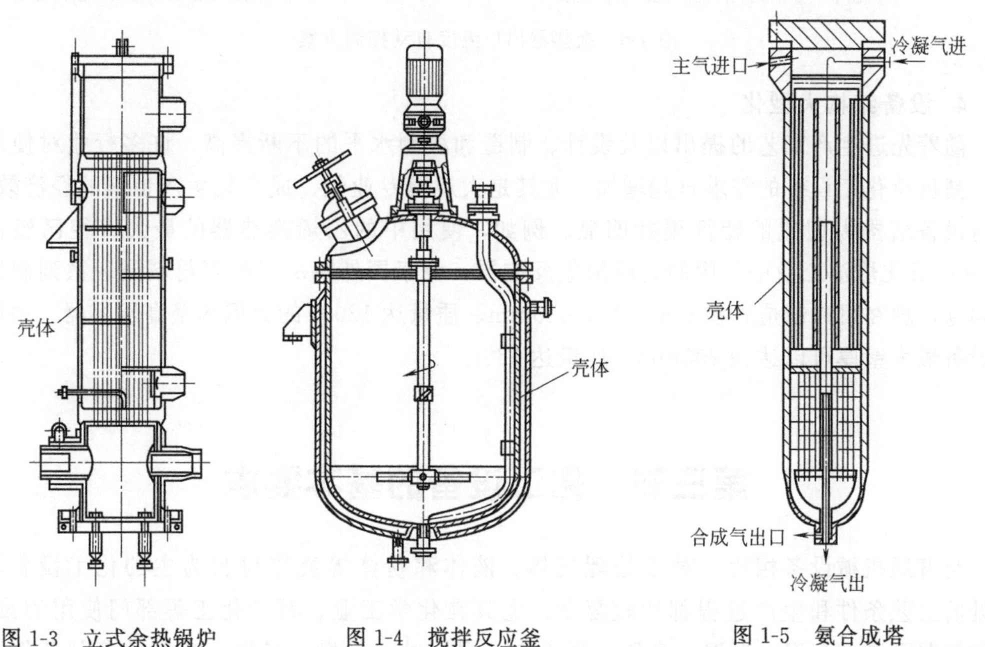

图 1-3　立式余热锅炉　　图 1-4　搅拌反应釜　　图 1-5　氨合成塔

其他行业来讲，工艺条件更为苛刻和恶劣，如果在设计、选材、制造、检验和使用维护中稍有疏忽，一旦发生安全事故，其后果不堪设想。因此，国家劳动部门把这类设备作为受安全监察的一种特殊设备，并在技术上进行了严格、系统和强制性的管理。例如，制定了GB/T 150—2011《压力容器》、JB 4732—1995《钢制压力容器分析设计标准》、GB/T 151—2014《热交换器》、《固定式压力容器安全技术监察规程》、《超高压容器安全监察规程》等一系列强制性或推荐性的规范标准和技术法规，对压力容器的设计、材料、制造、安装、检验、使用和维修提出了相应的要求。同时，为确保压力容器及设备的安全可靠，实施了持证设计、制造和检验制度。

3. 化-机-电技术紧密结合

随着现代工业技术的发展，对物料、压力、温度等参数实施精确可靠控制，以及对设备运行状况进行适时监测，已是化工设备高效、安全、可靠运行的保证。为此，生产过程中的成套设备都是将化工过程、机械设备及控制技术等方面紧密结合在一起，实现“化-机-电”技术的一体化，对设备操作过程进行控制。这不仅是化工设备在应用上的一个突出特点，也是设备应用水平不断提高的一个发展方向。例如，换热器出口温度的控制，除了化工设备的正常运行外，需要结合自动控制技术，按照图 1-6 所示的自动控制方案，通过改变载热体流量或调节工艺介质自身流量来改变换热器的热负荷，最终保证工艺介质在换热器出口处的温度为一稳定值。

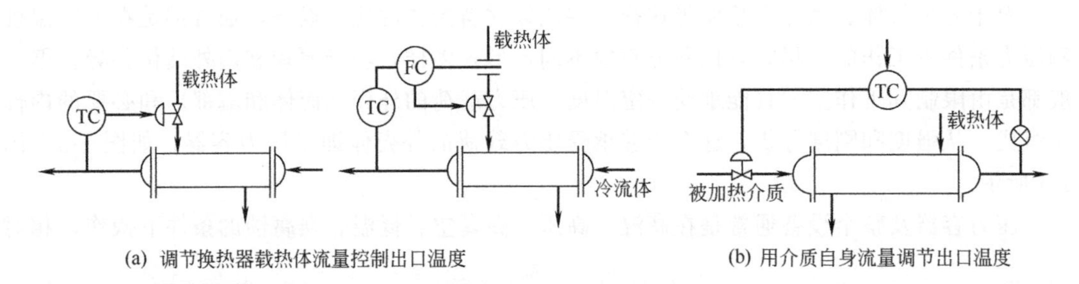

(a) 调节换热器载热体流量控制出口温度
(b) 用介质自身流量调节出口温度

图 1-6 换热器出口温度自动控制方案

4. 设备结构大型化

随着先进生产工艺的提出以及设计、制造和检测水平的不断提高，许多行业对使用大型、高负荷化工设备的需求日趋增加。尤其是大规模专业化、成套化生产带来的经济效益，使得设备结构大型化的特征更加明显。例如，使用中的乙烯换热器的最大直径已经达到2.4m；石化炼油工业中使用的高压加氢反应器，由于国外解决了抗氢材料及一系列制造技术问题，现在可以制造直径 6m、壁厚 450mm、质量达 1200t 的大型热壁高压容器。中国目前设备最大壁厚可以达到 200mm，质量达 560t。

第三节 化工设备的基本要求

与普通机械设备相比，对于处理气体、液体和粉体等流体材料为主的化工设备，其所处的工艺条件和生产过程都比较复杂。尤其在化学工业、石油化工等部门使用的设备，多数情况下是在高温、低温、高压、高真空、强腐蚀、易燃、易爆、有毒的苛刻条件下操作，加之生产过程具有连续性和自动化程度高的特点，这就要求在役设备既要安全可靠地运行，又要满足工艺过程要求，同时还应具有较高的经济技术指标以及易于操作和维护的特点。

1. 安全可靠性要求

生产过程苛刻的操作条件决定了设备必须可靠运行。为了保证其安全运行，防止事故发生，化工设备应该具有足够的能力来承受使用寿命内可能遇到的各种外来载荷。具体讲，就是要求所使用的设备具有足够的强度、韧性和刚度，以及良好的密封性和耐腐蚀性。

化工设备是由不同材料制造而成的，其安全性与材料本身的强度密切相关。在相同设计条件下，提高材料强度无疑可以保证设备具有较高的安全性。但满足强度要求并非是选用材料的强度级别越高越好，而是要选择合适的材料。无原则地选用高强度材料，结果只会导致材料和制造成本的提高以及设备抗脆断能力的降低。另外，除了保证所有零部件选用的材料具有足够的强度外，还要考虑设备各零部件之间的连接结构形式。因为化工设备多数是以焊接方式进行连接的，其应力集中现象比较严重，存在缺陷的可能性也较大，是设备比较薄弱的环节，所以，化工设备的设计和制造必须足够重视。

由于材料、焊接和使用等方面的原因，化工设备不可避免地会出现各种各样的缺陷，如裂纹、气孔、夹渣等。如果在选材时充分考虑材料在破坏前吸收变形能量的能力水平（即材料的韧性），并注意材料强度和韧性的合理搭配，最大限度地降低化工设备对缺陷的敏感程度，对于保证设备的安全运行也是一个非常有效的措施。

刚度是保证化工设备安全运行的又一个重要方面。因为，有时设备的失效不是因为强度不够，而是由于设备在不发生破坏的情况下突然丧失其原有形状，致使设备失去应有的功能。因此，“失稳”是化工设备常见的一种失效形式。对这一类设备的设计应该确保具有足够抵抗过度变形的能力，即抗失稳能力。例如，外压容器和真空容器的壁厚设计，就是通过建立稳定条件来确定的。

密封性是化工设备在正常操作条件下阻止介质泄漏的能力。根据化工生产对安全所提出的要求，如果化工设备不具备良好的密封性能，那么，易燃、易爆、有毒介质就有可能在其内部的腔体间发生泄漏或直接泄漏到周围环境，这不仅使生产及设备受到损失，污染环境，而且可能对操作人员的安全构成威胁，甚至可能引起爆炸等事故。因此，良好的密封性是化工设备安全操作的必要条件。

耐蚀性也是保证化工设备安全运行的一个基本要求。特别是处理化工生产中的介质，由于它们具有不同程度的腐蚀性，一方面，可能使设备的厚度减薄，使用寿命缩短；另一方面，还会在应力集中及两种材料或构件焊接处等区域造成更为严重的腐蚀，结果引起泄漏或爆炸。为此，选择合理的耐蚀材料或采用相应的防腐蚀措施，将会大大提高化工设备的使用寿命和安全可靠性。

2. 工艺条件要求

化工设备是为工艺过程服务的，其功能要求是为满足一定的生产需要提出来的。如果功能要求不能得到满足，将会影响整个过程的生产效率。例如，图 1-1 所示流程中使用的换热器，其换热面积和一些结构尺寸都是利用给定的操作条件，通过工艺计算而得到的。由此得到的化工设备从结构和性能特点上就能保证在指定的生产工艺条件下完成指定的生产任务，即满足相应的工艺条件要求。

3. 经济合理性要求

在保证化工设备安全运行和满足工艺条件的前提下，要尽量做到经济合理。因为经济性是否合理是衡量化工设备优劣的一个重要指标。首先，从设计和使用方面来讲，除了实现生产操作外，要尽量使化工设备的生产效率最高，消耗最低。例如，反应设备就要求在单位时间内单位容积的生成物数量要多。其次，结构要合理，制造要简单。即在相同工艺条件下，为了获得较好的效果，设备可以使用不同的结构内件，并充分利用材料性能，使用简单和易于保证质量的制造方法，减少加工量，降低制造成本。除此之外，对于一些大型化工设备，还要考虑运输、安装等方面的难易程度，最大限度地降低有关费用。

4. 便于操作和维护

化工设备除了要满足工艺条件和考虑经济性能外，使设备操作简单、便于维护和控制也是一个非常重要的方面。例如，在设置阀门、平台、人（手）孔、视镜和楼梯时，位置要合适，以便操作人员很容易地进行操作和维护；又如，化工设备需要定期检验安全状态或更换易损零件，在结构设计上就应当考虑易损零件的可维护性和可修理性，使之便于清洗、装拆和维护。

5. 环境保护要求

随着工艺条件要求的提高和人们环保意识的增强，对化工设备失效的概念有了新的认识，除通常所讲的破裂、过量塑性变形、失稳和泄漏等功能性失效外，现在提出“环境失效”，如有害物质泄漏到环境中，生产过程残留无法清除的有害物质以及噪声等。因此，化工设备在设计时应考虑这些因素的影响，必要时，应在结构上增设有泄漏检测功能的装置，以满足环境保护的要求。

对化工设备提出的基本要求比较多，全部满足显然是比较困难的。但从内容上来看，主要还是化工设备的安全性、工艺性和经济性，且核心是安全性要求。由此，可以针对化工设备的具体使用情况，优先考虑主要要求，再适当兼顾次要要求。

第四节 压力容器及其分类

正如前面所提到的，不同类型的化工设备虽然其服务对象不同，操作条件各异，结构形式多样，但大多都是含有一个能承受压力且容积达到一定数值的密闭容器。按照中国《固定式压力容器安全技术监察规程》的有关规定，若密闭容器同时具备以下条件即可视为压力容器。

① 最高工作压力大于或等于 0.1MPa（不含液柱压力）。

② 内直径（非圆形截面指断面最大尺寸）大于或等于 0.15m，且容积大于或等于 $0.025m^3$。

③ 介质为气体、液化气体或最高工作温度等于标准沸点的液体。

从形状来看，压力容器主要有矩形、球形和圆筒形三种。其中，矩形容器由平板焊成，但承压能力差，因此，多用作小型常压储槽。球形容器由于制造上的原因，通常也用作有一定压力的大中型储罐。而对于圆筒形容器，由于制造容易，安装内件方便，承压能力较强，故在工业生产中应用最广。

一、压力容器结构

如图 1-7 所示的圆筒形压力容器，一般可以分为筒体（筒身）、封头（端盖）、密封装置、人（手）孔、接管和支座等组成部件。其中，筒体和封头是用板、壳制造而成的具有典型几何形状的焊接结构件。筒体和封头构成了整个压力容器实现化学反应或储存物料的压力空间，是压力容器最主要的受压元件。

压力容器使用的密封装置较多，其主要目的是在压力容器某一可能发生介质泄漏而需要加以密封的部位设置一个完善的物理壁垒。它是保证压力容器正常、安全可靠运行的又一个重要部件。如图 1-7 所示的容器接管与外管道的连接以及人孔盖的连接，均采用了最常见的法兰密封结构。

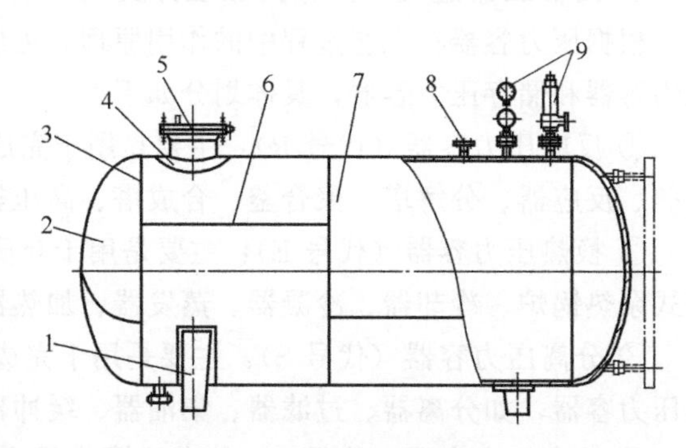

图 1-7　圆筒形压力容器

1—鞍式支座；2—封头；3—封头拼接焊缝；4—补强圈；5—人孔；6—筒体纵向拼接焊缝；7—筒体；8—接管法兰；9—压力表、安全阀

由于工艺过程的要求和检修需要，在压力容器的筒体和封头上开设有不同尺寸的安装孔和工艺接管，如图 1-7 中的人孔、物料进出口接管以及安装压力表、液面计、安全阀和各类检测仪表的接管等。

在压力容器壳体上开孔后，器壁会因去除一部分承载的材料而强度被削弱，并使容器结构出现局部的不连续。因而，对筒体和封头上开设的孔，当尺寸超过某一规定值后，还需要进行开孔补强设计，并通过选用合理的补强结构（如图 1-7 中人孔处采用补强圈补强），确保压力容器所需的强度。

支座是支撑和固定设备的一个基础部件，通常是由板材或型材组焊而成。根据压力容器结构和形式的不同，常见的有立式支座、卧式支座和球形容器支座三种。支座类型主要是根据容器的质量、结构、承受的载荷以及操作和维修要求来选定的。图 1-7 所示的压力容器采用的是卧式支座中的一种典型结构——鞍式支座。

以上所述的密封装置、人（手）孔、接管、补强圈和支座等部件，通常又称为化工设备的通用零部件。现在它们大多都有标准，可直接根据条件进行选用。

二、压力容器分类

由于过程条件的多样化和复杂化，使得压力容器的种类十分繁多，而且它们在使用过程中一旦发生事故所造成的危害程度也各不相同。为了了解各种压力容器的结构特点，适用场合，以及设计、制造、管理等方面的要求，需要对压力容器进行分类。本节除了说明一般分类方法外，将着重介绍中国《固定式压力容器安全技术监察规程》中的分类方法。

1. 按设计压力高低分类

按照承压性质，容器可以分为内压和外压容器。当作用于器壁内部的压力高于容器外表面所承受的压力时，这类压力容器称为内压容器，反之为外压容器。内压容器按设计压力大小又可分为 4 个压力等级。

① 低压容器（代号 L）：$0.1\text{MPa} \leqslant p < 1.6\text{MPa}$。

② 中压容器（代号 M）：$1.6\text{MPa} \leqslant p < 10.0\text{MPa}$。

③ 高压容器（代号 H）：10.0MPa $\leqslant p<$100MPa。

④ 超高压容器（代号 U）：$p\geqslant$100MPa。

设计压力是压力容器非常重要的一个参数，它与压力容器的用途和盛装介质的性质结合，可以比较综合地反映压力容器的安全性要求。因此，依据设计压力高低进行分类，可以明确不同压力等级的容器接受不同级别的安全监察和管理。

2. 按在工艺过程中的作用原理分类

根据压力容器在工艺过程中的作用原理，可以分为反应压力容器、换热压力容器、分离压力容器和储存压力容器，具体划分如下。

① 反应压力容器（代号 R）：主要是用于完成介质的物理和化学反应的压力容器，如反应釜、反应器、分解塔、聚合釜、合成塔、高压釜、变换炉、煤气发生炉等。

② 换热压力容器（代号 E）：主要是用于介质的热量交换的压力容器，如热交换器、管壳式余热锅炉、冷却器、冷凝器、蒸发器、加热器和电热蒸汽发生器等。

③ 分离压力容器（代号 S）：主要是用于完成介质的流体压力平衡缓冲和气体净化分离的压力容器，如分离器、过滤器、集油器、缓冲器、洗涤器、干燥塔、汽提塔等。

④ 储存压力容器（代号 C，其中球罐代号为 B）：主要是用于储存或盛装气体、液体、液化气体等介质的压力容器，如液化石油气储罐、液氨储罐、球罐、槽车等。

对一种压力容器，如果同时具备两个以上工艺原理作用时，则应按工艺过程中的主要作用来划分其类别。

3. 按工作温度分类

根据压力容器工作温度的高低，一般可以分为以下几种。

① 低温容器：设计温度 $T\leqslant-20$℃。

② 常温容器：设计温度$-20℃<T\leqslant200℃$。

③ 中温容器：设计温度 $200℃<T\leqslant450℃$。

④ 高温容器：设计温度 $T>450℃$。

将压力容器按工作温度进行分类，其意义在于认识工作温度对材料性能的影响。因为对不同的温度范围，在材料选用上考虑的问题是不同的。例如，高温环境下工作的压力容器，选材时需要考虑蠕变性能、抗氧化性能、石墨化等；而在低温工作条件下的压力容器，则需要考虑材料的低温冷脆性能。

4. 按压力容器壁厚分类

根据器壁厚度的不同将压力容器分为薄壁和厚壁容器，两者是按其外径 D_o 与内径 D_i 的比值大小来划分的。

① 薄壁容器：直径之比 $K=D_o/D_i\leqslant1.2$ 的容器。

② 厚壁容器：直径之比 $K=D_o/D_i>1.2$ 的容器。

按壁厚分类的意义主要是说明以上两类容器在进行设计计算时的理论依据和要求是不同的。薄壁容器由于其壁厚相对于直径较小，其强度计算的理论基础是旋转薄壳理论和薄膜应力公式，由此确定的薄膜应力是两向应力，且沿壁厚均匀分布；而厚壁容器的强度计算的理论基础是由弹性应力分析所得的拉美公式，由此计算得到的应力是三向应力，沿壁厚为非均匀分布，且比较准确地表征了器壁内应力的实际分布规律。

5. 按安全技术监察规程要求分类

以上所述的几种分类方法，都只是从压力容器的某个设计参数或使用状况来考虑的，并没有综合反映压力容器的整体危害水平。例如，一台反应压力容器，如果处理的是具有易燃或毒性程度为中度及以上的介质，则其危害程度就要比相同压力、相同尺寸处理非易燃易爆或毒性程度为轻度的压力容器大得多。除此以外，压力容器的危害性还与设计压力 p 和容积 V 有关，尤其是与 pV 的值有关。因此，为了对不同安全要求的压力容器进行更好的技术管理和监督检查，中国《固定式压力容器安全技术监察规程》采用了既考虑容器的压力等级、容积大小，又考虑介质危害程度以及在生产过程中的作用的分类方法，将压力容器划分成了三个类别。其中第三类压力容器危害性最大，要求也最高，具体划分如下。

(1) 第三类压力容器

具有下列情况之一的，为第三类压力容器。

① 高压容器。

② 毒性程度为极度和高度危害介质的中压容器。

③ 易燃或毒性程度为中度危害介质，且 pV 大于 10MPa·m^3 的中压储存容器。

④ 易燃或毒性程度为中度危害介质，且 pV 大于或等于 0.5MPa·m^3 的中压反应容器。

⑤ 毒性程度为极度和高度危害介质，且 pV 大于或等于 0.2MPa·m^3 的低压容器。

⑥ 高压、中压管壳式余热锅炉。

⑦ 中压搪玻璃压力容器。

⑧ 使用强度级别较高（指相应标准中抗拉强度规定值下限大于 540MPa）的材料制造的压力容器。

⑨ 移动式压力容器，包括铁路罐车（介质为液化气体、低温液体）、罐式汽车［液化气体运输（半挂）车、低温液体运输（半挂）车、永久气体运输（半挂）车］和罐式集装箱（介质为液化气体、低温液体）等。

⑩ 容积大于或等于 50m^3 的球形储罐。

⑪ 容积大于 5m^3 的低温液体储存容器。

(2) 第二类压力容器

具有下列情况之一的，为第二类压力容器。

① 中压容器。

② 毒性程度为极度和高度危害介质的低压容器。

③ 易燃或毒性程度为中度危害介质的低压反应容器和低压储存容器。

④ 低压管壳式余热锅炉。

⑤ 低压搪玻璃压力容器。

(3) 第一类压力容器

除已列入第二类或第三类的所有低压容器。

考虑容器中介质毒性程度的分类，主要是说明处理不同毒性或易燃介质的容器，在发生事故时造成的危害性是有所不同的。对于处理极度毒性或易燃介质的容器，其要求就应当比处理其他介质的高。

上述内容中提到的毒性程度参照了 GB 5044《职业性接触毒物危害程度分级》的规定，按介质毒性最高允许的浓度值分为 4 级。

① 极度危害（Ⅰ级）：最高容许浓度小于 0.1mg/m^3，如氟、氢氟酸、光气等介质。

② 高度危害（Ⅱ级）：最高容许浓度为 0.1～1.0mg/m^3，如氟化氢、碳酰氟、氯等

介质。

③ 中度危害（Ⅲ级）：最高容许浓度为1.0～10mg/m³，如二氧化硫、氨、一氧化碳、甲醇、氯乙烯等介质。

④ 轻度危害（Ⅳ级）：最高容许浓度大于或等于10mg/m³，如氢氧化钠、四氟乙烯、丙酮等介质。

易燃介质是指与空气混合的爆炸下限小于10%，或爆炸上限、下限之差大于或等于20%的气体，如一甲胺、乙烯、乙烷、丙烷、丁烷、环氧乙烷、三甲胺、丁二烯等。

第五节　压力容器常用材料

一、化工设备选材的重要性和复杂性

① 工艺操作条件的限制：压力容器的工作温度可以从低温到高温，材料受冷、热后热胀冷缩，材料的物理性能会发生变化；工作压力可以从真空到超高压；处理的介质可能是易燃、易爆、有毒或有强烈的腐蚀性。

② 制作条件的限制：设备在制造过程中，要经过各种冷、热加工使其成形，例如下料、卷板、焊接、热处理等。

③ 材料自身性能的限制：在压力容器的结构上不可避免地会有小圆角或缺口结构，在焊接制造中也不可能没有气孔、夹渣、未焊透、未熔合等缺陷。

二、材料的性能

（一）力学性能

材料抵抗外力而不产生超过允许的变形或不被破坏的能力，叫作材料的力学性能。力学性能主要包括强度、塑性、硬度和韧性，这是设计时选用材料的重要依据。

1. 强度

强度是固体材料在外力作用下抵抗产生塑性变形和断裂的能力。常用的强度指标有屈服强度和抗拉强度等。

① 屈服强度：金属材料承受载荷作用，当载荷不再增加或缓慢增加时仍发生明显的塑性变形，这种现象称为“屈服”。发生屈服现象时的应力，即开始出现塑性变形时的应力，称为“屈服点”，它代表材料抵抗塑性变形的能力。

② 抗拉强度：金属材料在受力过程中，从开始加载到发生断裂所能达到的最大应力值，叫作抗拉强度。

2. 塑性

塑性反映材料在外力作用下发生塑性变形而不破坏的能力。如果材料能发生较大的塑性变形而不破坏，则称材料的塑性好。常用的塑性指标有伸长率和断面收缩率，伸长率和断面收缩率的值越大，材料的塑性越好。

3. 硬度

硬度反映金属材料抵抗比它更硬物体压入其表面的能力。常用的硬度指标为布氏硬度（HBS、HBW）和洛氏硬度（HKA、HKB、HRC）。

4. 韧性

韧性是表示材料弹塑性变形和断裂全过程吸收能量的能力，也就是材料抵抗裂纹扩展的能力。常用冲击韧性来表示材料承受动载荷时抗裂纹扩展的能力，用缺口敏感性表示材料承受静载荷时抗裂纹扩展的能力。

① 冲击韧性：材料在冲击载荷下吸收塑性变形功和断裂功的能力，用冲击吸收功 A_K 或冲击韧度表示。

② 断裂机理：冲击试样在受到摆锤突然打击发生断裂时，它的断裂过程是一个裂纹发生和扩展的过程。在裂纹向前发展的道路中，如果塑性变形能发生在它的前面，就可以制止裂纹的长驱直入。裂纹要继续发展，就需另找途径，这样，就能消耗更多的能量。因此，冲击吸收功的高低，决定于材料有无迅速塑性变形的能力。

③ 韧性与塑性：韧性是材料在外加动载荷突然袭击时的一种及时迅速塑性变形的能力。韧性高的材料，一般都有较高的塑性指标。但塑性较高的材料，却不一定都有高的韧性，因为静载荷下能缓慢塑性变形的材料，在动载荷下，不一定能迅速塑性变形。

④ 缺口敏感性：由于结构设计的需要，各类弹性元件要有不同的几何形状。同时，材料表面还会有一些缺陷，如划痕、裂纹、脱碳等，这些都使其性能和采用光滑试样测得的性能有很大差异，这就是缺口效应。表示材料因缺口效应，其强度和塑性变化趋势的参量叫缺口敏感性。通常，用光滑试样的抗拉强度和缺口试样的抗拉强度的比值作为缺口敏感性的指标。

总之，在材料的力学性能所包括的强度、塑性、韧性、硬度四个指标中，强度和塑性占主导地位，但使用时要考虑温度的变化。

（二）物理性能

物理性能主要有相对密度、熔点、热膨胀性、导热性、导电性、磁性、弹性模量与泊松比等。

1. 弹性模量 E

$\sigma=E\sigma$，这个比例系数 E 称为弹性模量。弹性模量是金属材料对弹性变形抗力的指标，是衡量材料产生弹性变形难易程度的，对不同材料，其弹性模量越大，使它产生一定量的弹性变形的应力也越大。对同一种材料，弹性模量 E 随温度的升高而降低。

2. 泊松比 μ

泊松比 μ 是拉伸试验中试件单位横向收缩与单位纵向伸长之比。对于各种钢材它近乎为一个常数，即 $\mu\approx0.3$。

（三）化学性能

1. 耐腐蚀性

金属和合金对周围介质，如大气、水汽、各种电解液侵蚀的抵抗能力为耐腐蚀性。

2. 抗氧化性

在现代工业生产中的许多设备，如各种工业锅炉、热加工机械、汽轮机及各种高温化工设备等，它们在高温工作环境下，不仅受自由氧的氧腐蚀作用，还受其他气体介质，如水蒸气、CO_2、SO_2等的氧化腐蚀作用，因此介质中的含氧量和其他介质中的硫及其他杂质的含量对钢的氧化是有一定影响的。

（四）加工工艺性能

金属的工艺性能是指铸造性、可锻性、可焊性、切削加工性、热处理性能等。对于压力容器，最重要的两个性能如下：

1. 良好的焊接性能

一种金属，如果能用较普通又简便的焊接工艺获得优质接头，则认为这种金属具有良好的焊接性能。钢材焊接性能的好坏主要取决于它的化学组成。而其中影响最大的是碳元素，也就是说，金属含碳量的多少决定了它的可焊性。含碳量越高，可焊性越差。含碳量小于0.25%的低碳钢和低合金钢，塑性和冲击韧性优良，焊后的焊接接头塑性和冲击韧性也很好。焊接时不需要预热和焊后热处理，焊接过程普通简便，因此具有良好的焊接性。随着含碳量增加，大大增加焊接的裂纹倾向，所以，含碳量大于0.25%的钢材不应用于制造锅炉、压力容器的承压元件。

2. 良好的冷热加工性能

如用钢板卷制筒体，如果钢板冷热加工性能不好会产生裂纹，存在事故的隐患；冲压封头，如果钢材冷热加工性能不好，存在微裂纹或宏观裂纹，都会使以后的生产造成事故。

三、压力容器常用钢材简介

圆筒形压力容器的筒体大多是由钢板采用冷（热）卷焊工艺制造的，封头或球形壳体则是由钢板采用加热成形和热加工后再拼焊的方法进行制造的。分析其制造过程可以看出，用于压力容器壳体的材料不仅要有较好的塑性和焊接性能，而且还要有良好的热加工性能。因此，按照GB/T 150—2011《压力容器》中对材料的规定，压力容器可以根据不同的工艺条件选用压力容器用碳素钢、低合金钢和不锈钢等钢种。

1. 压力容器用碳素钢和低合金钢

碳素钢和低合金高强度钢的牌号用屈服强度值、“屈”字汉语拼音首位字母“Q”、压力容器“容”字的汉语拼音首位字母“R”表示，例如Q345R。

钼钢、铬-钼钢的牌号，用平均含碳量和合金元素字母，以及压力容器“容”字的汉语拼音首位字母“R”表示，例如15CrMoR 。

这类材料属于一般压力容器专用钢板。其中，低合金钢是在普通碳素结构钢的基础上加入了少量或微量合金元素，如Mn、Si、Mo、V、Ni、Cr等，从而使钢材的强度和综合力学性能得到明显改善。GB 713—2014《锅炉和压力容器用钢板》提供了多个压力容器钢板品种，如Q345R、15MnVR、13MnNiMoR、07MnCrMoVR。

2. 低温压力容器用低温合金钢板

按压力容器的工作温度分类，设计温度小于或等于－20℃的容器即属于低温容器范畴。对于这类容器，应选用耐低温的专用钢材。

低温用钢是一种专用的钢种，除了要求具有一定的强度外，还要求具备足够的韧性，以防止压力容器的低温脆性。因此，低温脆性评定指标是防止材料低温脆断的重要依据，也是低温用钢的主要性能指标。GB 3531—2014《低温压力容器用钢板》和GB/T 150—2011《压力容器》提供了用于制造低温压力容器壳体的专用钢板品种，如06Ni9DR、08Ni3DR、15MnNiNbDR、16MnDR、15MnNiDR、09MnNiDR等。

3. 不锈钢钢板

不锈钢是不锈耐酸钢的简称，通常是指含铬量在12%～30%的铁基耐蚀合金。根据含铬量的不同可分为两大类：一类是含铬量在12%～17%的不锈钢，它在大气中可以自发钝化，主要用于大气、水及其他腐蚀性不太强的介质中；另一类用在腐蚀性较强的介质中，其含铬量约在17%以上，这类不锈钢又称为“耐酸钢”。

针对工业生产中腐蚀性介质的多样性，GB/T 4237—2015《不锈钢热轧钢板和钢带》标准为压力容器壳体制造提供了多个不锈钢钢板品种，如06Cr13、022Cr19Ni10、06Cr17Ni12Mo2、06Cr19Ni10等。

不锈耐酸钢虽然在生产过程中应用广泛，但对某一个钢号而言其应用有一定的局限性，目前尚未找到一个能够抵抗多种介质类型腐蚀的钢种。例如，处理浓度低于50%的稀硝酸，在室温情况下可以采用06Cr13钢，但在沸腾温度下，则需要采用06Cr19Ni10不锈钢。因此，不锈耐酸钢钢板的使用还要根据介质的种类、浓度和温度等条件来决定。

四、压力容器用钢的选用原则

选用材料时，应综合考虑设备的使用和操作条件，材料的焊接和冷（热）加工性能，设备的使用功能和制造工艺，材料的来源与价格等。

1. 考虑设备使用和操作条件

使用和操作条件是指设备的操作压力、操作温度、介质特性和工作特点。选用材料时，首先就要考虑这些使用和操作条件对设备的影响。例如，对一台操作压力很高的设备，就需要选择高或超高强度钢，同时注意强度和韧性的匹配，在满足强度要求的前提下，尽量选用塑性和韧性较好的材料。对于高温、高压、有氢介质作用的设备，选材时除了考虑满足高温下的热强性（考虑蠕变和持久极限）和抗高温氧化性能外，还要考虑抗氢腐蚀及氢脆性能，通常应选用抗氢腐蚀的钢材，如12CrMoV、15CrMnR等。

2. 考虑材料的焊接和冷（热）加工性能

由于压力容器绝大多数采用焊接结构，制造中避免不了要进行冷（热）卷、冷（热）冲和焊接等加工。在满足操作条件的基础上，应尽量选择具有良好冷（热）加工成形性能和塑性的钢材，并保证伸长率δ_S在15%～20%以上。另外，在一定焊接工艺条件下，为获得优质的焊接接头，还需要考虑钢材中含碳量的影响。

3. 考虑设备的使用功能和制造工艺

根据设备不同的使用功能和结构特点，需要选用不同性能要求的材料。例如，压力容器的壳体，其主要功能是构成化学或物理反应所需的空间，由于它直接与介质接触，并承受一定的压力，故选用耐腐蚀的压力容器专用钢板；对换热设备，所选材料不仅要考虑耐腐蚀性能，还应考虑有良好的导热性能；支座的主要功能是支撑和固定设备，属非受压元件，并且不与介质接触，所以，可以考虑选用一般的钢材，如普通碳素钢中的Q235-A、Q235-B等。

选材除了要明确设备的功能特点外，还应考虑其制造工艺的影响。如用于强腐蚀环境的搪玻璃容器，在沸腾钢上搪玻璃的效果要比镇静钢高，因此，在这种情况下，可选择Q235-A·F沸腾钢。

4. 考虑材料的来源与价格

选用材料应考虑有较多的生产厂家，供货应比较方便，并有成功的材料使用实例。另外，还要分析影响材料价格的因素，选用材料的性价比应较高。例如，不锈钢、低合金钢和普通碳素钢具有不同的价格，为了满足一定生产工艺过程，当所需不锈钢的厚度较大时，应尽可能选用复合钢板、衬里或堆焊结构，即基材使用一般压力容器用钢，而与介质直接接触的复层、衬里或堆焊层则可采用耐腐蚀材料。

第六节 压力容器常用规范

化工生产的特点决定了化工设备安全的重要性，作为化工设备主体的压力容器，为了确保其安全运行，世界上许多国家都有相应的研究和管理机构，并制定了适合本国国情的标准规范，如美国的《ASME锅炉及压力容器规范》，日本的《压力容器》（基础标准）JIS B8270）和《压力容器》（单项标准）（JIS B8271～JIS B8285），德国的《AD压力容器标准》等。

中国压力容器标准经过压力容器标准化工作者多年的不懈努力，主要是政府牵头，由设计、制造等单位参与起草、修订，最后由政府颁布，先后制定了一系列配套的国家标准、基础标准和零部件标准。压力容器标准规范体系有以GB/T 150—2011《压力容器》为代表的技术标准，如GB/T 151—2014《热交换器》、GB 12337—2014《钢制球形储罐》、JB/T 4710《钢制塔式容器》、JB/T 4735—1997《钢制焊接常压容器》、JB47 46—2002《钢制压力容器封头》和JB 4732—1995《钢制压力容器分析设计标准》等。与此同时，对20世纪80年代颁布的《压力容器安全监察规程》进行了多次修订，2016年颁布实施最新版《固定式压力容器安全技术监察规程》，压力容器设计、制造、安装、使用、检验、修理的全过程都同时执行技术标准和安全监察法规，二者相辅相成，标志着中国以GB/T 150—2011《压力容器》为核心的压力容器标准规范体系的基本框架已经形成，并日趋完善。

现对国内外有关压力容器的重要规范做一简单介绍。

一、国外主要规范标准

国外最具代表性的压力容器规范是美国的《ASME锅炉及压力容器规范》，从1915年正式公布第一部《锅炉制造规则》开始，至今已发展成共11卷、20多个分册的一个完整的标准体系。其中包括锅炉、压力容器、核动力装置、焊接、材料、无损检测以及锅炉和压力容器质量保证方面的内容。该规范篇幅庞大、内容丰富，并且每三年更新一次版本，每两年进行一次增补，它是目前世界上公认的技术内容最为完整、最为广泛、最具权威性的压力容器标准，也是世界上唯一一部自成体系、封闭型的成套标准。

ASMEⅧ-1为常规设计标准，适用的最高压力为20MPa。该标准是以弹性失效设计准则为依据，根据经验确定材料的许用应力，并对零部件尺寸做出一些规定。由于该标准是以传统设计观点为基础，具有较强的经验性，因而许用应力较低。

ASMEⅧ-2为分析设计标准，是相对ASMEⅧ-1的另一个标准。该标准以应力分析为基础，对压力容器各区域的应力进行详细分析，然后根据应力对容器失效的危害程度进行分类，再按不同的失效准则分别进行限制。与ASMEⅧ-1相比较，ASMEⅧ-2对材料的控制以及设计、制造、检验和验收要求的细节做了更为严格的规定，并允许采用较高的许用应力，使设计出的容器壁厚较薄。

ASMEⅧ-3是一个高压容器设计标准，主要适用于设计压力不超过70MPa的压力容器。该标准不仅要对容器各部分进行详细的应力分析和分类评定，而且还要做疲劳分析或断裂分析评估，它是目前世界上要求最高的一个压力容器标准。

二、GB/T 150—2011《压力容器》

GB/T 150—2011《压力容器》是中国压力容器方面一部十分重要的推荐性国家标准。它是由国家压力容器标准化委员会编制，由国家技术监督局颁布实施。

GB/T 150—2011 在整个压力容器标准中居于核心地位。以 GB/T 150—2011 为核心的一系列技术标准、基础标准和零部件标准是设计、制造、检验与验收压力容器的依据。其设计准则和建造要求同样适用于换热器、塔式容器、卧式容器、球形储罐以及其他金属容器。从而我国逐渐建立了以 GB/T 150—2011 为核心，包括铝、钛、铜、镍及镍合金、锆制容器，以及管壳式换热器、塔式容器、卧式容器等特定结构形式金属压力容器的标准体系，逐步理顺不同类型压力容器的通用技术要求和特殊技术要求关系，以失效模式为基础的设计准则和建造技术要求，形成金属容器的基础性标准，其使用范围规定如下：

(1) 使用范围

① 钢制压力容器不大于 0.1～35MPa 的压力容器及－0.1～0.02MPa 的真空容器。

② 设计温度范围：－269～900℃。

③ 除了适用于标准规定的结构形式的钢制容器，还适用于特定结构容器，以及铝、钛、铜、镍合金、锆制容器等。

(2) 规范组成

GB/T 150—2011 主要内容包括通用要求，材料，设计，制造、检验和验收四部分：GB/T 150.1—2011 为第一部分通用要求，GB/T 150.2—2011 为第二部分材料，GB/T 150.3—2011 为第三部分设计，GB/T 150.4—2011 为第四部分制造、检验和验收。

三、JB 4732—1995《钢制压力容器分析设计标准》

JB 4732—1995 是相对于 GB/T 150—2011 的另一种压力容器设计标准。它由原劳动部、原化学工业部、原机械工业部和中国石化总公司联合颁布实施。制定 JB 4732—1995 标准的基本思路与 ASME Ⅷ-2 相同，是以应力分析为基础的。与 GB/T 150—2011 相比，JB 4732—1995 允许采用较高的设计应力强度，因此，在相同设计条件下，通过该标准计算得到的容器厚度将会减薄。

JB 4732—1995 标准的适用范围是 0.1MPa$\leqslant p_d \leqslant$100MPa，真空度$\geqslant$0.02MPa，设计温度低于以钢材蠕变控制其许用应力强度的相应温度。

相对于 GB/T 150—2011 而言，JB 4732—1995 可以采用较高的设计应力强度，因此，在相同设计条件下，容器的壁厚可以减小。但采用 JB 4732—1995 进行设计计算的工作量较大。同时，在选材、制造、检验以及验收等方面的要求也较高，有时也不一定有较好的综合经济效益。因此，JB 4732—1995 标准多用于质量大、结构复杂、操作参数较高或是需要做疲劳分析的压力容器的设计。

四、GB/T 151—2014《热交换器》

GB/T 151—2014 是金属制热交换器方面的国家标准，规定了金属制热交换器的通用要求，是管壳式热交换器材料、设计、制造、检验、验收、安装、使用的基本依据。该标准由全国压力容器标准化技术委员会制定，由国家技术监督局颁布实施。

GB/T 151—2014 以热交换器为对象，提出通用安全要求和工艺计算的共性要求，在保证产品安全的基础上，提出传热、阻力降等方面的性能原则要求。GB/T 151—2014 作为热交换器的基础产品标准，将螺旋板式换热器、板式热交换器、铝制板翅式热交换器、空冷式热交换器通过标准引用的方式纳入，构建热交换器标准体系。该标准的所有内容适用于管壳式热交换器，其他结构形式的热交换器，除应符合该标准的通用要求外，还应符合相应产品标准的要求。

GB/T 151—2014 由正文和附录组成。正文包括通用要求、材料、结构设计、制造、检验、验收、安装、操作、维护等内容。附录包括标准的符合性声明及修订、管壳式热交换器传热计算、流体诱发振动、污垢热阻、金属热导率、换热管特性表、换热管与管板焊接接头的焊缝形式、管板与管箱及壳体的焊缝连接、壳体和管束的进口或出口面积计算、波纹换热管热交换器的管板、拉撑管板、挠性管板。

五、《固定式压力容器安全技术监察规程》

1981 年，原国家劳动部颁发了《压力容器技术监察规程》，经过 1999 年及以后的修订并更名，颁布了新版《固定式压力容器安全技术监察规程》，该规范是压力容器安全管理的一个技术法规，同时也是政府对压力容器实施安全技术监督和管理的依据。2009 年拆分成《固定式压力容器安全技术监察规程》《移动式压力容器安全技术监察规程》。2016 年颁布实施了新版《固定式压力容器安全技术监察规程》。

《固定式压力容器安全技术监察规程》适用于同时具备下列条件的压力容器：

① 工作压力大于或者等于 0.1MPa。

② 容积大于或者等于 $0.03m^3$，并且内直径（非圆形截面内边界最大几何尺寸）大于或者等于 150mm。

③ 盛装介质为气体以及介质最高工作温度高于或者等于标准沸点的液体。

《固定式压力容器安全技术监察规程》共有九章，包括总则，材料，设计，制造，安装、改造与修理，监督检验，使用管理，定期检查，安全附件及仪表。此外，还包括固定式压力容器分类，压力容器产品合格证，压力容器产品铭牌等 10 个附录。

第七节 本课程的性质及任务

化工设备课程是化工机械类专业的专业主干课之一。其任务是研究典型化工设备及常用零部件，如薄壁容器、厚壁容器、外压容器、换热设备、塔设备、反应设备、法兰连接、开孔与补强、支座、膨胀节、搅拌装置等的结构、性能、特点、基本计算方法以及有关规范标准的应用。

通过本课程的教学，学习者应达到以下能力目标。

① 掌握典型壳体的结构特点和受力分析方法，能对典型壳体进行简单的受力计算。

② 了解典型化工设备，如外压设备、换热设备、塔设备和反应设备的分类、结构以及功能原理，能根据 GB/T 150—2011《压力容器》等有关标准和规范，对基本组成元件进行强度计算。

③ 理解与化工设备配套使用的主要零部件，如密封、法兰连接、开孔与补强、支座、膨胀节、搅拌装置等的结构和使用特点，能借助有关标准和规范进行选用。

第八节　学习本课程的方法和教学建议

化工设备是一门实践性和技术性都很强的专业课程，也是一门涉及多门学科、综合性很强的课程。学习过程中，除了要求学习者综合应用本专业已经学过的有关知识，还应根据自己对专业课的认识程度，调整和总结学习方法。首先，要注意理论与实践的联系，在认识理解基础知识的基础上，善于抓住化工设备中有代表性的实际问题，从中学习分析解决工程问题的方法；其次，注意总结设备在分析、计算上的特点及规律，逐步提高自己的认知水平；最后，要特别注意动手能力的训练，结合实训要求，广泛参与典型化工设备和压力容器的生产实践活动。

教学过程中，一是要针对基础知识的教学，组织学生进行现场参观或通过多媒体教学，让学生对化工设备应用或制造生产的全过程有一定的感性认识；二是在理论教学中，配合每一种能力目标，精心设计课堂内容，加强实践意识和应用能力的培养。另外，还应结合专业知识教学，加强对化工设备结构、设计、应用等相关新知识、新技术、新工艺和新设备的介绍，积极开拓学生的专业视野和开发学生的创新思维。

习　题

1-1　什么是化工设备和压力容器？它们有何特点？

1-2　为什么要对压力容器进行分类？其中，按中国《容规》分类有何意义？共分为几类？

1-3　$10m^3$ 的液氨储罐属于哪一类容器？

1-4　什么是薄壁容器、高压容器、反应压力容器和换热压力容器？

1-5　对化工设备有何基本要求？怎样才能使其安全可靠地运行？

1-6　压力容器用材有哪些基本要求？选材时应遵循什么原则？

1-7　用普通碳素钢作压力容器用材，应有哪些限制条件？为什么？

第二章

化工设备强度计算基础

学习目标

了解典型薄壁壳体的基本结构和几何特征；通过对圆筒形、球形、圆锥形和椭圆形等多种壳体的受力分析，掌握典型薄壁壳体的应力计算方法以及应力分布对其强度的影响。

第一节　典型回转薄壳应力分析

如第一章所述，压力容器及化工设备的外壳，通常是由板、壳制造而成的焊接结构件。而常见的外壳多数是由具有轴对称的回转壳体组合而成，如圆柱壳、球壳、椭球壳、圆锥壳等。因此，在研究压力容器及化工设备之前，首先要认识这些壳体的几何特性和受力关系。

一、回转薄壳的形成及几何特性

任何平面曲线绕同平面内的某一已知直线旋转而成的曲面称为回转曲面，其中已知直线称为回转曲面的轴，绕轴旋转的平面曲线称为回转曲面上的母线。如图 2-1 所示，平行于轴的直线绕其轴线旋转形成圆柱面，平面直线绕与其相交的轴线旋转形成圆锥面，半圆形和半椭圆形曲线绕特定的轴线旋转即形成球面和椭球面。

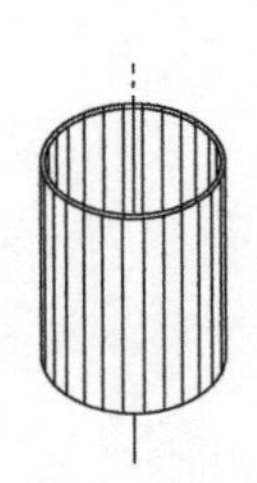
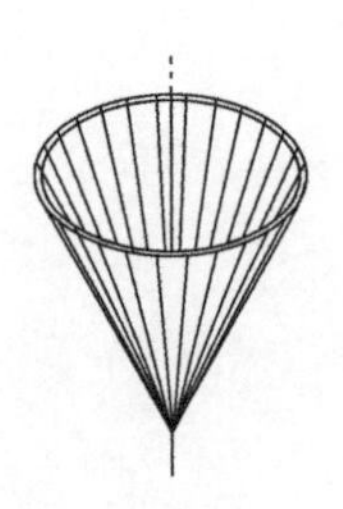

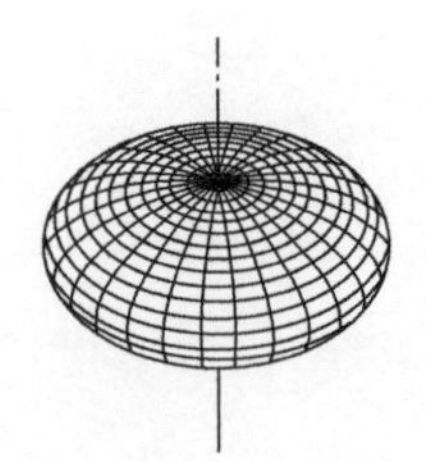

图 2-1　几种常见的回转曲面

壳体是一种以内外曲面为界，且曲面之间的距离远小于其他方向尺寸的几何构件，两曲面之间的距离即是壳体的厚度。与壳体内外表面等距离的曲面称为中间面，中间面是平分壳体厚度且能反映壳体几何特性的一个特殊曲面，如果中间面是回转曲面的壳体即称为回转壳体。

对于回转壳体，如果壁厚 δ 与内径 D_i 之比小于 1/10，即壳体外径 D_o与内径 D_i 之比

$K \leqslant 1.2$ 时，称为回转薄壁壳体，反之为厚壳。本节只讨论回转薄壳的应力分析。

图 2-2（a）所示是一回转壳体的中间面，它是由 OA 曲线绕 OO' 轴线旋转而成的。通过旋转轴与中间面相交得到的交线 OA' 称为经线，它与母线形状完全相同。经线上任意一点 B 处的曲率半径是回转壳体在该点的第一曲率半径，用 R_1 表示，在图形上为沿法线方向的线段 BK_1，K_1 点为第一曲率中心。过 B 点且与经线垂直的平面切割中间面，也会形成一条曲线，此曲线在 B 点的曲率半径即是回转壳体在该点的第二曲率半径，用 R_2 表示，在图形上为沿法线方向的线段 BK_2，K_2 点是第二曲率中心。同一点的第一曲率半径与第二曲率半径都在该点的法线上。

过 B 点并垂直于旋转轴的平面与中间面相交形成的交线，称为回转壳体在 B 点的平行圆，此圆半径为该点的平行圆半径，用 r 表示。r 与 R_1、R_2 不是相互独立的，从图 2-2（b）可以得到

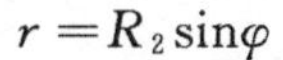

$$r = R_2 \sin\varphi$$

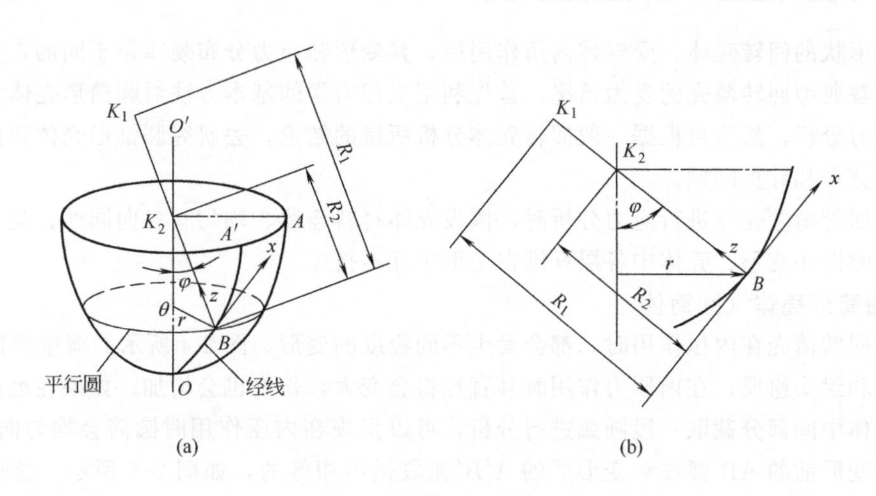

图 2-2　回转薄壳的几何参数

从几何特性可以看出，第一、第二曲率半径都是回转壳体上各点位置的函数，如果已知回转壳体经线（母线）的形状，则经线在指定点的第一曲率半径 R_1 即可通过求曲率的曲率半径公式得到，而 R_2 可以通过相应的几何关系求出。

图 2-3（a）所示为半径为 R 的圆筒形壳体，因为经线是直线，故其上任意点 M 处的第一曲率半径（即经线的曲率半径）$R_1 = \infty$，与经线垂直的平面切割中间面所形成的曲线也就是平行圆，故第二曲率半径与平行圆半径相等，两者都等于圆筒形壳体中间面的半径 R，即 $R_2 = r = R$。

图 2-3（b）所示为圆锥形壳体，经线为与旋转轴相交的直线。与圆筒形壳体类似，第一曲率半径 $R_1 = \infty$，第二曲率半径则为 $R_2 = r/\cos\alpha = L\tan\alpha$（$\alpha$ 为圆锥形壳体半顶角）。

图 2-3（c）所示为半径为 R 的圆球形壳体，其经线为半圆曲线，与经线垂直的平面就是球壳半径所在的平面，因此，第一、第二曲率中心重合，且第一、第二曲率半径都等于球形壳体中间面半径 R。

对于椭圆形壳体，其经线为椭圆曲线，由于各点半径随位置变化，均不相同，因此，需要借助椭圆曲线和曲率半径公式进行求解。这部分内容将在应力计算中介绍。

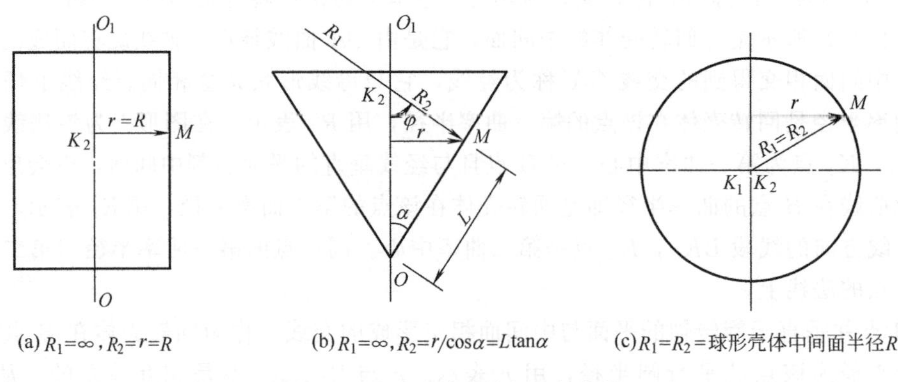

(a) $R_1=\infty, R_2=r=R$　　(b) $R_1=\infty, R_2=r/\cos\alpha=L\tan\alpha$　　(c) $R_1=R_2=$球形壳体中间面半径R

图 2-3　典型回转壳体的几何参数

二、承受气压回转薄壳的受力分析

不同形状的回转壳体，受气体内压作用后，其变形和应力分布规律是不同的，为了比较清晰地了解典型回转薄壳的受力情况，首先利用工程力学的基本方法对圆筒形壳体和球形壳体进行应力分析，然后再根据一般回转壳体分析所得的结论，去研究圆锥形壳体和椭圆形壳体的应力分布和计算问题。

在对回转薄壁壳体进行应力分析时，假设壳体材料连续、均匀、各向同性；受力后发生的变形是弹性小变形；壳体中各层纤维在变形中互不挤压。

1. 圆筒形壳体（圆筒体）

任何回转薄壳在内压作用时，都会发生不同程度的变形。图 2-4 所示的薄壁圆筒形壳体是由圆筒和封头组成，在内压力作用时其直径将会变大，长度也会增加。如果在远离封头的圆筒形壳体中间部分截取一段圆弧进行分析，可以发现在内压作用时圆筒会均匀向外膨胀，圆周方向变形前的 AB 弧段和变形后的 $A'B'$弧段是不相等的，如图 2-5 所示。这说明在其圆周的切线方向有拉应力存在，即环向应力或周向应力，用 σ_2 表示。同时，由于内压作用于两端封头，将使圆筒体在轴向方向发生变形，产生轴向拉应力，即经向应力或轴向应力，用 σ_1 表示。

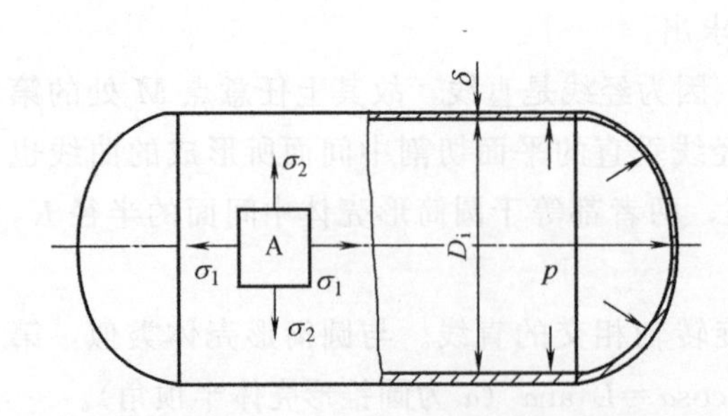

图 2-4　薄壁圆筒形壳体在内压作用时的应力状态

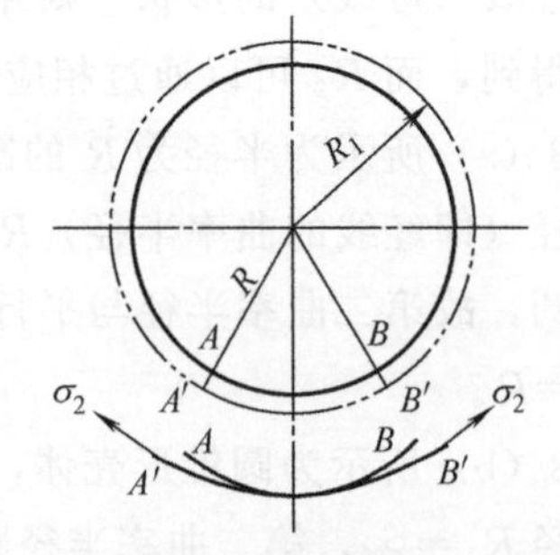

图 2-5　受内压圆筒形壳体环向变形情况

除上述两个应力外，圆筒形壳体器壁沿厚度方向还有径向应力 σ_r 和弯曲应力，但在薄壁壳体中，它们相对经向应力 σ_1 和环向应力 σ_2 仍然要小得多，因此，在薄壁圆筒形壳体中可以忽略不计，此时认为圆筒形壳体上任意一点处于二向应力状态，如图 2-4 所示。

为了分析和计算圆筒形壳体的经向应力 σ_1 和环向应力 σ_2，可以采用工程力学中的“截面法”。即首先作一个垂直于圆筒轴线的横截面，将圆筒分为两部分，留下左半部分，如图 2-6（a）所示。设圆筒形壳体的内压力为 p，中间面直径为 D，壁厚为 δ，在内压力作用下产生的轴向合力为 $p\dfrac{\pi}{4}D^2$。这个轴向合力作用于封头内壁，左端封头上的轴向合力指向左方，右端封头上的轴向合力则指向右方，因此，在圆筒器壁的横截面上必然产生轴向拉应力。

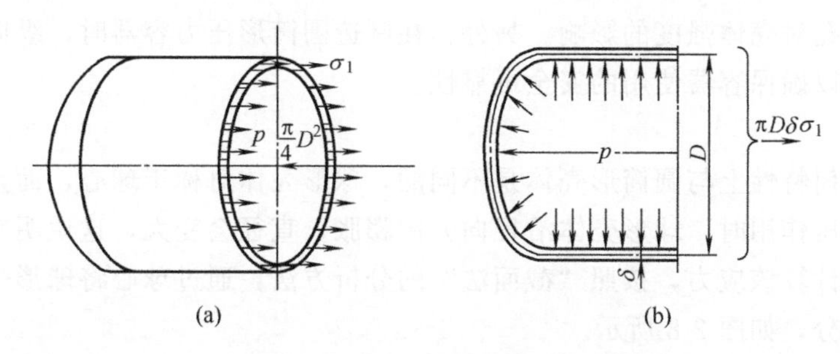

图 2-6 圆筒体横向截面受力分析

横截面上产生的总拉力为 $\pi D\delta\sigma_1$，其作用方向如图 2-6（b）所示。

根据力学平衡，内压产生的轴向合力与壳壁横截面上的轴向总拉力相等，即

$$\frac{\pi}{4}D^2p=\pi D\delta\sigma_1$$

可得经向应力为

$$\sigma_1=\frac{pD}{4\delta} \tag{2-1}$$

式中 σ_1——经向应力，N/m^2 或 MPa；

p——圆筒体承受的内压力，N/m^2 或 MPa；

D——圆筒体的中间面直径，mm；

δ——圆筒体的壁厚，mm。

接下来继续采用“截面法”对圆筒体纵截面的受力情况进行分析。过轴线作一个纵向截面，将圆筒体一分为二，留取下半部分，如图 2-7（a）所示。在内压力 p 作用下，每半个壳体所受垂直于截面的合力为 LDp。这个合力有使筒体沿纵向截面把壳体分开的趋势，因此，在圆筒体的纵向截面上将产生环向拉应力与之平衡，则壳壁纵向截面的总拉力为 $2L\delta\sigma_2$，其作用方向如图 2-7（b）所示。

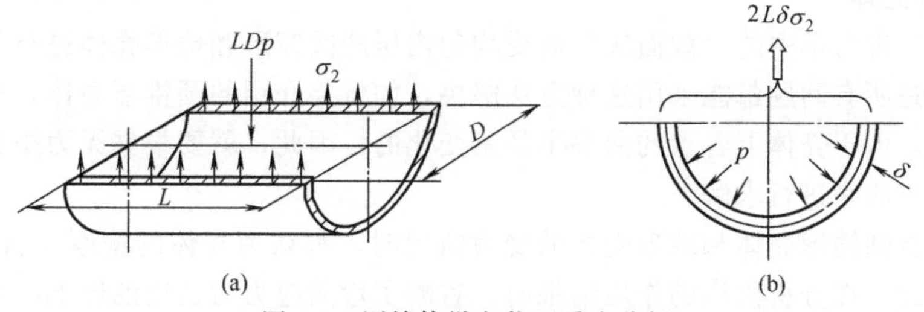

图 2-7 圆筒体纵向截面受力分析

根据力学平衡条件，由于内压作用，垂直于截面的合力与纵截面上产生的总拉力相等，即

$$LDp = 2L\delta\sigma_2$$

可得到纵截面的环向应力为

$$\sigma_2 = \frac{pD}{2\delta} \tag{2-2}$$

从式（2-1）和式（2-2）可以看出，$\sigma_2 = 2\sigma_1$。说明在圆筒形壳体中，环向应力是经向应力的 2 倍，因此，在圆筒体上开设椭圆形人孔或手孔时，应当将短轴设计在纵向，长轴设计在环向，以减小开孔对壳体强度的影响。另外，在制造圆筒形压力容器时，纵向焊缝的质量应比环向焊缝高，以确保容器使用的安全可靠性。

2. 球形壳体

球形壳体在几何特性上与圆筒形壳体是不同的，球形壳体对称于球心，而且没有轴向和周向之分。在受内压作用时，球形壳体沿径向方向膨胀，直径会变大，这说明在其截面上有拉应力存在。为了计算该应力，按照“截面法”的分析方法，通过球心将球形壳体截成两个半球，留取下半部分，如图 2-8 所示。

设球形壳体的内压力为 p，中间面直径为 D，壁厚为 δ，在内压力作用下产生垂直于截面的总压力 $\frac{\pi}{4}D^2p$。这个总压力有使球形壳体分开为两半部分的趋势，因此，在壳体截面上会产生拉应力 σ 与之平衡，此时整个圆环截面上的拉力为 $\pi D\delta\sigma$。

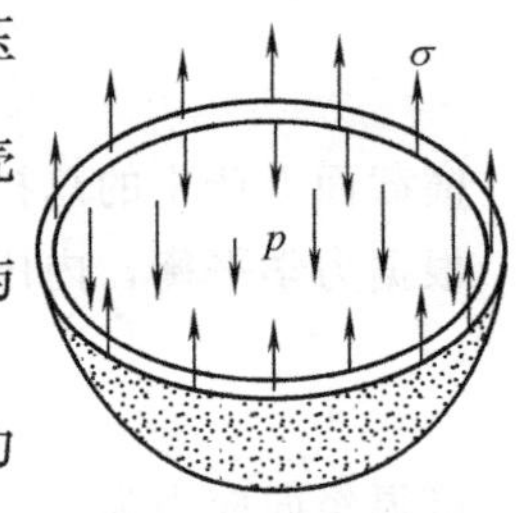

图 2-8 球形壳体受力分析

根据力学平衡，垂直于截面的总压力与壳体圆环截面上的拉力相等，即

$$\frac{\pi}{4}D^2p = \pi D\delta\sigma$$

可得球形壳体的应力为

$$\sigma = \frac{pD}{4\delta} \tag{2-3}$$

将式（2-3）与式（2-2）比较不难看出，在相同直径、壁厚和同样压力的情况下，球形壳体截面上产生的拉应力是圆筒形壳体最大应力（即环向应力）的 1/2，这也就是说如果使球形壳体截面上的拉应力提高到与圆筒形壳体纵截面上的拉应力相同时，球形壳体使用的壁厚仅为圆筒形壳体壁厚的 1/2。因此，球形壳体可以节约不少的材料，故现在压力容器采用球形壳体的越来越多。考虑到制造方面的技术原因，球形壳体多用于压力较高的气体或液化气储罐以及高压容器的端盖等。

3. 圆锥形壳体

以上利用工程力学中的“截面法”对受均匀内压的圆筒形和球形壳体进行了应力分析和计算。但并不是所有问题都能采用这种方法解决，如将要介绍的圆锥形壳体，以及下面介绍的椭圆形壳体，由于壳体上各点的曲率半径是变化的，因此，就要根据无力矩理论，采用壳体上取微体的方法来进行求解。

在前面分析圆筒形壳体和球形壳体的受力情况时，都认为壳体的壁厚与直径相比很小，即壁很薄。因此，在分析内压的作用结果时，省略了弯曲应力对器壁的影响，而只考虑壳体器壁所承受的拉应力。这种简化在径比 K（$K = D_o/D_i$）较小时对工程设计已有足够的精确度。这种忽略弯曲应力而只考虑拉应力影响的分析方法称为无力矩理论或薄膜理论。

按照无力矩理论的基本思想对一般回转壳体进行分析，可以得到求解回转壳体应力的两个基本方程。

微体平衡方程
$$\frac{\sigma_1}{R_1}+\frac{\sigma_2}{R_2}=\frac{p}{\delta} \tag{2-4}$$

区域平衡方程
$$\sigma_1=\frac{2\pi\int_0^{r_K} pr\,dr}{2\pi r_K\delta\cos\alpha}=\frac{\int^{r_K} pr\,dr}{r_K\delta\cos\alpha} \tag{2-5}$$

当壳体仅承受气体压力作用（即 p=常数）时，其经向应力为

$$\sigma_1=\frac{pr_K}{2\delta\cos\alpha} \tag{2-6}$$

式中 σ_1——回转壳体上某点的经向应力，N/m^2 或 MPa；

σ_2——回转壳体上某点的环向应力，N/m^2 或 MPa；

p——回转壳体上某点所承受的内压力，N/m^2 或 MPa；

R_1——回转壳体上 σ_1、σ_2 所在点的第一曲率半径，mm；

R_2——回转壳体上 σ_1、σ_2 所在点的第二曲率半径，mm；

r_K——回转壳体上指定点 K 处的平行圆半径，mm；

r——回转壳体上任一点处的平行圆半径，mm；

δ——回转壳体的壁厚，mm；

α——经向应力 σ_1 与旋转轴的夹角，(°)。

如果壳体承受液压力，则压力 p 沿旋转轴是个变量，这时就需要求出 p 和 r 的关系式，然后代入式 (2-5) 计算。

圆锥形壳体的应力计算如图 2-9 所示。设承受的内压力为 p，中间面直径为 D，壁厚为 δ，A 点的平行圆半径为 r，圆锥形壳体半锥角为 α。利用微体平衡方程和区域平衡方程即可求得壳体上任一点 A 处的经向应力 σ_1 和环向应力 σ_2。

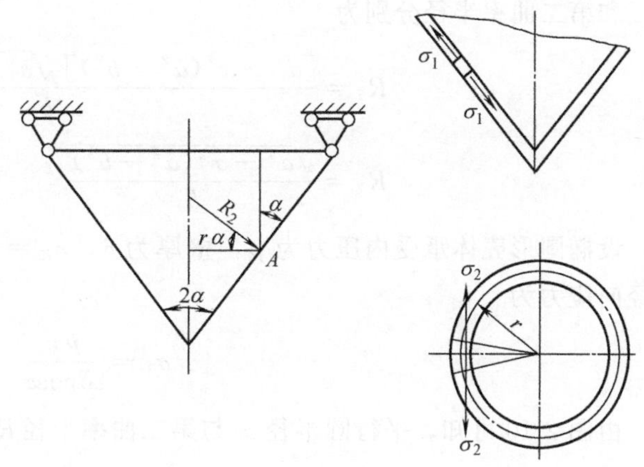

图 2-9 圆锥形壳体的应力计算

由于 A 点处的平行圆半径为 r，应用区域平衡方程式 (2-6) 可以得到圆锥形壳体在 A 点处的经向应力

$$\sigma_1=\frac{pr_K}{2\delta\cos\alpha}=\frac{pr}{2\delta\cos\alpha}=\frac{pD_A}{4\delta\cos\alpha} \tag{2-7}$$

由前面几何特性分析可知，圆锥形壳体在 A 点处的第一曲率半径 $R_1=\infty$，第二曲率半径 $R_2=r/\cos\alpha$，代入微体平衡方程式 (2-4) 得

$$\frac{\sigma_1}{\infty}+\frac{\sigma_2}{R_2}=\frac{p}{\delta}$$

经整理得到 A 点处的环向应力为

$$\sigma_2=\frac{pR_2}{\delta}=\frac{pr}{\delta\cos\alpha}=\frac{pD_A}{2\delta\cos\alpha} \tag{2-8}$$

式中 D_A——圆锥形壳体上任一点 A 处的中间面直径，mm；

α——圆锥形壳体的半顶角，(°)。

其他符号与前相同。

比较式（2-7）和式（2-8）可以看出，圆锥形壳体在某点处的应力与圆筒形壳体类似，其环向应力也是经向应力的 2 倍，而且各应力是对应圆筒形壳体的 $1/\cos\alpha$ 倍。当半顶角 α 增大时，应力也会随之增大，当半顶角 α 很小时，其各应力值接近相同条件下圆筒形壳体的应力水平，因此，在设计和制造圆锥形容器时，选择的 α 要合适。另外，从以上两式还可看出，当压力 p、厚度 δ 以及半顶角 α 确定后，经向应力 σ_1 和环向应力 σ_2 将随着 r 发生改变，在圆锥壳体大端（$r=R$）处应力最大，在圆锥壳体的顶端（$r=0$）处，应力为零。因此，除有特别要求，圆锥形容器多在顶端开孔。

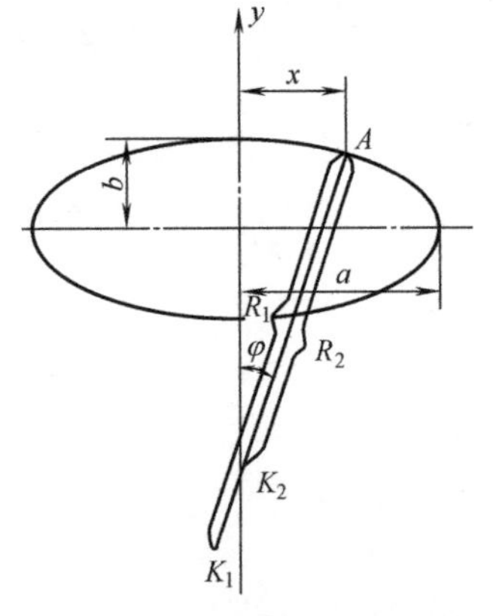

图 2-10 椭圆形壳体计算

4. 椭圆形壳体

椭圆形壳体计算如图 2-10 所示。由于其第一曲率半径 R_1 和第二曲率半径 R_2 与各点的位置有关，因此，在计算各点应力之前，首先需要计算相应的曲率半径。

若椭圆形壳体的长轴半径为 a，短轴半径为 b，则椭圆曲线方程为

$$\frac{x^2}{a^2}+\frac{y^2}{b^2}=1$$

根据此椭圆方程，利用高等数学中的曲率计算公式推演得到椭球形壳体任意点 A 处的第一和第二曲率半径分别为

$$R_1=\frac{[a^4-x^2(a^2-b^2)]\sqrt{a^4-x^2(a^2-b^2)}}{a^4 b}$$

$$R_2=\frac{\sqrt{a^4-x^2(a^2-b^2)}}{b}$$

设椭圆形壳体承受内压力为 p，壁厚为 δ，$r_K=x$，由区域平衡方程式（2-6）得 A 点的经向应力为

$$\sigma_1=\frac{px}{2\delta\cos\alpha}$$

由图 2-10 可知，平行圆半径 x 与第二曲率半径 R_2 有以下关系，即

$$R_2=\frac{x}{\sin\varphi}=\frac{x}{\cos\alpha}$$

将上式代入 σ_1 计算式，得到椭圆形壳体距旋转轴为 x 的 A 点处的经向应力为

$$\sigma_1=\frac{px}{2\delta\cos\alpha}=\frac{pR_2}{2\delta}=\frac{p}{2\delta b}\sqrt{a^4-x^2(a^2-b^2)} \tag{2-9}$$

再由微体平衡方程

$$\frac{\sigma_1}{R_1}+\frac{\sigma_2}{R_2}=\frac{p}{\delta}$$

可得

$$\sigma_2=\frac{pR_2}{\delta}-\frac{R_2}{R_1}\sigma_1$$

将式（2-9）及 R_1 和 R_2 的值代入上式，得距旋转轴为 x 的 A 点处的环向应力为

$$\sigma_2=\frac{pR_2}{2\delta}\left(2-\frac{R_2}{R_1}\right)=\frac{p}{2\delta b}\sqrt{a^4-x^2(a^2-b^2)}\left[2-\frac{a^4}{a^4-x^2(a^2-b^2)}\right] \tag{2-10}$$

从式（2-9）和式（2-10）可以看出，在椭圆形壳体的内压力 p 和壁厚 δ 一定的情况下，壳壁各点的应力是不等的，它与各点的坐标位置以及长轴、短轴半径的比值有关。

在椭圆形壳体的顶点（即 $x=0$，$y=b$）处有

$$R_1=R_2=\frac{a^2}{b},\quad \sigma_1=\sigma_2=\frac{pa}{2\delta}\frac{a}{b}$$

表明经向应力和环向应力相等，其值的大小与长轴、短轴比值 a/b 成正比，且恒为拉应力。

在椭圆形壳体的赤道（即 $x=a$，$y=0$）上有

$$R_1=\frac{b^2}{a},\quad R_2=a,\quad \sigma_1=\frac{pa}{2\delta}$$

$$\sigma_2=\frac{pa}{2\delta}\left(2-\frac{a^2}{b^2}\right)$$

表明经向应力为拉应力。在 $a>b$ 的情况下，赤道上的经向应力小于顶点上的应力，且达到经向应力的最小值，即从顶点处的最大值向赤道逐渐递减至最小值，其应力分布如图 2-11 所示。

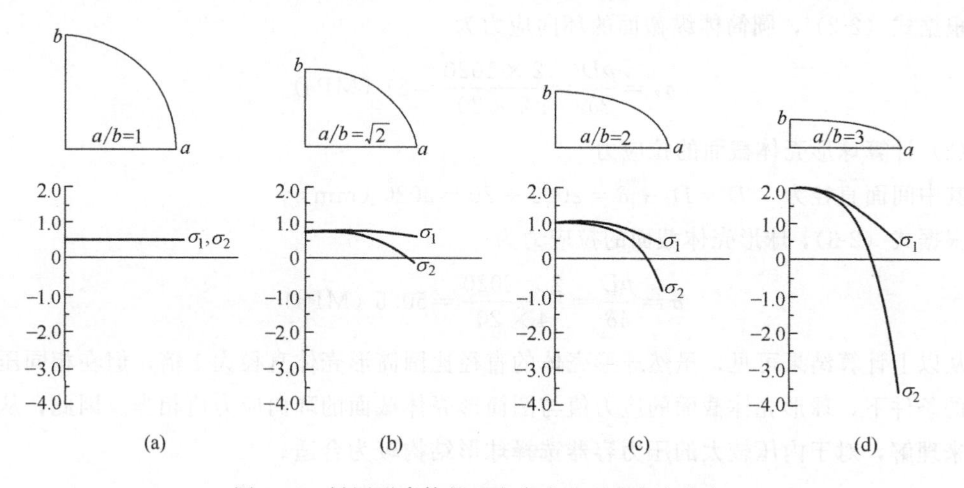

图 2-11　椭圆形壳体的经向应力和环向应力分布

对于赤道上的环向应力 σ_2，除与内压、壁厚有关外，还与长轴、短轴之比 a/b 有很大关系。

当 $a/b=1$ 时，为典型球形壳体，$\sigma_2=\sigma_1$，且为拉应力，此时壳体应力分布均匀，受力情况最好，其应力分布如图 2-11（a）所示。

当 $a/b=\sqrt{2}$ 时，赤道上的环向应力 $\sigma_2=0$，受力情况较好，其应力分布如图 2-11（b）所示。

当 $a/b>\sqrt{2}$ 时，如取 $a/b=2$，赤道上的环向应力 σ_2 将由正变负，即从拉应力转变为压应力，应力分布如图 2-11（c）所示。

当 $a/b>2$ 时，如取 $a/b=3$，赤道上的环向压应力急剧增大，将在壳壁上产生很高的峰值应力，并可能出现壳体压应力失稳，这对薄壁椭圆形壳体的受力是不利的，其应力分布如图 2-11（d）所示。

根据上述应力分析以及考虑制造等因素，化工设备中常用的标准椭圆形封头（即椭圆形壳体）通常取 $a/b=2$。这类封头顶点的经向应力比赤道处的经向应力大 1 倍，而且顶点和赤道处的环向应力绝对值相等，前者为正值（即拉应力），后者为负值（即压应力），其应力分布如图 2-11（c）所示。这种封头尽管在赤道上出现了环向压应力，但应力值不大，加之这种结构便于加工成形，因此，$a/b=2$ 的椭圆形封头得到较为广泛的应用。

除上述介绍的几种典型壳体外，还有碟形壳体，它是由球壳部分和折边组成的一种回转壳体。由于此类壳体使用相对较少，这里不再赘述。

【例题 2-1】 圆筒形和球形容器内气体压力均为 2MPa，圆筒形壳体内径 D_i 为 1000mm，球形壳体内径为 2000mm，壳体壁厚均为 20mm，试求圆筒体截面上的经向应力、环向应力以及球形壳体截面的拉应力。

解 （1）计算圆筒形壳体的应力

圆筒体的中间面直径为 $D=D_i+\delta=1000+20=1020$（mm）

根据式（2-1），圆筒体横截面的经向应力为

$$\sigma_1=\frac{pD}{4\delta}=\frac{2\times1020}{4\times20}=25.5\ (\text{MPa})$$

根据式（2-2），圆筒体纵截面的环向应力为

$$\sigma_2=\frac{pD}{2\delta}=\frac{2\times1020}{2\times20}=51\ (\text{MPa})$$

（2）计算球形壳体截面的拉应力

其中间面直径为 $D=D_i+\delta=2000+20=2020$（mm）

根据式（2-3），球形壳体截面的拉应力为

$$\sigma=\frac{pD}{4\delta}=\frac{2\times2020}{4\times20}=50.5\ (\text{MPa})$$

从以上计算结果可见，虽然球形壳体的直径比圆筒形壳体直径大 1 倍，但在相同压力和壁厚的条件下，球形壳体截面的应力值与圆筒形壳体截面的环向应力值相当。因此，从受力角度来理解，对于内压较大的压力容器选择球形结构较为合适。

第二节 边缘应力

一、边缘应力的产生

上面讨论的应力都是假设在远离端盖的位置上，此时，即认为在内压作用时壳体截面产生的应力是均匀连续的。但在实际生产中应用的壳体，绝大部分是由球壳、圆柱壳、圆锥壳等简单壳体以及圆形平板组合而成，如图 2-12（a）所示。整个壳体的母线不是简单曲线，而可能是由几种形状曲线所组成，即壳体可以看成是由一条特定形状的组合曲线绕回转轴旋转而得到。因此，在这类壳体的连接边缘处必然引起应力的不连续性。另外，壳体沿轴向方向的厚度、载荷、温度和材料物理性能发生的突变，也会在连接边缘处产生不连续应力。

连接边缘是指壳体这一部分与另一部分相连接的边界，通常是指连接处的平行圆。例如，圆筒体与封头、圆筒体与法兰、不同厚度的筒节相连接等平行圆均属于连接边缘，如图2-12（b）～（e）所示。除此之外，当壳体经线曲率半径有突变或载荷沿轴向有突变的接界平行圆，也可视为连接边缘，如图2-12（f）所示。

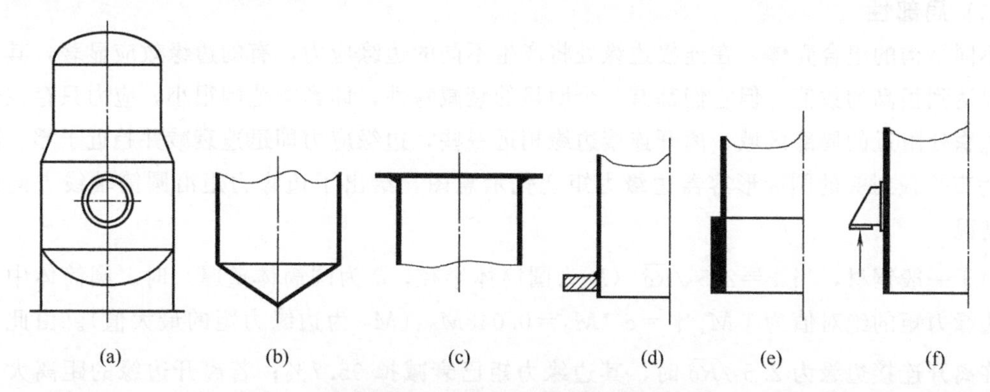

图2-12 组合回转壳体和常见连接边缘

如图2-13（a）所示，以带有球形封头的圆筒形容器为例说明边缘应力的产生。设球形封头与筒体壁厚不相等，且球形封头刚度较大，在内压 p_0 作用时，如果让其自由变形，则变形分别为 Δ_2 和 Δ_1（$\Delta_1>\Delta_2$），这时由于两者不相等的变形必将导致边界的分离。但实际上两者又是刚性连接的，因此，在封头与筒体的连接处，即连接边缘部分，筒体变形将受到球形封头的约束而不能自由膨胀，这样就在连接边缘处产生附加局部应力，即由边缘力 F_0 和边缘力矩 M_0 产生的边缘应力。只要封头与筒体连接处不分离，如图2-13（b）所示的边缘弯曲现象就会发生，边缘应力也就一定存在。由此可以理解，边缘应力是因为组合壳体几何形状不同，或材料的物理性能不同，或载荷不连续等而使连接边缘处的变形受到约束产生的局部应力。

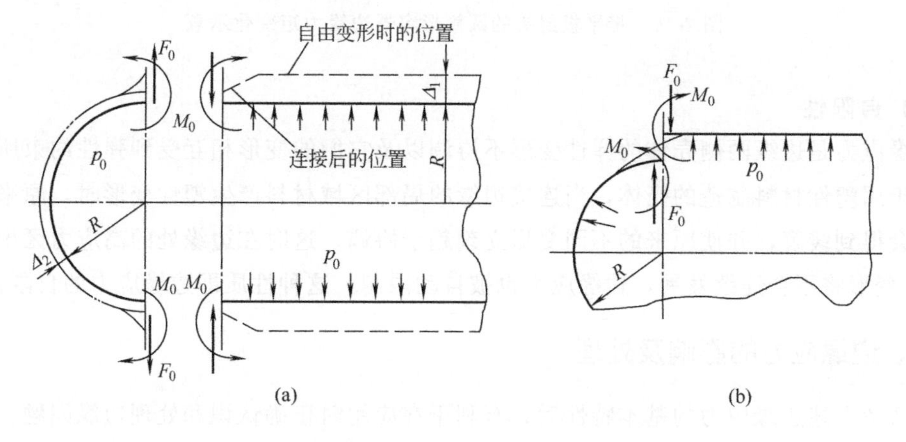

图2-13 筒体与球形封头连接边缘处的弯曲变形

从上面分析可知，产生边缘应力的条件是连接的两部分壳体受力后变形不同，且产生相互约束。因此，组合壳体只要存在上述条件，即使不在其连接边缘部位，也仍然会产生边缘应力。工程上除如图2-12所示几类连接边缘会产生边缘应力外，壳体上两段材料的物理性能不同，或壳体相邻两端所受压力或温度有突变（如列管换热器管板与壳体的连接处）等，在连接部位由于各自变形的不同，也同样会产生边缘应力。

二、边缘应力的特性

由边缘力 F_0 和边缘力矩 M_0 产生的边缘应力具有以下两个基本特性。

(1) 局部性

不同结构的组合壳体，在连接边缘处将产生不同的边缘应力，有的边缘效应显著，其应力可以达到很高的数值。但它们都有一个明显的衰减特性，即影响范围很小，应力只存在于连接边缘处附近的局部区域，离开连接边缘稍远一些，边缘应力即迅速衰减并趋近于零。图2-14为带平板封头的圆筒形容器边缘力矩变化示意图，给出了边缘力矩沿圆筒轴线方向的分布情况。

对于一般钢材，当 $x=2.5\sqrt{R\delta}$（R 为圆筒体半径，δ 为圆筒体壁厚）时，圆筒体中产生的边缘力矩的绝对值为 $|M_x|=e^{-\pi}M_0=0.043M_0$（$M_0$ 为边缘力矩的最大值）。由此可见，在离开连接边缘为 $2.5\sqrt{R\delta}$ 时，其边缘力矩已衰减掉95.7%；若离开边缘的距离大于 $2.5\sqrt{R\delta}$ 时，则完全可以忽略由边缘力 F_0 和边缘力矩 M_0 产生的边缘应力的作用。另外，在多数情况下，$2.5\sqrt{R\delta}$ 与圆筒体半径 R 相比是一个很小的数值，这也说明边缘应力具有很大的局部性。

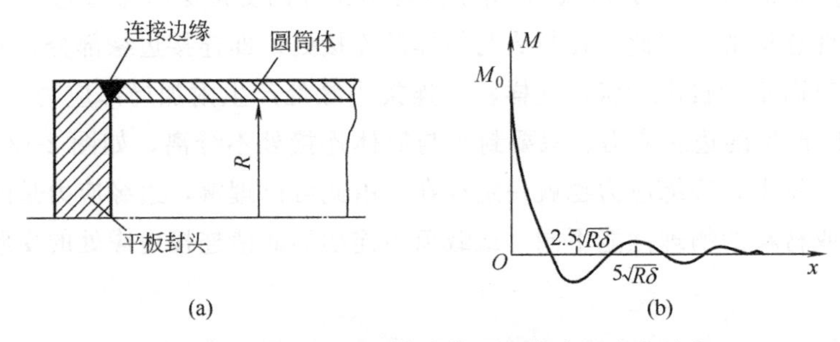

图2-14 带平板封头的圆筒形容器边缘力矩变化示意

(2) 自限性

边缘应力是边缘两侧壳体的弹性变形不协调以及它们的变形相互受到弹性约束所致。因此，对于用塑性材料制造的壳体，当连接边缘的局部区域材料产生塑性变形时，原来的弹性约束就会得到缓解，并使原来的不同变形立刻趋于协调。这时在边缘处的高应力区出现“塑性铰”，变形将不会连续发展，边缘应力也被自动限制，这种性质即边缘应力的自限性。

三、边缘应力的影响及处理

搞清楚上述边缘应力的基本特性后，有利于在应用时正确认识和处理边缘问题。

① 对大多数低碳钢或奥氏体不锈钢，以及铜、铝等有色金属，因为它们具有较好的塑性，而边缘应力又具有局部性和自限性，因此，在应用时，即使局部某些点的应力超过材料的屈服极限，而邻近尚未屈服的弹性区则会抑制塑性变形的发展，使壳体仍处于安定的状态。故对于用这类材料制成的壳体，当承受静载荷时，除在结构上进行某些局部处理外，一般可以不对边缘应力特殊考虑或具体计算。但是，对于用塑性很差的脆性材料制造的容器壳

体，如高强度钢、低温下易产生“冷脆”的钢等，必须充分考虑边缘应力的影响，正确计算边缘应力并按应力分类的设计规范进行验算。否则，将在边缘高应力区导致脆性或疲劳破坏。

② 由于边缘应力具有局部性，在设计中可以进行局部处理：选用合理的连接边缘结构；局部加强边缘应力区；尽量避免边缘区附近局部应力或应力集中，如避免在边缘附近开孔等。

③ 用高强度、低塑性的低合金钢材料制造容器壳体时，在连接焊缝处及其热影响区，材料容易变脆，并使该局部区域产生很高的局部应力。因此，在焊缝区域要采取焊后热处理，以消除热应力。另外，在结构上也可进行一些处理，使其更加合理，例如：采用等厚度连接；尽量使焊缝远离连接边缘；正确选用加强圈等。

④ 对受脉动载荷或循环载荷作用的壳体，当边缘应力可能超过材料的屈服极限时，容易引起材料的应变硬化现象。如果在同样载荷的继续作用下，还可能在该处出现裂纹并形成裂纹源，因此，对承受这类载荷的连接边缘结构，应采取适当措施以降低边缘应力的影响。

习 题

2-1 如习题 2-1 图所示带折边的锥形封头，试确定其上 A、B、C 各点处的第一和第二曲率半径，以及相应的曲率中心。

2-2 设一圆筒形壳体承受气体内压 p，圆筒壳体中间面直径为 D，厚度为 δ，试求圆筒形壳体中的应力。若壳体材料由 Q245R（$\sigma_b=400\text{MPa}$，$\sigma_s=245\text{MPa}$）改为 Q345R（$\sigma_b=510\text{MPa}$，$\sigma_s=345\text{MPa}$）时，圆筒形壳体中的应力将如何变化？为什么？

2-3 试分析椭圆形封头长短轴之比分别为 2、$\sqrt{2}$、3 的受力特点，并求出该封头在这三种情况下出现最大和最小环向应力、经向应力的位置。

2-4 如习题 2-4 图所示，对一标准椭圆形封头进行应力测定。该封头中间面的长轴 $D=1000\text{mm}$，厚度 $\delta=10\text{mm}$，现测得 E 点（$x=0$）处的环向应力为 50MPa。此时压力表 A 指示为 1MPa，压力表 B 指示为 2MPa，试问哪一只压力表不准确，为什么？

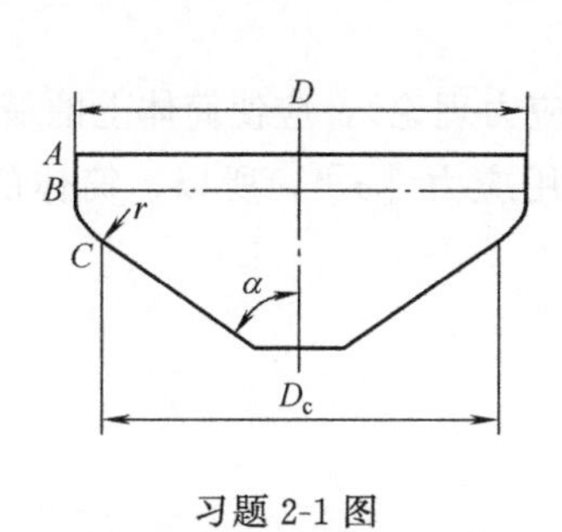

习题 2-1 图

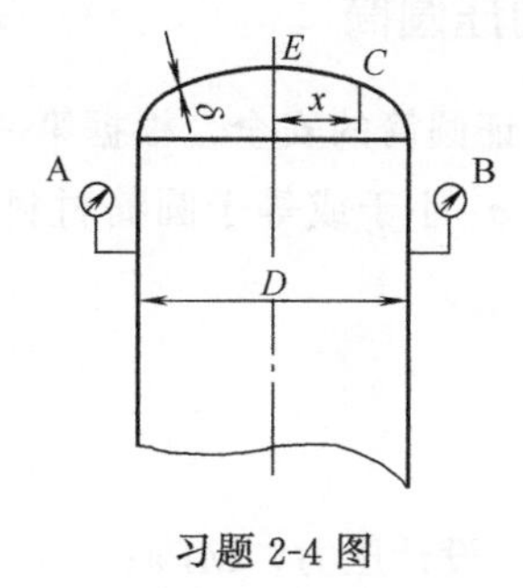

习题 2-4 图

2-5 有一密闭的平底平盖圆筒形容器，垂直放置在基础上，内径为 D_i，厚度为 δ，高度为 H，内装有密度为 ρ 的液体，液面高度为 $0.6H$，现测得液面上的压力为 p_0。试求圆筒体 1/2 深度处器壁上的环向应力和经向应力。

2-6 举例说明连接边缘及边缘应力的概念。

第三章

内压薄壁容器

学习目标

在应力分析的基础上，了解内压薄壁壳体和内压封头强度计算公式建立的主要依据；掌握内压薄壁壳体及封头强度计算的基本方法；理解内压薄壁容器进行压力试验的目的和有关规范要求。

压力容器的设计不仅对生产的顺利进行有直接影响，而且也涉及操作人员的生命安全，因此，是一项非常慎重的工作，必须遵守国家有关压力容器设计、制造和使用等方面的各项规定。本章的任务就是在前面回转薄壁壳体应力分析的基础上，推导出内压薄壁容器的强度计算公式。

本章介绍的压力容器设计计算公式、各种参数、制造要求以及检验标准均与GB/T 150—2011《压力容器》保持一致。

第一节　内压薄壁壳体强度计算

一、内压圆筒

为了保证圆筒的安全，根据第一强度理论（最大主应力理论），应使筒体上的最大应力，即环向应力 σ_2 小于或等于圆筒材料在设计温度下的许用应力 $[\sigma]^t$，所以，筒体的强度条件为

$$\sigma_2=\frac{pD}{2\delta}\leqslant[\sigma]^t \tag{3-1}$$

式中　p——设计压力，MPa；

δ——圆筒的厚度，mm；

D——圆筒中径，即圆筒的平均直径，$D=(D_o+D_i)/2$，mm；

D_o——圆筒外径，mm；

D_i——圆筒内径，mm。

上式是薄壁圆筒体仅考虑在内压 p 作用下的强度条件。另外，实际应用时还需要考虑影响强度条件的其他因素，如材料、制造、腐蚀等。

钢制压力容器的筒体大多是用钢板卷焊而成，由于焊接加热过程中，对焊缝金属组织产生不利影响，同时焊缝处存在着夹渣、气孔、未焊透等焊接缺陷及内应力，使得焊缝及其附近金属的强度比钢板本体的强度略低，所以，要将钢板的许用应力乘以一个小于 1 的数值 φ，φ 称为焊接接头系数，以弥补焊接时可能出现的强度削弱。于是，式（3-1）可写成

$$\frac{pD}{2\delta}\leqslant[\delta]^t\varphi$$

工艺计算中，以筒体内径为基本尺寸的公式用于板材卷制的筒体，以外径为基本尺寸的公式一般用于管材作为筒体的场合。分别将其带入上式得

$$\begin{cases}\dfrac{p(D_i+\delta)}{2\delta}\leqslant[\sigma]^t\varphi & \text{以内径为基准}\\[2ex]\dfrac{p(D_o-\delta)}{2\delta}\leqslant[\sigma]^t\varphi & \text{以外径为基准}\end{cases}$$

解出式中 δ，同时根据 GB/T 150—2011 的规定，确定筒体厚度压力为计算压力 p_c，故内压薄壁圆筒体的计算厚度 δ 为

$$\begin{cases}\delta=\dfrac{p_cD_i}{2[\sigma]^t\varphi-p_c} & \text{以内径为基准} \quad (3\text{-}2)\\[2ex]\delta=\dfrac{p_cD_o}{2[\sigma]^t\varphi+p_c} & \text{以外径为基准} \quad (3\text{-}3)\end{cases}$$

考虑到介质或周围大气的腐蚀作用，在确定钢板所需厚度时，还应在计算厚度的基础上，增加腐蚀裕量。于是，在设计温度 t 下筒体的设计厚度 δ_d 按下式计算，即

$$\begin{cases}\delta_d=\delta+C_2=\dfrac{p_cD_i}{2\,[\sigma]^t\varphi-p_c}+C_2 & \text{以内径为基准} \quad (3\text{-}4)\\[2ex]\delta_d=\delta+C_2=\dfrac{p_cD_o}{2\,[\sigma]^t\varphi+p_c}+C_2 & \text{以外径为基准} \quad (3\text{-}5)\end{cases}$$

式中　δ_d——圆筒的设计厚度，mm；

δ——圆筒的计算厚度，mm；

p_c——圆筒的计算压力，MPa；

D_i——圆筒的内直径，mm；

D_o——圆筒的外直径，mm；

$[\sigma]^t$——设计温度下圆筒材料的许用应力，MPa；

φ——焊接接头系数，$\varphi\leqslant1.0$；

C_2——腐蚀裕量，mm。

再考虑钢板供货的厚度偏差，将设计厚度加上厚度负偏差。这时，若所得厚度值不是钢板规定的整数时，应将其向上圆整至相应的钢板标准厚度，该厚度称为名义厚度，以 δ_n 表示，即

$$\delta_n\geqslant\delta_d+C_1$$

式中　δ_n——圆筒的名义厚度，mm；

C_1——钢材的厚度负偏差，mm。

应该指出，上式仅是在考虑内压（主要指气体压力）作用下推导出的壁厚计算公式。当

容器除承受内压外，还承受其他较大的外部载荷，如风载荷、地震载荷、偏心载荷、温差应力等时，式（3-2）、式（3-3）就不能作为确定圆筒壁厚的唯一依据，这时需要同时校核其他外载荷作用所引起的筒壁应力。

筒体的强度计算公式，除了用于决定承压筒体所需的最小壁厚外，对于工程中不少属于校核性问题，如旧式容器的改造使用、在役容器变更操作条件等，还可以用该公式来确定设计温度下圆筒的最大允许工作压力，对容器进行强度校核；也可以计算其设计温度下的计算应力，以判定在指定压力下圆筒体的安全可靠性。对式（3-2）、式（3-3）稍加变形可得到相应的校核公式。

设计温度下圆筒的最大允许工作压力为

$$\begin{cases} [p_w]=\dfrac{2\delta_e[\sigma]^t\varphi}{D_i+\delta_e} & (3\text{-}6) \\ [p_w]=\dfrac{2\delta_e[\sigma]^t\varphi}{D_o-\delta_e} & (3\text{-}7) \end{cases}$$

设计温度下圆筒的计算应力为

$$\begin{cases} \sigma^t=\dfrac{p_c(D_i+\delta_e)}{2\delta_e}\leqslant[\sigma]^t\varphi & (3\text{-}8) \\ \sigma^t=\dfrac{p_c(D_o-\delta_e)}{2\delta_e}\leqslant[\sigma]^t\varphi & (3\text{-}9) \end{cases}$$

式中　δ_e——圆筒的有效厚度，$\delta_e=\delta_n-C$，mm；

C——厚度附加量，$C=C_1+C_2$，mm。

二、内压球形壳体

由前面分析可知，球壳是中心对称的，没有圆筒的“经向”和“环向”之分，所以，受均匀内压作用的球壳，器壁上的双向应力是相等的，即经向应力 σ_1 与环向应力 σ_2 相等。故根据第一强度理论，为保证球壳的强度，应满足以下条件，即

$$\sigma_1=\sigma_2=\frac{pD}{4\delta}\leqslant[\sigma]^t$$

采用计算压力 p_c 及内径 D_i 和外径 D_o 代替中径 D，并考虑焊接接头系数 φ 的影响，上式可写成

$$\begin{cases} \dfrac{p(D_i+\delta)}{4\delta}\leqslant[\sigma]^t\varphi & \text{以内径为基准} \\ \dfrac{p(D_o-\delta)}{4\delta}\leqslant[\sigma]^t\varphi & \text{以外径为基准} \end{cases}$$

可得设计温度下球壳厚度计算公式

$$\begin{cases} \delta=\dfrac{p_cD_i}{4[\sigma]^t\varphi-p_c} & \text{以内径为基准} \\ \delta=\dfrac{p_cD_o}{4[\sigma]^t\varphi+p_c} & \text{以外径为基准} \end{cases}$$

此公式适用范围为 $p_c\leqslant0.6[\sigma]^t\varphi$

考虑腐蚀裕量，设计厚度为

$$\begin{cases}\delta_d=\delta+C_2=\dfrac{p_cD_i}{4[\sigma]^t\varphi-p_c}+C_2 & \text{以内径为基准}\\ \delta_d=\delta+C_2=\dfrac{p_cD_o}{4[\sigma]^t\varphi+p_c}+C_2 & \text{以外径为基准}\end{cases}$$

再考虑钢板供货的厚度负偏差 C_1，按 $\delta_n \geqslant \delta_d$ 原则，圆整至相应的钢板标准厚度。

与内压圆筒类似，也可用公式确定球壳的最大允许工作压力 $[p_w]$，并对其进行强度校核。设计温度下球壳的最大允许工作压力 $[p_w]$ 按下式计算，即

$$\begin{cases}[p_w]=\dfrac{4\delta_e[\sigma]^t\varphi}{D_i+\delta_e}\\ [p_w]=\dfrac{4\delta_e[\sigma]^t\varphi}{D_o-\delta_e}\end{cases}$$

设计温度下球壳计算应力 σ^t 按下式计算，即

$$\begin{cases}\sigma^t=\dfrac{p_c(D_i+\delta_e)}{4\delta_e}\leqslant[\sigma]^t\varphi\\ \sigma^t=\dfrac{p_c(D_o-\delta_e)}{4\delta_e}\leqslant[\sigma]^t\varphi\end{cases}$$

式中，各参数的意义及单位同前。

对比内压薄壁球壳与圆筒的强度计算公式可以看出：当条件相同时，球壳的壁厚约为圆筒壁厚的 1/2。而且球体的表面积比圆柱体表面积小，因而保温层等费用也相对较少，所以，许多大容量储罐多采用球形容器。但球形容器的制造比较复杂，故当容器的直径小于 3m 时，通常仍采用圆筒形。

三、容器最小厚度

对于低压或常压容器，按照上述强度公式计算出来的厚度往往很薄，常因刚度不足，在制造、运输和安装过程中易发生变形。

例如，有一容器内径为 1000mm，在压力为 0.1MPa、温度为 150℃条件下工作，材料为 Q245R，取焊接接头系数 φ 为 0.85，腐蚀裕量为 1mm，按式（3-2）计算得

$$\delta=\frac{p_cD_i}{2[\sigma]^t\varphi-p_c}=\frac{0.1\times1000}{2\times140\times0.85-0.1}=0.42\ (\text{mm})$$

如此薄的钢板显然不能满足实际需要，因此，按照 GB/T 150—2011 规定，对壳体加工成形后应具有不包括腐蚀裕量的最小厚度 δ_{min} 进行如下限制。

① 对碳素钢、低合金钢制容器，δ_{min} 不小于 3mm；对高合金钢制容器，δ_{min} 不小于 2mm。

② 对标准椭圆形封头和 $R_i=0.9D_i$，$r=0.17D_i$ 的碟形封头，其有效厚度应不小于封头内径的 0.15%；对于其他椭圆形封头和碟形封头，其有效厚度应不小于封头内直径的 0.30%。

当计算封头厚度时，如果已经考虑了内压作用下的弹性失稳，或是按应力分析设计标准对压力容器进行计算，则可不受上述内容的限制。

四、各类厚度的相互关系

计算容器厚度时，首先根据有关公式得出计算厚度 δ，并考虑厚度附加量 C，即由钢材

的厚度负偏差 C_1 和腐蚀裕量 C_2 组成，$C=C_1+C_2$，然后圆整为名义厚度 δ_n，但该值还未包括加工减薄量。加工减薄量并非由设计人员确定，一般是由制造厂根据具体制造工艺和板材的实际厚度来确定。因此，出厂时的实际厚度可能和图样厚度不完全一致。

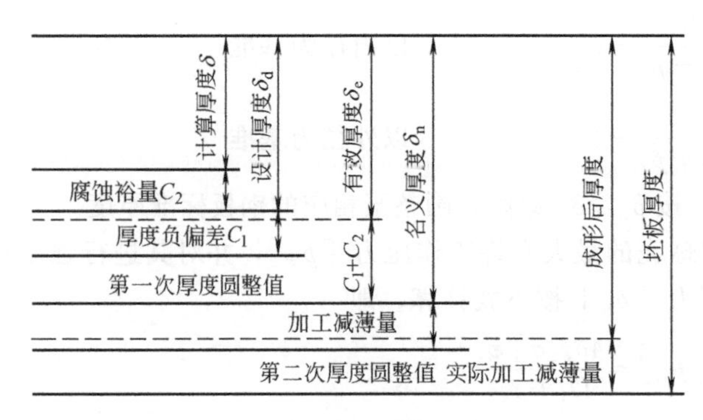

图 3-1 各类厚度之间的关系

各类厚度之间的关系如图 3-1 所示。

① 计算厚度 δ：指按有关公式采用计算压力得到的厚度，必要时还应计入其他载荷对厚度的影响。

② 设计厚度 δ_d：指计算厚度与腐蚀裕量之和。

③ 名义厚度 δ_n：指设计厚度加上钢板的厚度负偏差后，向上圆整到钢板标准规格的厚度，即标注在图样上的厚度。

④ 有效厚度 δ_e：指名义厚度减去腐蚀裕量和钢板的厚度负偏差，即 $\delta_e=\delta_n-(C_1+C_2)$。

⑤ 成形后厚度：指制造厂考虑加工减薄量并按钢板厚度规格第二次向上圆整得到的坯板厚度，再减去实际加工减薄量后的厚度，即出厂时容器的实际厚度。一般情况下，只要成形后厚度大于设计厚度即可满足强度要求。

第二节 设计参数的确定

以上各强度计算公式中均包含多种参数，如计算压力、设计压力、设计温度、厚度及其附加量、焊接接头系数、许用应力等。计算时须按 GB/T 150—2011《压力容器》及有关规定进行取值。

一、压力参数

1. 工作压力 p_w

工作压力指在正常工作情况下，容器顶部可能达到的最高压力，也称为最高工作压力。

2. 计算压力 p_c

计算压力指相应设计温度下，用以确定元件厚度的压力，其中包括液柱静压力。通常情况下，计算压力 p_c 等于设计压力 p 加上液柱静压力 $p_液$（即 $p_c=p+p_液$），当元件所承受的液柱静压力小于 5%设计压力时，可忽略不计，此时计算压力即为设计压力。

3. 设计压力 p

设计压力指设定的容器顶部的最高压力，与相应的设计温度一起作为设计载荷条件，其值不得低于工作压力。实际计算时可以按《固定式压力容器安全技术监察规程》等有关规定来确定相应的设计压力。

① 当容器上装有安全阀时，考虑到安全阀开启动作的滞后，容器不能及时泄压，设计压力 p 不得低于安全阀的开启压力 p_z［开启压力是指阀瓣在运行条件下开始升起，介质连

续排除的瞬时压力，其值小于或等于（1.05～1.1）倍容器的工作压力]。

② 当容器上装有爆破片时，设计压力 p 不得低于爆破片的爆破压力。其值可以根据爆破片的类型确定，取爆破片的设计爆破压力 p_b 加上所选爆破片制造范围的上限（即 $p \geqslant p_b$+制造范围的上限），通常可取（1.15～1.3）倍最高工作压力。

③ 当容器出口侧管线上装有安全阀时，其设计压力应不低于安全阀的开启压力加上流体从容器至安全阀处的压力降。

④ 当容器进口管线上装有安全阀，出口侧装有截止阀或其他截断装置时，其设计压力取以下两种情况之大者。

a. 安全阀的开启压力。

b. 按容器工作压力增加适当的裕度。

⑤ 当容器位于泵进口侧且无安全控制装置时，取无安全泄放装置时的设计压力，且以0.1MPa外压进行校核。

⑥ 当容器位于泵出口侧且无安全控制装置时，其设计压力取以下三者中的最大值。

a. 泵正常入口压力加1.2倍的泵正常工作扬程。

b. 泵最大入口压力加泵正常工作扬程。

c. 泵正常入口压力加关闭扬程（即泵出口全关闭扬程）。

⑦ 当容器系统中装有安全控制装置，而单个容器又无安全控制装置，且各容器之间的压力降难以确定时，其设计压力可按表3-1确定。

⑧ 对于盛装液化气体且无保冷设施的容器，由于容器压力与介质的临界温度和工作温度密切相关，因此其设计压力应不低于液化气50℃时的饱和蒸气压；对于无实际组分数据的混合液化石油气容器，将其相关组分50℃时的饱和蒸气压作为设计压力。

表3-1　设计压力选用　　单位：MPa

工作压力 p_w	设计压力 p	工作压力 p_w	设计压力 p
$p_w \leqslant 1.8$	$p_w+1.8$	$4.0<p_w \leqslant 8.0$	$p_w+0.4$
$1.8<p_w \leqslant 4.0$	$1.1p_w$	$p_w>8.0$	$1.05p_w$

液化气体在不同温度下的饱和蒸气压可以参见有关化工手册。常见盛装液化气体的压力容器的设计压力见表3-2。

表3-2　常见盛装液化气体的压力容器的设计压力

容器类别		设计压力
液化气容器（无保冷设施）	液氨	2.16MPa
	液氯	1.62MPa
	丙烯	2.16MPa
	丙烷	1.77MPa
	正丁烷、己丁烷、正丁烯、己丁烯、丁二烯	0.79MPa
混合液化石油气容器（无保冷设施）	$1.62\text{MPa}<p_{50} \leqslant 1.94\text{MPa}$	以丙烯为相关组分，设计压力为2.16 MPa
	$0.58\text{MPa}<p_{50} \leqslant 1.62\text{MPa}$	以丙烷为相关组分，设计压力为1.77MPa
	$p_{50} \leqslant 0.58\text{MPa}$	以己丁烷为相关组分，设计压力为0.79 MPa
两侧受压的压力容器元件		一般应以两侧的设计压力分别作为该元件的设计压力。当有可靠措施能够确保两侧同时受压时，可取两侧最大压力差作为设计压力

注：p_{50}为混合液化石油气50℃时的饱和蒸气压，表中的1.94MPa、1.62MPa、0.58MPa分别为丙烯、丙烷、己丁烷50℃时的饱和蒸气压。

二、设计温度 t

设计温度是指容器在正常工作情况下，在相应设计压力下，设定的受压元件的金属温度（指沿元件金属截面厚度的温度平均值）。对于 0℃以上的金属温度，设计温度不得低于元件金属在工作状态可能达到的最高温度；对于 0℃以下的金属温度，设计温度不得高于元件金属可能达到的最低温度。元件金属温度可用传热计算求得，或在已使用的同类容器上测定，或按内部介质温度确定。当不可能通过传热计算或测试结果确定时，可按以下方法确定。

① 容器内壁与介质直接接触且有保温或保冷设施时，设计温度可按表 3-3 确定。

表 3-3 设计温度选用 单位：℃

最高或最低工作温度[①] t_w	设计温度 t	最高或最低工作温度[①] t_w	设计温度 t
$t_w \leqslant -20$	t_w-10	$15<t_w \leqslant 350$	t_w+20
$-20<t_w \leqslant 15$	t_w-5(但最低为-20)	$t_w>350$	$t_w+(5\sim15)$[②]

① 当工作温度范围在 0℃以下时，考虑最低工作温度；当工作温度范围在 0℃以上时，考虑最高工作温度；当工作温度范围跨越 0℃时，则按对容器不利的工况考虑。

② 当碳素钢容器的最高工作温度为 420℃以上，铬钼钢容器的最高工作温度为 450℃以上，不锈钢容器的最高工作温度为 550℃时，其设计温度不再考虑裕度。

② 容器内介质被热载体或冷载体间接加热或冷却时，设计温度按表 3-4 确定。

③ 容器内介质用蒸汽直接加热或被内置加热元件（如加热盘管、电热元件等）间接加热时，其设计温度取被加热介质的最高工作温度。

表 3-4 设计温度选用 单位：℃

传 热 方 式	设计温度 t	传 热 方 式	设计温度 t
外加热	热载体的最高工作温度	内加热	被加热介质的最高工作温度
外冷却	冷载体的最低工作温度	内冷却	被冷却介质的最低工作温度

④ 对液化气用压力容器，当设计压力确定后，其设计温度就是与其对应的饱和蒸气压的温度。

⑤ 安装在室外无保温设施的容器，最低设计温度（0℃以下）受地区历年月平均最低气温的控制时，对于盛装压缩气体的储罐，最低设计温度取月平均最低气温减 3℃；对于盛装液体体积占容器容积 1/4 以上的储罐，最低设计温度取月平均最低温度。

设计温度与设计压力存在对应关系。当压力容器具有不同的操作工况时，应按最苛刻的工况条件下，压力与温度的组合设定容器的设计条件，而不能按其在不同工况下，各自的最苛刻条件确定设计温度和设计压力。

三、许用应力 $[\sigma]^t$

许用应力是容器壳体、封头等受压元件的材料许用强度，它是根据材料各项强度性能指标分别除以相应的标准中所规定的安全系数来确定的。计算时必须合理选择材料的许用应力。若采用过大的许用应力，会使计算出来的部件过于单薄而强度不足发生破坏；若采用过小的许用应力，则会使部件过分笨重而浪费材料。

材料的强度指标是根据失效类型来确定的，如常温下最低抗拉强度 σ_b、常温或设计温

度下的屈服点 σ_s 或 σ_s^t、持久强度 σ_D^t 及高温蠕变极限 σ_n^t 等。

安全系数则是一个强度“保险”系数，它是可靠性与先进性相统一的系数，主要是为了保证受压元件的强度有足够的安全储备量，是考虑到材料的力学性能、载荷条件、设计计算方法、加工制造以及操作使用中的不确定因素后确定的。安全系数如何取值，是经过一定的理论分析以及长期实践经验积累而得出来的。各国标准规范中规定的安全系数均与本国规范所采用的计算、选材、制造和检验方面的规定相适应。目前，国家标准中规定 $n_b \geqslant 2.7$，$n_s \geqslant 1.5$，$n_D \geqslant 1.5$，$n_n \geqslant 1.0$。

钢制压力容器常用材料（除螺栓材料外）许用应力的取值方法见表 3-5。

表 3-5 钢制压力容器常用材料许用应力的取值方法

材 料	许用应力取下列各值中的最小值/MPa
碳素钢、低合金钢	$\frac{\sigma_b}{2.7}$、$\frac{\sigma_s}{1.5}$、$\frac{\sigma_s^t}{1.6}$、$\frac{\sigma_D^t}{1.5}$、$\frac{\sigma_n^t}{1.0}$
高合金钢	$\frac{\sigma_b}{3.0}$、$\frac{\sigma_s(\sigma_{0.2})}{1.5}$、$\frac{\sigma_s^t(\sigma_{0.2}^t)^{①}}{1.5}$、$\frac{\sigma_D^t}{1.5}$、$\frac{\sigma_n^t}{1.0}$

① 对奥氏体高合金钢制受压元件，当设计温度低于蠕变范围，且允许有微量的永久变形时，可适当提高许用应力至 $0.9\sigma_s^t$ （$\sigma_{0.2}^t$），但不超过$\frac{\sigma_s(\sigma_{0.2})}{1.5}$。此规定不适用于法兰或其他有微量永久变形就产生泄漏或故障的场合。

为了计算中取值方便和统一，GB/T 150—2011 给出了钢板、钢管、锻件以及螺栓材料在设计温度下的许用应力值。在强度计算时，许用应力值可从表 3-6 中查取。当设计温度低于 20℃时，取 20℃时的许用应力。

四、焊接接头系数φ

通过焊接制成的容器，其焊缝是比较薄弱的。这是因为焊缝中可能存在夹渣、气孔、裂纹、未焊透而使焊缝及热影响区的强度受到削弱，因此，为了补偿焊接时可能出现的焊接缺陷对容器强度的影响，引入了焊接接头系数 φ，它等于焊缝金属材料强度与母材强度的比值，反映了焊缝区材料强度的削弱程度。

影响焊接接头系数 φ 的因素较多，按照规定主要是根据受压元件的焊接接头形式及无损检测的长度比例来确定。

① 双面焊对接接头和相当于双面焊的全焊透对接接头。

a. 100%无损检测 $\varphi=1.00$。

b. 局部无损检测 $\varphi=0.85$。

② 单面焊对接接头（沿焊缝根部全长有紧贴基体金属的垫板）。

a. 100%无损检测 $\varphi=0.9$。

b. 局部无损检测 $\varphi=0.8$。

按照 GB/T 150 中“制造、检验与验收”的有关规定，容器主要受压部分的焊接接头分为 A、B、C、D、E 五类，其中，E 类焊缝为受压元件与非受压元件的连接接头，如：支座或支耳垫板与壳体之间的焊缝，裙座与封头之间的焊缝。焊接接头分类如图 3-2 所示，对于不同类型的焊接接头，其焊接检验要求也各不相同。

表 3-6 碳素钢和低合金钢钢板许用应力

钢号	钢板标准	使用状态	厚度/mm	室温强度指标		在下列温度下的许用应力/MPa															
				σ_b/MPa	σ_s/MPa	≤20℃	100℃	150℃	200℃	250℃	300℃	350℃	400℃	425℃	450℃	475℃	500℃	525℃	550℃	575℃	600℃
Q245R	GB 713	热轧、控轧、正火	3～16	400	245	148	147	140	131	117	108	98	91	85	61	41					
			＞16～36	400	235	148	140	133	124	111	102	93	86	84	61	41					
			＞36～60	400	225	148	133	127	119	107	98	89	82	80	61	41					
			＞60～100	390	205	137	123	117	109	98	90	82	75	73	61	41					
			＞100～150	380	185	123	112	107	100	90	80	73	70	67	61	41					
Q345R	GB 713	热轧、控轧、正火	3～16	510	345	189	189	189	183	167	153	143	125	93	66	43					
			＞16～36	500	325	185	185	183	170	157	143	133	125	93	66	43					
			＞36～60	490	315	181	181	173	160	147	133	123	117	93	66	43					
			＞60～100	490	305	181	181	167	150	137	123	117	110	93	66	43					
			＞100～150	480	285	178	173	160	147	133	120	113	107	93	66	43					
			＞150～200	470	265	174	163	153	143	130	117	110	103	93	66	43					
Q370R	GB 713	正火	10～16	530	370	196	196	196	196	190	180	170									
			＞16～36	530	360	196	196	193	193	183	173	163									
			＞36～60	520	400	193	193	193	180	170	160	150									
18MnMoNbR	GB 713	正火加回火	30～60	570	400	211	211	211	211	211	211	211	207	195	177	117					
			＞60～100	570	400	211	211	211	211	211	211	211	203	192	177	117					
13MnNiMoR	GB 713	正火加回火	30～100	570	390	211	211	211	211	211	211	211	203								
			＞100～150	570	380	211	211	211	211	211	211	211	200								
15CrMoR	GB 713	正火加回火	30～60	450	295	167	167	167	160	150	140	133	126	122	119	117	88	58	37		
			＞60～100	450	295	167	167	157	147	140	131	124	117	114	111	109	88	58	37		
			＞100～150	440	255	163	157	147	140	133	123	117	110	107	104	102	88	58	37		
14Cr1MoR	GB 713	正火加回火	6～100	520	310	193	187	180	170	163	153	147	140	135	130	123	80	54	33		
			＞100～150	510	300	189	180	173	163	157	147	140	133	130	127	121	80	54	33		
12Cr2Mo1R	GB 713	正火加回火	6～150	520	310	193	187	180	173	170	167	163	160	157	147	119	89	61	46	37	
12Cr1MoVR	GB 713	正火加回火	6～60	440	245	163	150	140	133	127	117	111	105	103	100	98	95	82	59	41	
			＞60～100	430	235	157	147	140	133	127	117	111	105	103	100	98	95	82	59	41	
12Cr2Mo1VR		正火加回火	30～120	590	415	219	219	219	219	219	219	219	219	219	193	163	134	104	72		

续表

钢号	钢板标准	使用状态	厚度/mm	室温强度指标		在下列温度下的许用应力/MPa															
				σ_b/MPa	σ_s/MPa	≤20℃	100℃	150℃	200℃	250℃	300℃	350℃	400℃	425℃	450℃	475℃	500℃	525℃	550℃	575℃	600℃
16MnDR	GB 3531	正火、正火加回火	6～16	490	315	181	181	180	167	153	140	130									
			＞16～36	470	295	174	174	167	157	143	130	120									
			＞36～60	460	285	170	170	160	150	137	123	117									
			＞60～100	450	275	167	167	157	147	133	120	113									
			＞100～120	440	265	163	163	153	143	130	117	110									
15MnNiDR	GB 3531	正火、正火加回火	6～16	490	325	181	181	181	173												
			＞16～36	480	315	178	178	178	167												
			＞36～60	470	305	174	174	173	160												
15MnNiNbDR	—	正火、正火加回火	6～16	530	370	196	196	196	196												
			＞16～36	530	360	196	196	196	193												
			＞36～60	520	350	193	193	193	187												
09MnNiDR	GB 3531	正火、正火加回火	6～16	440	300	163	163	163	160	153	147	137									
			＞16～36	430	280	159	159	157	150	143	137	127									
			＞36～60	430	270	159	159	150	143	137	130	120									
			＞60～100	420	260	156	156	147	140	133	127	117									
08Ni3DR	—	正火、正火加回火、调质	6～60	490	320	181	181														
			＞60～100	480	300	178	178														
06Ni9DR	—	调质	6～30	680	560	252	252														
			＞30～40	680	550	252	252														
07MnMoVR	GB 19189	调质	10～60	610	490	226	226	226	226												
07MnNiVDR	GB 19189	调质	10～60	610	490	226	226	226	226												
07MnNiMoDR	GB 19189	调质	10～50	610	490	226	226	226	226												
12MnNiVR	GB 19189	调质	10～60	610	490	226	226	226	226												

凡符合下列条件之一的容器及受压元件，需要对A类、B类焊接接头进行100%无损检测：

① 钢材厚度大于30mm的碳素钢、16MnR。

② 钢材厚度大于25mm的15MnVR、15MnV、20MnMo和奥氏体不锈钢。

③ 标准抗拉强度下限值大于540MPa的钢材。

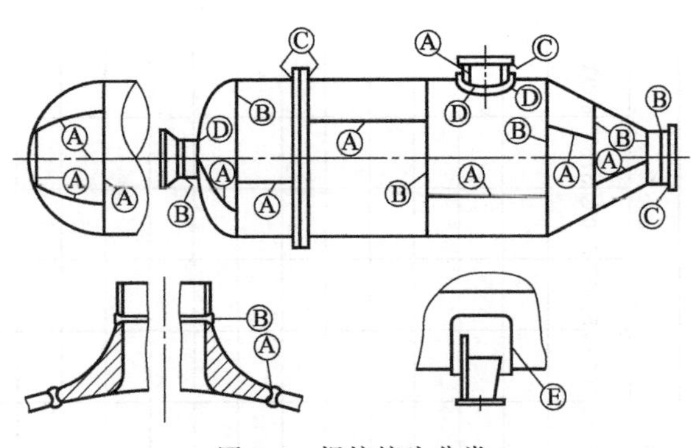

图3-2 焊接接头分类

④ 钢材厚度大于16mm的12CrMo、
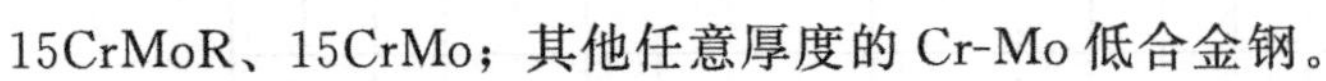
15CrMoR、15CrMo；其他任意厚度的Cr-Mo低合金钢。

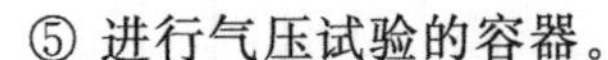
⑤ 进行气压试验的容器。

⑥ 图样注明盛装毒性为极度危害和高度危害介质的容器。

⑦ 图样规定需进行100%无损检测的容器。

除以上规定及允许可以不进行无损检测的容器，对A类、B类焊接接头还可以进行局部无损检测，但检测长度不应小于每条焊缝的20%，且不小于250mm。

五、厚度附加量 C

按照计算公式得到的容器厚度，不仅要满足强度和刚度的要求，而且还要根据实际制造和使用情况，考虑钢材的厚度负偏差及介质对容器的腐蚀。因此，在确定容器厚度时，需要进一步引入厚度附加量。厚度附加量由两部分组成，即

$$C=C_1+C_2 \tag{3-10}$$

式中 C——厚度附加量，mm；

C_1——钢板或钢管的厚度负偏差，mm；

C_2——腐蚀裕量，mm。

1. 钢材的厚度负偏差 C_1

钢板或钢管在轧制过程中，其厚度可能会出现偏差。若出现负偏差则会使实际厚度偏小，严重影响其强度，因此需要引入钢材厚度负偏差 C_1 进行预先增厚。常用钢板、钢管厚度负偏差见表3-7～表3-9。

表3-7 钢板的厚度负偏差 单位：mm

钢板厚度	2.0～2.5	2.8～4.0	4.5～5.5	6.0～7.0	8.0～25	26～30	32～34	36～40	42～50	50～60	60～80
负偏差 C_1	0.2	0.3	0.5	0.6	0.8	0.9	1.0	1.1	1.2	1.3	1.8

当钢材厚度负偏差不大于0.25mm，且不超过名义厚度的6%时，负偏差可以忽略不计。

2. 腐蚀裕量 C_2

由于容器多与工作介质接触，为防止由于腐蚀、机械磨损而导致厚度削弱减薄，需要考虑腐蚀裕量。

表 3-8 不锈钢复合钢板的厚度负偏差

<table>
<tr><th>复合板总厚度/mm</th><th>总厚度负偏差/%</th><th>复层厚度/mm</th><th>复层偏差/%</th></tr>
<tr><td>4～7</td><td rowspan="2">9</td><td>1.0～1.5</td><td rowspan="6">10</td></tr>
<tr><td>8～10</td><td>1.5～2.0</td></tr>
<tr><td>11～15</td><td>8</td><td>2～3</td></tr>
<tr><td>16～25</td><td>7</td><td>3～4</td></tr>
<tr><td>26～30</td><td>6</td><td>3～5</td></tr>
<tr><td>31～60</td><td>5</td><td>3～6</td></tr>
</table>

表 3-9 钢管的厚度负偏差

<table>
<tr><th>钢管种类</th><th>壁厚/mm</th><th>负偏差 C_1/%</th><th>钢管种类</th><th>壁厚/mm</th><th>负偏差 C_1/%</th></tr>
<tr><td rowspan="2">碳素钢
低合金钢</td><td>≤20</td><td>15</td><td rowspan="2">不锈钢</td><td>≤10</td><td>15</td></tr>
<tr><td>>20</td><td>12.5</td><td>>10～20</td><td>20</td></tr>
</table>

① 对有腐蚀或磨损的元件，应根据预期的容器使用寿命和介质对金属材料的腐蚀速率确定腐蚀裕量。

② 容器各元件受到的腐蚀程度不同时，可采用不同的腐蚀裕量。

③ 介质为压缩空气、水蒸气或水的碳素钢或低合金钢制容器，腐蚀裕量不小于 1mm。

④ 对于不锈钢制容器，当介质的腐蚀性极微时，可取腐蚀裕量 $C_2=0$。

如果资料不全或难以具体确定时，腐蚀裕量可以参考表 3-10 选用。

必须明确的是，腐蚀裕量只对防止发生均匀腐蚀破坏有意义。对于应力腐蚀、氢脆和缝隙腐蚀等非均匀腐蚀，用增加腐蚀裕量的办法来防腐，效果并不佳。此时应着重选择耐腐蚀材料或进行适当防腐处理的方法。

表 3-10 腐蚀裕量选取

单位：mm

<table>
<tr><th>容器类别</th><th>碳素钢、
低合金钢</th><th>铬钼
钢</th><th>不锈
钢</th><th>备注</th><th>容器类别</th><th>碳素钢、
低合金钢</th><th>铬钼
钢</th><th>不锈
钢</th><th>备注</th></tr>
<tr><td>塔器及反应器壳体</td><td>3</td><td>2</td><td>0</td><td></td><td>不可拆内件</td><td>3</td><td>1</td><td>0</td><td rowspan="3">包括
双面</td></tr>
<tr><td>容器壳体</td><td>1.5</td><td>1</td><td>0</td><td></td><td>可拆内件</td><td>2</td><td>1</td><td>0</td></tr>
<tr><td>换热器壳体</td><td>1.5</td><td>1</td><td>0</td><td></td><td>裙座</td><td>1</td><td>1</td><td>0</td></tr>
<tr><td>热衬里容器壳体</td><td>1.5</td><td>1</td><td>0</td><td></td><td></td><td></td><td></td><td></td><td></td></tr>
</table>

六、压力容器的公称直径、公称压力

为了便于设计和成批生产，提高制造质量，增强零部件的互换性，降低生产成本，有关部门已经针对某些化工设备及容器零部件制定了系列标准。如储罐、换热器、封头、法兰、支座、人孔、手孔、视镜等都有相应的标准，设计时可采用标准件。容器零部件标准化的基本参数是公称直径和公称压力。

规定公称直径的目的是使容器的直径成为一系列规定的数值，以便零部件的标准化，以符号 *DN* 表示，单位为 mm。用钢板卷制而成的筒体，其公称直径即等于内径，现行标准中规定的压力容器公称直径系列，封头的公称直径与筒体一致（见表 3-11）。例如，工艺计算得到的容器内径为970mm，则应将其调整为最接近的标准值1000mm，这样便于选用公称直径为1000mm的各种标准零部件。

表3-11　压力容器的公称直径 *DN*　　单位：mm

300	(350)	400	(450)	500	(550)	600	(650)
700	800	900	1000	(1100)	1200	(1300)	1400
(1500)	1600	(1700)	1800	(1900)	2000	(2100)	2200
(2300)	2400	2600	2800	3000	3200	3400	3600
3800	4000	4200	4400	4500	4600	4800	5000
5200	5400	5500	5600	5800	6000		

注：带括号的公称直径尽量不采用。

对于管子来说，公称直径既不是指管子的内径也不是指管子的外径，而是比外径小的数值。只要管子的公称直径一定，管子的外径也就确定了，管子的内径因壁厚不同而有不同的数值。用于输送水、煤气的钢管，其公称直径既可用公制（mm），也可用英制（in[1]），具体规格和尺寸见表3-12。

表3-12　水、煤气输送钢管公称直径与外径

公称直径/mm	6	8	10	15	20	25	32	40	50	70	80	100	125	150
公称直径/in	$\frac{1}{8}$	$\frac{1}{4}$	$\frac{3}{8}$	$\frac{1}{2}$	$\frac{3}{4}$	1	$1\frac{1}{4}$	$1\frac{1}{2}$	2	$2\frac{1}{2}$	3	4	5	6
外径/mm	10	13.5	17	21.25	26.75	33.5	42.5	48	60	75.5	88.5	114	140	165

若容器的直径较小，筒体可直接采用无缝钢管制作，此时，公称直径则是指钢管的外径。无缝钢管的公称直径、外径及无缝钢管作筒体时的公称直径见表3-13。

表3-13　无缝钢管的公称直径、外径及无缝钢管作筒体时的公称直径　　单位：mm

公称直径	80	100	125	150	175	200	225	250	300	350	400	450	500
外径	89	108	133	159	194	219	245	273	325	377	426	480	530
无缝钢管作筒体时的公称直径				159		219		273	325	377	426		

在设计过程中，选用标准的零部件仅有公称直径一个参数是不够的。因为公称直径相同的零部件，若工作压力不同的话，它们的厚度等几何尺寸就不同。因而，把压力容器所承受的压力范围分成若干个标准压力等级，称为公称压力，以 *PN* 表示，并将其作为选用标准零部件的另一个基本参数。

目前中国制定的压力等级分为常压、0.25MPa、0.6MPa、1.0MPa、1.6MPa、2.5MPa、4.0MPa、6.4MPa。选用容器零部件时，必须将操作温度下的最高操作压力（或设计压力）调整为所规定的某一公称压力等级，然后再根据 *DN* 与 *PN* 选定该零部件的尺寸。

钢板是压力容器最常用的材料，如一般用钢板卷焊制成圆筒，用钢板通过冲压或旋压制成封头等。板材厚度应符合冶金产品的标准，热轧钢板的厚度尺寸有：4～6mm，每级间隔0.5mm；6～30mm，每级间隔1.0mm；30～60mm，每级间隔2.0mm。

[1] 1in=0.0254m，下同。

【例题 3-1】 某内压容器的筒体设计，已知设计压力 $p=0.4$MPa，设计温度 $t=70$℃，圆筒内径 $D_i=1000$mm，总高 3000mm，盛装液体介质，液柱静压力 $p_{液}$ 为 0.03MPa，圆筒材料为 Q345R，腐蚀裕量 C_2 取 1.5mm，焊接接头系数 $\varphi=0.85$，试求该容器的筒体厚度。

解 （1）根据设计压力 p 和液柱静压力 $p_{液}$ 确定计算压力 p_c

液柱静压力为 0.03MPa，已大于设计压力的 5%，故应计入计算压力中，则

$$p_c=p+p_{液}=0.4+0.03=0.43\ (\text{MPa})$$

（2）求计算厚度 δ

先假设筒体厚度为 6～16mm，查“常用钢板的许用应力”表得设计温度为 70℃时的许用应力 $[\sigma]^t=189$MPa，将以上参数带入公式得筒体计算厚度为

$$\delta=\frac{p_c D_i}{2[\sigma]^t\varphi-p_c}=\frac{0.43\times1000}{2\times189\times0.85-0.43}=1.34\ (\text{mm})$$

（3）求设计厚度 δ_d

$$\delta_d=\delta+C_2=1.34+1.5=2.84\ (\text{mm})$$

（4）求名义厚度 δ_n

查“钢板的厚度负偏差”表得钢板的厚度负偏差 $C_1=0.3$mm，因而可取名义厚度 4mm。但对于低合金钢制的容器，规定不包括腐蚀裕量的最小厚度 δ_{min} 应不小于 3mm，若加上 1.5mm 的腐蚀裕量，名义厚度至少应取 5mm。根据钢板厚度标准规格，名义厚度 δ_n 取 6mm。

（5）检查

$\delta_n=6$mm，$[\sigma]^t$ 没有变化，故取名义厚度为 6mm 合适。

【例题 3-2】 对一储罐的筒体进行设计计算，已知设计压力 $p=2.5$MPa，操作温度 −5～44℃，用 Q345R 钢板制造，储罐内径 $D_i=1200$mm，腐蚀裕量 $C_2=1$mm，焊接接头系数 $\varphi=0.85$，试确定筒体厚度。

解 Q345R 钢板在 −5～44℃温度范围的许用应力由“常用钢板的许用应力”表查取，估计壁厚在 6～16mm 之间，故 $[\sigma]^t=189$MPa，取计算压力 $p_c=p=2.5$MPa，将数据代入公式得到储罐筒体计算厚度

$$\delta=\frac{p_c D_i}{2[\sigma]^t\varphi-p_c}=\frac{2.5\times1200}{2\times189\times0.85-2.5}=9.41\ (\text{mm})$$

设计厚度　　$\delta_d=\delta+C_2=9.41+1=10.41\ (\text{mm})$

查“钢板的厚度负偏差”表得钢板厚度负偏差 $C_1=0.8$mm，因而根据钢板厚度规格，可取名义厚度 $\delta_n=12$mm。

第三节　内压封头结构和计算

封头是压力容器的重要组成部分，按其结构形状可分为凸形封头、锥形封头和平盖封头三类。采用什么形状的封头需要根据工艺条件要求、制造难易程度以及材料的消耗等情况来确定。本节将介绍几种常用的封头结构和强度计算方法。

一、凸形封头

常用的凸形封头有半球形封头、椭圆形封头和碟形封头。

1. 半球形封头

半球形封头为半个球壳，如图 3-3 所示。

半球形封头与球壳具有相同的优点，即在同样的条件下，它所需的壁厚最薄，在同样的容积时其表面积最小，可节省钢材，故从这些方面来看，半球形封头是最理想的结构形式。但其缺点是深度较大，直径小时，整体冲压困难；直径大时，采用分瓣冲压其拼焊工作量又较大。因此，对一般中、小直径的容器很少采用半球形封头，半球形封头常用在高压容器上。

由于半球形封头是由半个球壳构成，因此，在内压作用下，其应力状态与球壳完全相同，即

$$\sigma=\frac{pD}{4\delta}$$

其厚度计算公式也与球壳厚度计算公式相同，以内径为基准的封头计算公式是与钢板卷制筒体配合的封头，以外径为基准的封头计算公式是与钢管筒体配合的封头，即

$$\begin{cases}\delta=\dfrac{p_c D_i}{4[\sigma]^t\varphi-p_c} & \text{以内径为基准} \quad (3\text{-}11)\\ \delta=\dfrac{p_c D_o}{4[\sigma]^t\varphi+p_c} & \text{以外径为基准} \quad (3\text{-}12)\end{cases}$$

式中 D_i——半球形封头内直径，mm。

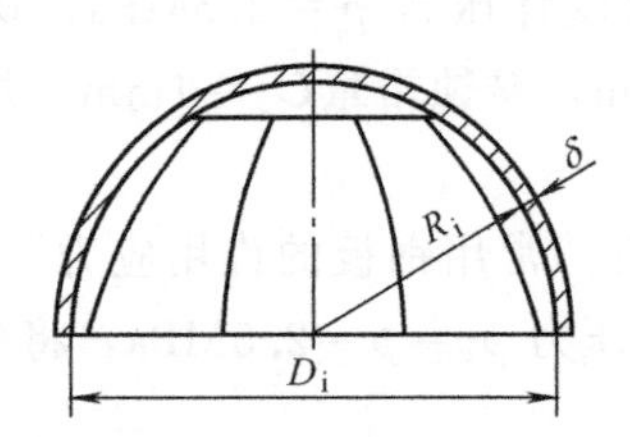

图 3-3 半球形封头

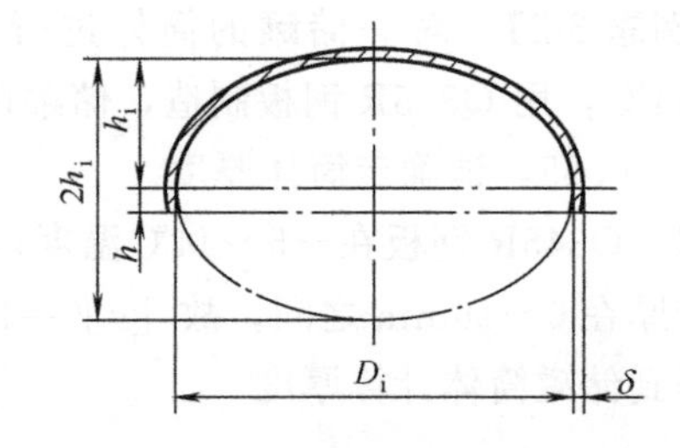

图 3-4 椭圆形封头

其他符号与意义同前。

为满足弹性要求，式（3-11）适用范围同样是 $p_c \leqslant 0.6[\sigma]^t\varphi$，相当于 $K \leqslant 1.33$。

2. 椭圆形封头

椭圆形封头由半个椭球面和高为 h 的短圆筒（又称为直边）所组成，如图 3-4 所示。直边的作用是避免筒体与封头间的环向连接焊缝处出现边缘应力与热应力叠加，以改善焊缝的受力情况，直边高度 h 的取值可查表 3-14。

表 3-14 椭圆形封头材料、厚度和直边高度的对应关系

封头材料	碳素钢	普通低合金钢	复合钢板	不锈耐酸钢		
封头厚度 δ_n/mm	4～8	10～18	≥20	3～9	10～18	≥20
直边高度 h/mm	25	40	50	25	40	50

由于封头的椭球部分经线曲率变化平滑连续，故应力分布比较均匀。另外，椭圆形封头深度较半球形封头小得多，易于冲压成形，因此，椭圆形封头是目前中、低压容器中应用较为普遍的一种封头形式。

分析表明，受内压的椭圆形封头最大综合应力σ_{max}与椭圆形封头长短轴的比值，即a/b［$a=(D_i+\delta)/2$，$b=h_i+\delta/2$（h_i为封头曲面深度），$a/b\approx D_i/(2h_i)$］有关。工程上对$a/b=1.0\sim2.6$的椭圆形封头，引入形状系数K，由此得到最大综合应力为

$$\sigma_{max}=\frac{KpD}{2\delta} \tag{3-13}$$

式中　K——椭圆形封头形状系数。K值按下式计算，即

$$K=\frac{1}{6}\left[2+\left(\frac{D_i}{2h_i}\right)^2\right] \tag{3-14}$$

K值也可以根据$a/b\approx D_i/(2h_i)$按表3-15查取。

表3-15　椭圆形封头形状系数K值

$D_i/(2h_i)$	2.6	2.5	2.4	2.3	2.2	2.1	2.0	1.9	1.8
K	1.46	1.37	1.29	1.21	1.14	1.07	1.00	0.93	0.87
$D_i/(2h_i)$	1.7	1.6	1.5	1.4	1.3	1.2	1.1	1.0	
K	0.81	0.76	0.71	0.66	0.61	0.57	0.53	0.50	

由式（3-11）、式（3-13），根据第一强度理论，并考虑焊接接头系数等因素，可推导出椭圆形封头厚度计算公式，即

$$\begin{cases}\delta=\dfrac{Kp_cD_i}{2[\sigma]^t\varphi-0.5p_c} & \text{以内径为基准} \quad (3\text{-}15)\\[2ex] \delta=\dfrac{Kp_cD_o}{2[\sigma]^t\varphi+(2K-0.5)p_c} & \text{以外径为基准} \quad (3\text{-}16)\end{cases}$$

理论分析证明，当$D_i/(2h_i)=2$时，椭圆形封头的应力分布较好，所以规定为标准椭圆形封头，此时$K=1$。

标准椭圆形封头的厚度计算公式可以表示为

$$\begin{cases}\delta=\dfrac{p_cD_i}{2[\sigma]^t\varphi-0.5p_c} & \text{以内径为基准} \quad (3\text{-}17)\\[2ex] \delta=\dfrac{p_cD_o}{2[\sigma]^t\varphi+(2K-0.5)p_c} & \text{以外径为基准} \quad (3\text{-}18)\end{cases}$$

可以看出，标准椭圆形封头厚度大致和与其相连接的圆筒厚度相等，因此筒体和封头即可采用等厚度钢板进行制造。这不仅给选材带来方便，也便于筒体和封头的焊接加工，故工程上多选用标准椭圆形封头作为圆筒形容器的端盖。

椭圆形封头的最大允许工作压力按下式计算，即

$$[p_w]=\frac{2[\sigma]^t\varphi\delta_e}{KD_i+0.5\delta_e} \tag{3-19}$$

式中　D_i——封头内直径，mm；

δ_e——椭圆形封头的有效厚度，mm。

按上面的计算式，椭圆形封头虽然满足强度要求，但仍有可能发生周向屈曲。目前，工

程上采用限制椭圆形封头最小厚度的方法解决这一问题，即标准椭圆形封头的有效厚度应不小于封头内直径的0.15%，其他椭圆形封头的有效厚度应不小于封头内直径的0.30%。

3. 碟形封头

碟形封头又称带折边的球面封头，如图3-5所示。它由半径为R_i的球面部分、高度为h的直边（短圆筒）部分和半径为r的过渡环壳三部分组成。直边高度h的取法与椭圆形封头h的取法一样（见表3-14）。从几何形状看，碟形封头是一个不连续曲面，故应力分布不够均匀、缓和，在工程中使用并不理想。但过渡环壳的存在降低了封头的深度，方便了成形加工，且压制碟形封头的钢模加工简单，因此，在某些场合仍可以代替椭圆形封头的使用。

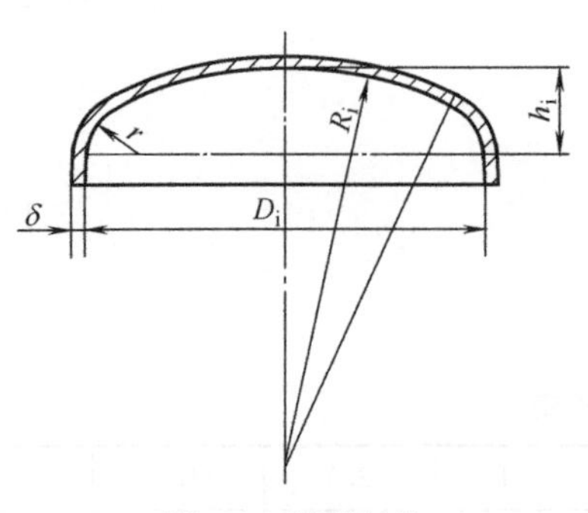

图3-5 碟形封头

一般碟形封头球面部分内半径R_i应不大于封头内直径D_i（即$R_i \leqslant D_i$），封头过渡环壳内半径r应不小于$10\%D_i$，且不小于3δ（即$r \geqslant 10\%D_i$，且$r \geqslant 3\delta$）。碟形封头的形状比较接近椭圆形封头，因此，在建立其厚度计算公式时，采用了类似的方法，引入形状系数M（应力增强系数），得到碟形封头厚度计算公式，即

$$\begin{cases} \delta = \dfrac{Mp_cR_i}{2[\sigma]^t\varphi - 0.5p_c} & \text{以内径为基准} \quad (3\text{-}20) \\ \delta = \dfrac{Mp_cR_o}{2[\sigma]^t\varphi + (M-0.5)p_c} & \text{以外径为基准} \quad (3\text{-}21) \end{cases}$$

式中 M——碟形封头形状系数，其值见表3-16；

R_i——碟形封头球面部分内半径，mm。

其他符号与意义同前。

表3-16 碟形封头形状系数M值

R_i/r	1.0	1.25	1.50	1.75	2.0	2.25	2.50	2.75	3.0	3.25	3.50	4.0
M	1.00	1.03	1.06	1.08	1.10	1.13	1.15	1.17	1.18	1.20	1.22	1.25
R_i/r	4.5	5.0	5.5	6.0	6.5	7.0	7.5	8.0	8.5	9.0	9.5	10.0
M	1.28	1.31	1.34	1.36	1.39	1.41	1.44	1.46	1.48	1.50	1.52	1.54

与椭圆形封头相仿，内压作用下的碟形封头过渡区也存在着周向屈曲问题。因此规定：对于标准碟形封头（$R_i=0.9D_i$，$r=0.17D_i$，$M=1.33$），其有效厚度应不小于封头内直径的0.15%，其他碟形封头的有效厚度应不小于封头内直径的0.30%。但当确定封头厚度时已考虑了内压下的弹性失稳问题，可不受此限制。

碟形封头的最大允许工作压力按下式计算，即

$$[p_w] = \frac{2[\sigma]^t\varphi\delta_e}{MR_i + 0.5\delta_e}$$

与标准椭圆形封头比较，碟形封头的厚度增加了33%，所以碟形封头比较笨重，不够经济。

【例题3-3】 为例题3-2中的储罐设计合适的凸形封头，封头材料与筒体一致，选用

Q345R。由例题 3-2 知计算压力 $p_c=2.5\text{MPa}$，操作温度 −5～44℃，储罐内径 $D_i=1200\text{mm}$，焊接接头系数 $\varphi=0.85$，许用应力 $[\sigma]^t=189\text{MPa}$，腐蚀裕量 C_2 取 1.5mm。

解　为了对各种封头的强度和经济合理性进行比较，本例将分别进行计算。

(1) 半球形封头

求计算厚度，即

$$\delta=\frac{p_c D_i}{4[\sigma]^t\varphi-p_c}=\frac{2.5\times1200}{4\times189\times0.85-2.5}=4.69\ (\text{mm})$$

则 $\delta_d=4.69+1.5=6.19$ (mm)。取钢板厚度负偏差 $C_1=0.6\text{mm}$，根据钢板规格，取名义厚度 $\delta_n=8\text{mm}$。

(2) 椭圆形封头（取标准椭圆形封头，$K=1$）

求计算厚度，即

$$\delta=\frac{p_c D_i}{2[\sigma]^t\varphi-0.5p_c}=\frac{2.5\times1200}{2\times189\times0.85-0.5\times2.5}=9.37\ (\text{mm})$$

则 $\delta_d=9.37+1.5=10.87$ (mm)。取钢板厚度负偏差 $C_1=0.8\text{mm}$，根据钢板规格，取名义厚度 $\delta_n=12\text{mm}$。

(3) 碟形封头（取 $R_i=0.9D_i$，$r=0.17D_i$，故 $M=1.33$）

求计算厚度，即

$$\delta=\frac{Mp_c R_i}{2[\sigma]^t\varphi-0.5p_c}=\frac{1.33\times2.5\times0.9\times1200}{2\times189\times0.85-0.5\times2.5}=11.22\ (\text{mm})$$

则 $\delta_d=11.22+1.5=12.72$ (mm)。取钢板厚度负偏差 $C_1=0.8\text{mm}$，根据钢板规格，取名义厚度 $\delta_n=14\text{mm}$。

根据上述计算可知：半球形封头用材最少，但太深；碟形封头比较浅，制造比较容易，但比半球形封头多用材，且封头与筒体厚度相差悬殊，结构不合理。因此，从强度、结构和制造等方面考虑，采用椭圆形封头最为理想。

二、锥形封头

锥形封头广泛地用作容器的底盖，如图 3-6 (a) 所示。它的优点是便于收集并卸除固体颗粒或结晶料液，避免沉淀堆积。此外，还可用于连接两段直径不等的圆筒，使气流均匀，这时的圆锥壳体也称为变径段，如图 3-6 (b) 所示。

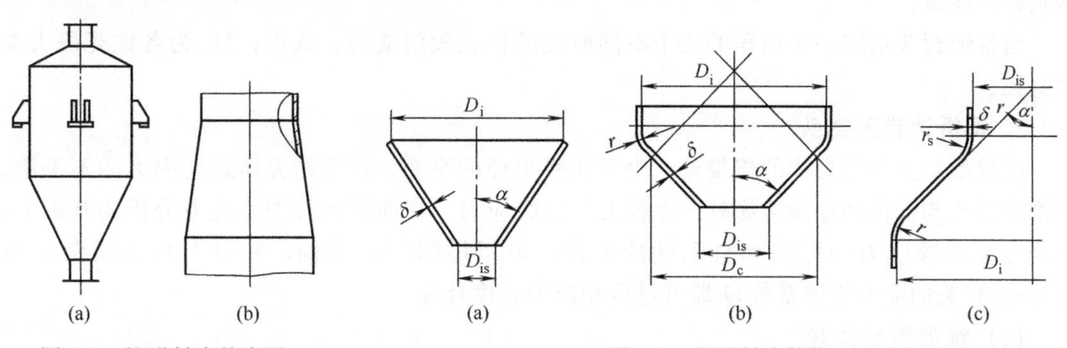

图 3-6　锥形封头的应用　　　　图 3-7　锥形封头结构

锥形封头有两种结构。在进行结构设计时，当锥形封头半顶角 $\alpha \leqslant 30°$时，可以选用无折边结构，如图 3-7（a）所示；当 $\alpha > 30°$时，应选用带有过渡段的折边结构，如图 3-7（b）、（c）所示，否则，需要按应力分析法进行设计。

大端折边的锥形封头的过渡段的转角半径 r 应不小于封头大端内直径 D_i 的 10%，且不小于该过渡段厚度的 3 倍。对于小端，当半顶角 $\alpha \leqslant 45°$时，可以采用无折边结构；当 $\alpha > 45°$时，则应采用带过渡段的折边结构。小端折边封头的过渡段转角半径 r_s 应不小于封头小端内直径 D_{is}的 5%，且不小于该过渡段厚度的 3 倍。

当锥形封头半顶角 $\alpha > 60°$时，其厚度可以按平盖计算，也可以采用应力分析法确定。

由第二章应力分析可知，内压锥壳与内压圆筒相类似，即环向应力 σ_2 是经向应力 σ_1 的 2 倍，故根据第一强度理论，为保证锥形封头的强度，应满足以下条件，即

$$\frac{pr}{\delta\cos\alpha} \leqslant [\sigma]^t$$

采用计算压力 p_c 及计算内直径 D_c，并考虑焊接接头系数 φ 的影响，上式可写成

$$\frac{p_c(D_c+\delta)}{2\delta\cos\alpha} \leqslant [\sigma]^t\varphi$$

由此可得设计温度下锥形封头计算厚度公式，即

$$\delta_c = \frac{p_c D_c}{2[\varphi]^t\varphi - p_c} \times \frac{1}{\cos\alpha} \tag{3-22}$$

考虑腐蚀裕量，设计厚度按下式计算，即

$$\delta_{dc} = \frac{p_c D_c}{2[\sigma]^t\varphi - p_c} \times \frac{1}{\cos\alpha} + C_2 \tag{3-23}$$

式中 D_c——锥形封头计算内直径，mm；

p_c——锥形封头计算压力，MPa；

α——锥形封头半顶角，(°)；

δ_c——锥形封头计算厚度，mm；

δ_{dc}——锥形封头设计厚度，mm。

其他各参数的意义及单位同前。

最后考虑钢板供货的厚度负偏差，并按锥形封头名义厚度 $\delta_{nc} \geqslant \delta_{dc}$原则，圆整至相应的钢板标准厚度。

当锥形封头由同一半顶角的几个不同厚度的锥壳段组成时，式中，D_c 为各锥壳段大端内直径。

1. 无折边锥形封头

在锥形封头与圆筒体的连接处，由于曲率半径的突变，以及两壳体经向内力的不平衡，使锥形封头与筒体的连接边缘处产生较大的边缘应力。在前面锥形壳体应力分析的基础上，充分考虑边缘应力的影响和自限性的特点，采用局部加强结构，并引入与半顶角 α 及 $p_c/[\sigma]^t$ 有关的应力增值系数 Q 即可进行相应的强度计算。

（1）锥形封头大端

无折边锥形封头大端与圆筒连接时，按以下步骤确定连接处锥壳大端的厚度。

① 根据半顶角 α 及 $p_c/([\sigma]^t\varphi)$，按图 3-8 判定是否需要在封头大端连接边缘处加强。

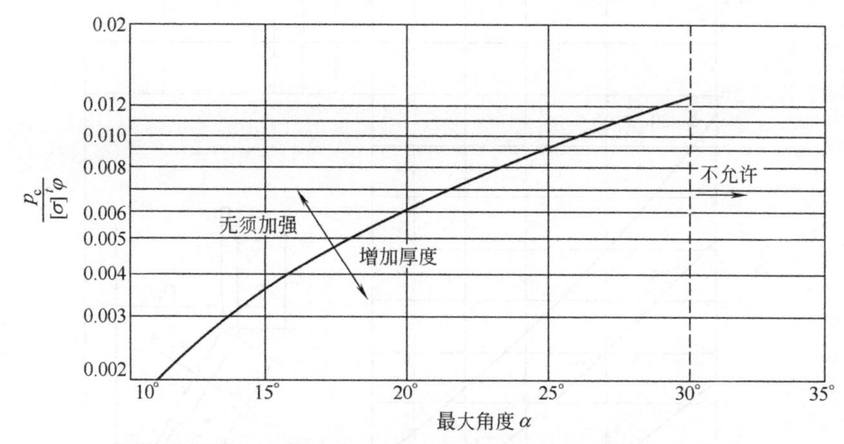

曲线系按最大应力强度（主要为轴向弯曲应力）绘制，控制值为 $3[\sigma]^t$

图 3-8 确定锥壳大端连接处的加强图

② 若无须加强，则整个封头只有锥壳部分，而没有加强段。这时锥形封头大端厚度按式（3-22）确定。

③ 如果需要增加厚度予以加强，则应在锥形封头与圆筒之间设置加强段，封头大端加强段和与其连接的圆筒加强段应具有相同的厚度，并按下式计算，即

$$\delta_r=\frac{Qp_cD_i}{2[\sigma]^t\varphi-p_c} \tag{3-24}$$

式中 δ_r——锥形封头大端及其相邻圆筒加强段的计算厚度，mm；

D_i——锥形封头大端内直径，mm；

Q——应力增值系数，由图 3-9 查取。

在任何情况下，大端加强段厚度不得小于相连接的锥壳厚度。锥壳加强段的长度 L_1 应不小于 $2\sqrt{\frac{0.5D_i\delta_r}{\cos\alpha}}$，圆筒加强段的长度 L 应不小于 $2\sqrt{0.5D_i\delta_r}$。

(2) 封头小端

无折边锥形封头小端与圆筒连接时，与大端计算方法类似，按以下步骤确定连接处锥壳小端的厚度。

① 按图 3-10 确定是否需要在封头小端连接处进行加强。

② 如果无须加强，整个封头只有锥壳部分，而没有加强段，小端厚度按式（3-22）确定。

③ 如果需要增加厚度予以加强时，则应在锥形封头与圆筒之间设置加强段，封头小端加强段与圆筒加强段应具有相同的厚度，并按以下公式计算，即

$$\delta_{r1}=\frac{Qp_cD_{is}}{2[\sigma]^t\varphi-p_c} \tag{3-25}$$

式中 Q——应力增值系数，由图 3-11 查取；

D_{is}——锥形封头小端内直径，mm。

其他各参数的意义及单位同前。

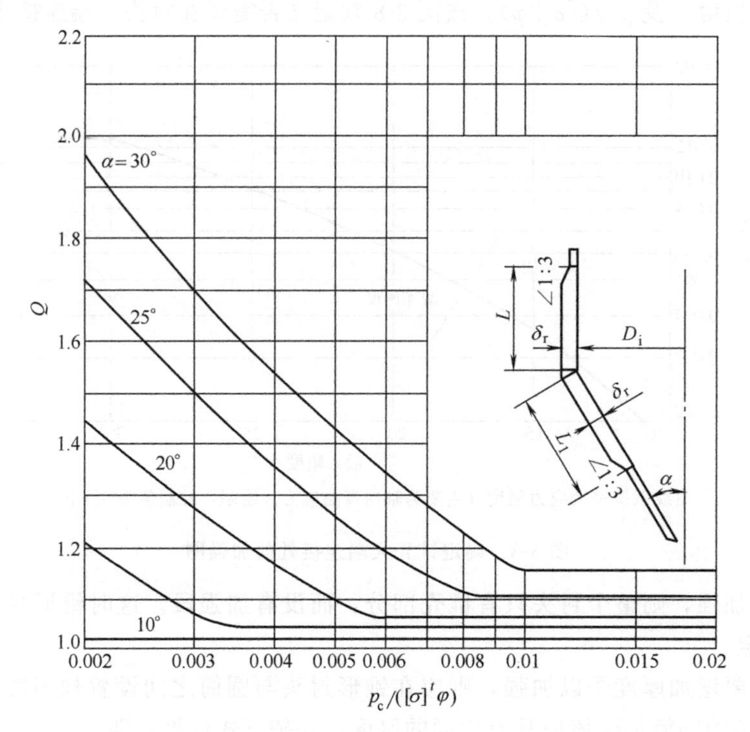

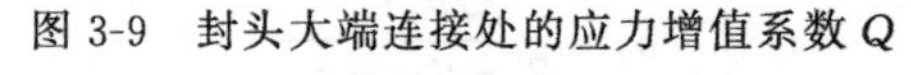
曲线系按最大应力强度（主要为轴向弯曲应力）绘制，控制值为 $3[\sigma]^t$

图 3-9 封头大端连接处的应力增值系数 Q

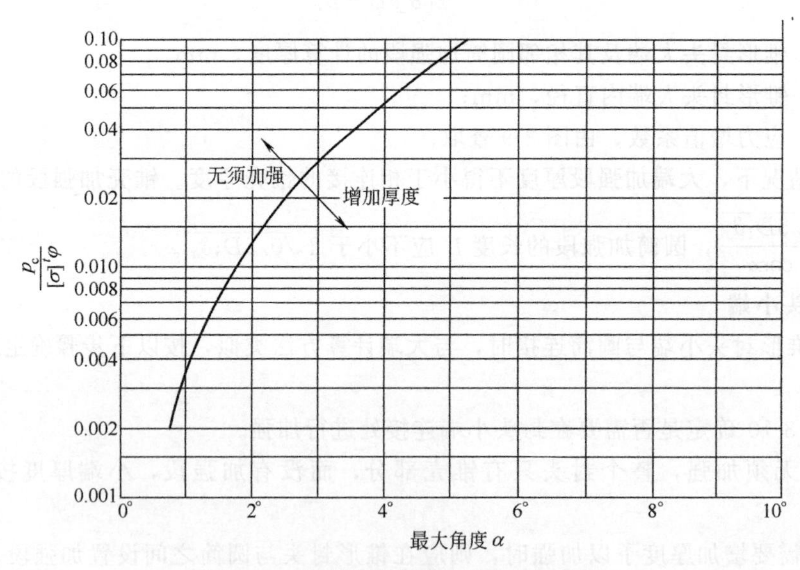

图 3-10 确定锥壳小端连接处的加强图

在任何情况下，小端加强段的厚度不得小于相连接的锥壳厚度。封头小端加强段的长度 L_1 应不小于 $\sqrt{\dfrac{D_{is}\delta_{r1}}{\cos\alpha}}$，圆筒加强段的长度 L 应不小于 $\sqrt{D_{is}\delta_{r1}}$。

当考虑无折边锥形封头只取一种厚度时，可分别计算各部分厚度，最后取上述各部分厚度中的最大值作为整个封头的厚度。

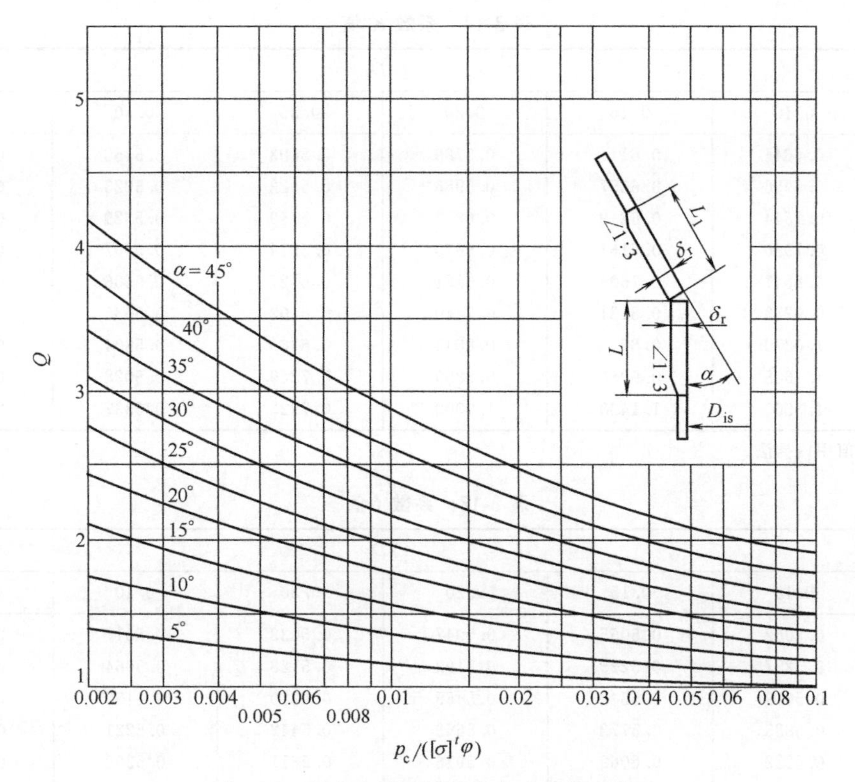

图 3-11 封头小端连接处的应力增值系数 Q

2. 折边锥形封头

为了减小锥形封头与圆筒连接处的局部应力，常采用带折边的锥形封头，以缓解几何不连续性引起的边缘应力。带折边锥形封头由三部分组成，即锥体部分、高为 h 的筒体部分、以 r 为半径的过渡圆弧部分，如图 3-7（b)、(c）所示。标准折边锥形封头有半顶角为 30°及 45°两种，封头大端过渡区圆弧半径 $r=0.15D_i$，直边段高度 h 与凸形封头的取值相同。

(1) 封头大端

折边锥形封头大端厚度取以下计算值中的较大值。

大端过渡段厚度：

$$\delta=\frac{Kp_cD_i}{2[\sigma]^t\varphi-0.5p_c} \tag{3-26}$$

式中 K——系数，查表 3-17 得。

与过渡段相接处的锥壳部分厚度：

$$\delta=\frac{fp_cD_i}{[\sigma]^t\varphi-0.5p_c} \tag{3-27}$$

式中 f——系数，$f=\dfrac{1-\dfrac{2r}{D_i}(1-\cos\alpha)}{2\cos\alpha}$，其值列于表 3-18；

r——封头大端过渡区内半径，mm。

其他符号及意义同前。

表 3-17 系数 K 值

$\alpha/(°)$	r/D_i					
	0.10	0.15	0.20	0.30	0.40	0.50
10	0.6644	0.6111	0.5789	0.5403	0.5168	0.5000
20	0.6956	0.6357	0.5986	0.5522	0.5223	0.5000
30	0.7544	0.6819	0.6357	0.5749	0.5329	0.5000
35	0.7980	0.7161	0.6629	0.5914	0.5407	0.5000
40	0.8547	0.7604	0.6981	0.6127	0.5506	0.5000
45	0.9253	0.8181	0.7440	0.6402	0.5635	0.5000
50	1.0270	0.8944	0.8045	0.6765	0.5804	0.5000
55	1.1608	0.9980	0.8859	0.7249	0.6028	0.5000
60	1.3500	1.1433	1.0000	0.7923	0.6337	0.5000

注：中间值用内插法。

表 3-18 系数 f 值

$\alpha/(°)$	r/D_i					
	0.10	0.15	0.20	0.30	0.40	0.50
10	0.5062	0.5055	0.5047	0.5032	0.5017	0.5000
20	0.5257	0.5225	0.5193	0.5128	0.5064	0.5000
30	0.5619	0.5542	0.5465	0.5310	0.5155	0.5000
35	0.5883	0.5773	0.5663	0.5442	0.5221	0.5000
40	0.6222	0.6069	0.5916	0.5611	0.5305	0.5000
45	0.6657	0.6450	0.6243	0.5828	0.5414	0.5000
50	0.7223	0.6945	0.6668	0.6112	0.5556	0.5000
55	0.7973	0.7602	0.7230	0.6486	0.5743	0.5000
60	0.9000	0.8500	0.8000	0.7000	0.6000	0.5000

注：中间值用内插法。

(2) 封头小端

当锥形封头半顶角 $\alpha \leqslant 45°$时，若采用小端无折边，其小端厚度与无折边锥形封头小端厚度计算方法相同；如需采用小端有折边，其小端过渡段厚度按式（3-25）计算，式中 Q 值由图 3-11 查取。

当锥形封头半顶角 $\alpha > 45°$时，小端过渡段厚度仍按式（3-25）计算，式中 Q 值由图3-12 查取。

与过渡段相接的锥壳和圆筒的加强段厚度应与过渡段厚度相同。锥壳加强段的长度应不小于图 3-12 中所标出的规定值，即 L_1 应不小于 $\sqrt{\dfrac{D_{is}\delta_{r2}}{\cos\alpha}}$；圆筒加强段的长度 L 应不小于 $\sqrt{D_{is}\delta_{r2}}$。

在任何情况下，加强段的厚度不得小于相连接处的锥壳厚度。当考虑折边封头只由一种厚度组成时，为制造方便应取上述各部分厚度中的最大值作为整个封头的厚度。

当锥形封头半顶角 $\alpha > 60°$时，按平盖考虑。

三、平盖

平盖是容器和设备中结构最简单的一种封头。它一般用在常压或小直径的承压设备上，尤其在压力容器的人孔、手孔等部件的盖板中应用较多。由于在压力作用下，平盖总是处于

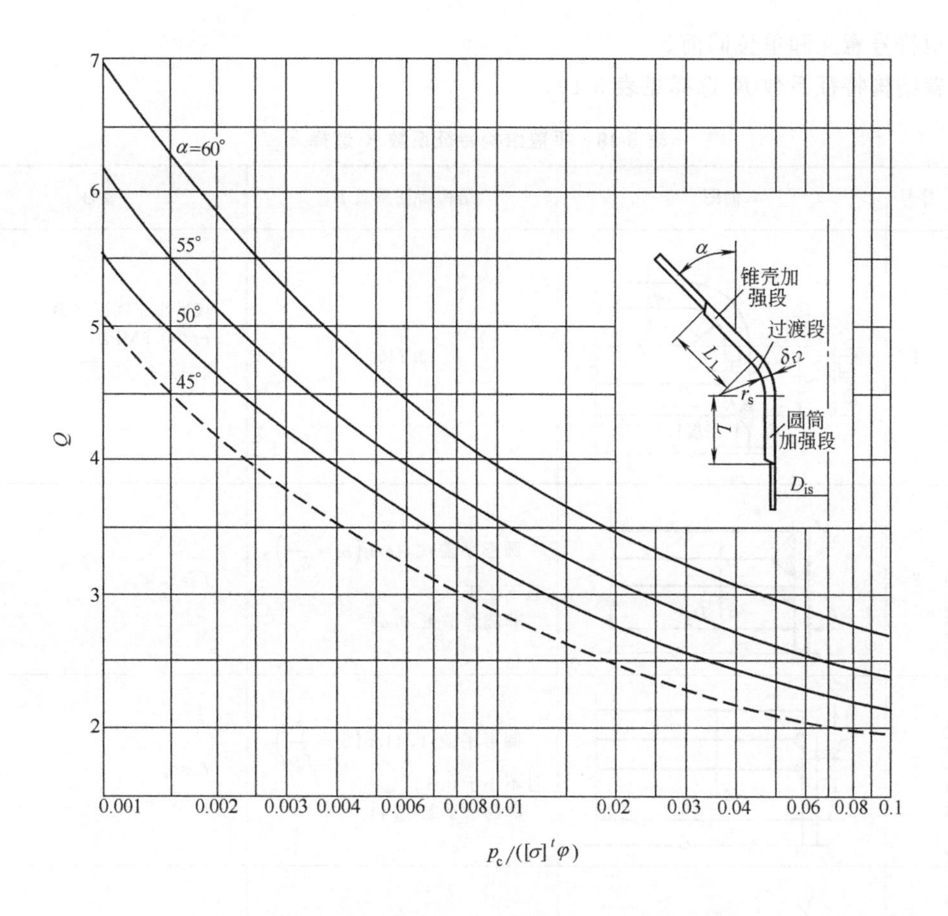

图 3-12 锥壳小端带过渡段连接的应力增值系数 Q

受弯曲应力的不利状态，当条件相同时，平盖的厚度总要比各种凸形封头和锥形封头的厚度大得多。因此，虽然平盖结构简单、制造方便，但其应用仍受到一定限制。平盖的几何形状有圆形、椭圆形、长圆形、矩形及正方形等，下面主要介绍最常用的圆形平盖。

由平板受力分析可知，对受垂直板面均布压力作用的圆形平板，当周边刚性固定时，最大弯曲应力出现在板边缘；当周边简支时，最大应力又在平板中心。但在实际应用中，因平盖与筒体连接结构形式和筒体尺寸参数的不同，平盖与筒体的连接多是介于固定和简支之间。因此工程计算时，一般采用平板理论的经验公式，并通过引入结构特征系数 K 来体现平盖周边支撑情况不同对强度的影响。由此，平盖最大弯曲应力可以表示为

$$\sigma_{\max}=Kp\left(\frac{D}{\delta}\right)^2 \tag{3-28}$$

根据强度理论，并考虑焊接接头系数等因素，可得圆形平盖计算厚度公式为

$$\delta_p=D_c\sqrt{\frac{Kp_c}{[\sigma]^t\varphi}} \tag{3-29}$$

式中 K——结构特征系数，查表 3-19 得；

δ_p——平盖计算厚度，mm；

D_c——平盖计算直径，见表 3-19 中简图，mm。

其他符号意义和单位同前。

平盖结构特征系数 K 选择见表 3-19。

表 3-19 平盖结构特征系数 K 选择

固定方法	序号	简图	结构特征系数 K	备注
与圆筒一体或对焊	1		0.145	仅适用于圆形平盖 $p_c \leqslant 0.6\text{MPa}$ $L \geqslant 1.1\sqrt{D_i \delta_e}$
角焊缝或组合焊缝连接	2		圆形平盖：$0.44m\left(m=\dfrac{\delta}{\delta_e}\right)$，且不小于 0.3 非圆形平盖：0.44	$f \geqslant 1.4\delta_e$
	3		圆形平盖：$0.44m\left(m=\dfrac{\delta}{\delta_e}\right)$，且不小于 0.3 非圆形平盖：0.44	$f \geqslant \delta_e$
	4		圆形平盖：$0.5m\left(m=\dfrac{\delta}{\delta_e}\right)$，且不小于 0.3 非圆形平盖：0.5	$f \geqslant 0.7\delta_e$
	5			$f \geqslant 1.4\delta_e$
螺栓连接	6		$0.44\left(m=\dfrac{\delta}{\delta_e}\right)$，且不小于 0.3	仅适用于圆形平盖，且 $\delta_1 \geqslant \delta_e + 3\text{mm}$
	7		0.5	

续表

固定方法	序号	简图	结构特征系数 K	备注
螺栓连接	8		圆形平盖或非圆形平盖：0.25	
	9		圆形平盖： 操作时，$0.3+\dfrac{1.78WL_G}{p_cD_c^3}$；预紧时，$\dfrac{1.78WL_G}{p_cD_c^3}$	
	10		圆形平盖： 操作时，$0.3Z+\dfrac{6WL_G}{p_cL\alpha^2}$；预紧时，$\dfrac{6WL_G}{p_cL\alpha^2}$	

【例题 3-4】 材料为 Q345R 的反应器，其操作压力为 1.2MPa，操作温度 $t=400℃$，筒体内径 $D_i=1.6$m，筒体壁厚 16mm，采用双面对接焊，全部无损探伤，有防爆膜装置。试选用 $\alpha=30°$的无折边锥形封头和 $\alpha=45°$的带折边锥形封头。

解 设计参数如下，设计压力为操作压力的 1.25 倍（有防爆膜装置），即

$$p=1.25\times1.2=1.5\ (\text{MPa})$$

取计算压力 $p_c=p=1.5$MPa，查表 3-6，许用应力 $[\sigma]^t=125$MPa。

双面对接焊，全部无损探伤，取焊接接头系数 $\varphi=1$；腐蚀裕量 $C_2=1.5$mm。

（1）采用 $\alpha=30°$无折边锥形封头

按图 3-8 确定在连接处不需要进行加强，所以，应用式（3-22）求其厚度，即

$$\delta_c=\frac{p_cD_c}{2[\varphi]^t\varphi-p_c}\times\frac{1}{\cos\alpha}=\frac{1.5\times1600}{2\times125\times1-1.5}\times\frac{1}{\cos30°}=11.15\ (\text{mm})$$

考虑腐蚀裕量 $C_2=1.5$mm，查表 3-7 得钢板厚度负偏差 $C_1=0.8$mm，故取厚度为 16mm。

（2）采用 $\alpha=45°$折边锥形封头（$r=0.15D_i$ 的标准折边锥形封头）

① 过渡段厚度。查表 3-17 得 $K=0.8181$，则按式（3-26）求计算厚度，即

$$\delta=\frac{Kp_cD_i}{2[\sigma]^t\varphi-0.5p_c}=\frac{0.8181\times1.5\times1600}{2\times125\times1-0.5\times1.5}=7.88\ (\text{mm})$$

考虑腐蚀裕量 $C_2=1.5$mm，查表 3-7 得钢板厚度负偏差 $C_1=0.8$mm，故取厚度为 12mm。

② 与过渡段处相接的锥壳厚度。查表 3-18 得标准折边锥形封头系数 $f=0.6450$，则可按式（3-27）求计算厚度，即

$$\delta=\frac{fp_cD_i}{[\sigma]^t\varphi-0.5p_c}=\frac{0.6450\times1.5\times1600}{125\times1-0.5\times1.5}=12.46\ (\mathrm{mm})$$

考虑腐蚀裕量 $C_2=1.5$mm，查表 3-7 得钢板厚度负偏差 $C_1=0.8$mm，故取厚度为 18mm。

考虑折边锥形封头只由一种厚度组成，故最终取折边锥形封头厚度为 18mm。

第四节 压力试验

按强度、刚度计算确定的容器厚度，由于材质、钢板弯卷、焊接及安装等加工制造过程的不完善，会导致容器不安全，有可能在规定的工作压力下出现过大变形或焊缝有渗漏现象等。因此，容器在制成或检修后还需进行压力试验或增加气密性试验。前者的试验目的是在超设计压力下，检查容器的强度以及密封结构和焊缝有无泄漏等；后者则是对密封性要求高的重要容器在强度试验合格后进行的泄漏检查。

压力试验有液压试验和气压试验两种。一般采用液压试验，对于不适合进行液压试验的容器，例如，容器内不允许有微量残留液体，或由于结构原因不能充满液体的容器（如高塔），液压试验时液体重力可能超过基础承受能力等，可采用气压试验。

一、液压试验

液压试验是将液体注满容器后，再用泵逐步增压到试验压力，检验容器的强度和致密性。图 3-13 所示为容器液压试验示意，试验必须用两个量程相同并经过校正的压力表，压力表的量程在试验压力的 2 倍左右为宜，但不应低于 1.5 倍和高于 4 倍的试验压力。

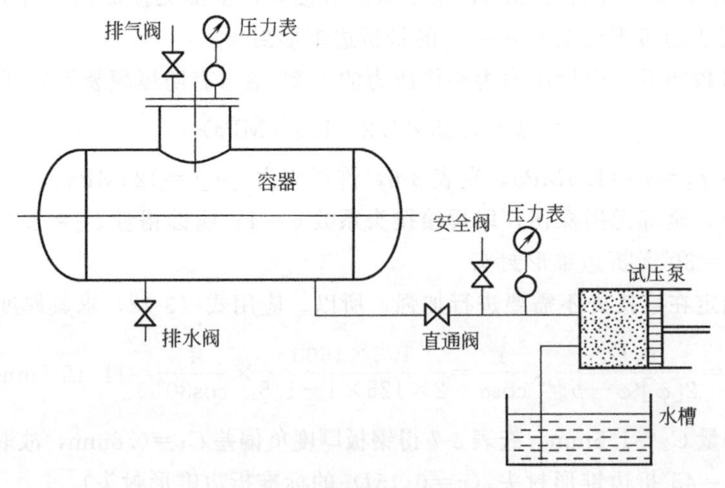

图 3-13 容器液压试验示意

1. 试验介质及要求

供试验用的液体一般为洁净的水，需要时也可采用不会导致发生危险的其他液体。试验时液体的温度应低于其闪点或沸点。奥氏体不锈钢制容器用水进行液压试验后，应将水渍清除干净，当无法达到这一要求时，应控制水中氯离子含量不超过 25mg/L。

碳素钢、16MnR 和正火 15MnVR 钢容器液压试验时，液体温度不得低于 5℃；其他低合金钢容器，试验时液体温度不得低于15℃。如果由于板厚等因素造成材料无延性转变温度升高，则需相应提高试验液体温度。其他钢种容器液压试验温度按图样规定。

2. 试验方法

① 试验时容器顶部应设排气口，以便充液时将容器内的空气排尽。试验过程中，应保持容器表面干燥。

② 试验时压力应缓慢上升，达到规定试验压力后，保压时间一般不少于30min（在此期间容器上的压力表读数应保持不变）。然后将压力降至规定试验压力的80%，并保持足够长的时间以对所有焊接接头和连接部位进行检查。如有渗漏，应进行标记，卸压后修补，检修好后重新试验，直至合格为止。

③ 对于夹套容器，应首先进行内筒液压试验，合格后再焊夹套，然后进行夹套内的液压试验。

④ 液压试验完毕后，应将液体排尽并用压缩空气将内部吹干。

3. 试验压力的确定

试验压力是进行压力试验时规定容器应达到的压力，该值反映在容器顶部的压力表上。试验压力按以下规定选用。

液压试验时的试验压力为

$$p_T = 1.25p\frac{[\sigma]}{[\sigma]^t} \tag{3-30}$$

式中 p_T——试验压力，MPa；

p——设计压力，MPa；

$[\sigma]$——容器元件材料在试验温度下的许用应力，MPa；

$[\sigma]^t$——容器元件材料在设计温度下的许用应力，MPa。

在确定试验压力时需要注意如下事项：

① 容器铭牌上规定有最大允许工作压力时，公式中应以最大允许工作压力替代设计压力p。

② 容器各元件（圆筒、封头、接管、法兰及紧固件等）所用材料不同时，应取各元件材料的$[\sigma]/[\sigma]^t$中最小者。

③ 当将立式容器水平放置进行液压试验时，其试验压力应为按式（3-30）计算确定的值再加上容器立置时圆筒所承受的最大液体静压力。

4. 试验应力校核

压力试验前，应按式（3-31）校核圆筒应力，即

$$\sigma_T = \frac{p_T(D_i + \delta_e)}{2\delta_e} \tag{3-31}$$

式中 σ_T——试验压力下圆筒的应力，MPa；

D_i——圆筒内直径，mm；

δ_e——圆筒的有效厚度，mm。

压力试验时，由于容器承受的压力p_T高于设计压力p，为防止容器产生过大的应力，要求在试验压力下圆筒应力应满足下列条件，即在液压试验时有

$$\sigma_T \leqslant 0.9\varphi\sigma_s(\sigma_{0.2})$$

式中 $\sigma_s(\sigma_{0.2})$——圆筒材料在试验温度下的屈服点（或0.2%的屈服强度），MPa；

φ——圆筒的焊接接头系数。

二、气压试验

气压试验之前必须对容器主要焊缝进行100%的无损检测，并应增加试验场所的安全措施，该安全措施需经试验单位技术总负责人批准，并经本单位安全部门检查监督。试验所用的气体应为干燥洁净的空气、氮气或其他惰性气体。

碳素钢和低合金钢容器，气压试验时介质温度不得低于15℃；其他钢种容器气压试验温度按图样规定。

气压试验的试验压力为 $$p_T=1.15p\frac{[\sigma]}{[\sigma]^t} \tag{3-32}$$

气压试验时圆筒应满足的条件为 $\sigma_T\leqslant 0.8\varphi\sigma_s(\sigma_{0.2})$

式中，各符号意义同前。

气压试验时压力应缓慢上升至规定试验压力的10%，且不超过0.05MPa时，保压5min，然后对所有焊接接头和连接部位进行初次泄漏检查，如有泄漏，修补后重新试验。初次泄漏检查合格后，再继续缓慢升压至规定试验压力的50%，其后按每级为规定试验压力的10%的级差逐级升至规定的试验压力。保压10min后将压力降至规定试验压力的87%，并保持足够长的时间后再次进行泄漏检查。如有泄漏，修补后再按上述规定重新试验。

三、气密性试验

介质为易燃，毒性程度为极度、高度危害或设计上不允许有微量泄漏（如真空度要求较高时）的压力容器，必须进行气密性试验。气密性试验的危险性大，应在液压试验合格后进行。在进行气密性试验前，应将容器上的安全附件装配齐全。

气密性试验的压力大小视容器上是否配置安全泄放装置而定。若容器上没有配置安全泄放装置，其气密性试验压力值一般取设计压力的1.0倍。但若容器上配置了安全泄放装置，为保证安全泄放装置的正常工作，其气密性试验压力值应低于安全阀的开启压力或爆破片的设计爆破压力，建议取容器最高工作压力的1.0倍。气密性试验的试验压力、试验介质和检验要求应在图样上注明。

气密性试验时，压力应缓慢上升，达到规定试验压力后保压10min，然后降至设计压力，对所有焊接接头和连接部位进行泄漏检查。小型容器亦可浸入水中检查，如有泄漏，修补后重新进行液压试验和气密性试验。

【例题3-5】 试对例题3-2中的储罐进行液压试验前的应力校核。已知：设计压力p=2.5MPa，操作温度−5～44℃，用Q345R钢板制造，储罐内径D_i=1200mm，焊接接头系数φ=0.85，腐蚀裕量C_2=1mm，筒体厚度δ_n=12mm，材料许用应力$[\sigma]$=189MPa。

解 (1) 试验压力p_T为

$$p_T=1.25p\frac{[\sigma]}{[\sigma]^t}=1.25\times 2.5\times\frac{189}{189}=3.125\ (\text{MPa})$$

(2) 计算试验时圆筒产生的最大应力，即

$$\sigma_T=\frac{p_T(D_i+\delta_e)}{2\delta_e}=\frac{3.125\times(1200+10.2)}{2\times 10.2}=185.39\ (\text{MPa})$$

其中，$\delta_e=\delta_n-C$，$C=C_1+C_2=1.8mm$。

(3) 应力的校核

查“常用钢板的许用应力”表得 $\sigma_s=345MPa$，故 $0.9\varphi\sigma_s=0.9\times0.85\times345=264$(MPa)，即

$$\sigma_T<0.9\varphi\sigma_s$$

故液压试验前的应力校核满足要求。

习　题

3-1　为什么在压力容器厚度计算公式中引入焊接接头系数 φ?

3-2　什么是厚度附加量？它包含哪些内容？各有什么含义？

3-3　为什么要规定容器的最小厚度 δ_{min}？是如何规定的？

3-4　按形状不同可将封头分为哪几种？它们在承载能力和制造难易上有何差别？

3-5　椭圆形封头、碟形封头和折边锥形封头的直边段有何功用？

3-6　为何要对容器进行压力试验？压力试验有几种方法？各在什么情况下采用？

3-7　某化工厂欲设计一台石油气分离工程中的乙烯精馏塔。已知：塔体内径 $D_i=600mm$，设计压力 $p=2.2MPa$，工作温度为$-20\sim-3$℃，选用Q345R钢板制造，单面焊，局部无损检测，试确定其厚度。

3-8　设计一台不锈钢制 (0Cr18Ni10Ti) 承压容器，工作压力为1.6MPa，装防爆片防爆，工作温度150℃，容器内径1.2m，纵向焊缝为双面对接焊，进行局部探伤。(1) 试确定筒体厚度；(2) 确定合理的封头形式及其厚度。

3-9　某化工厂一容器的下封头为无折边锥形封头，设计压力 $p=1.6MPa$，设计温度为40℃，直径 $D_i=800mm$，锥体半顶角 $\alpha=30°$，腐蚀裕量 $C_2=1mm$，用Q245R钢制造，试求无折边锥形封头厚度。

3-10　某厂脱水塔体内径为700mm，实测壁厚为12mm，用Q245R制造，工作压力 $p=2MPa$，工作温度180℃，采用单面带垫板对接焊，局部无损探伤，腐蚀裕量 $C_2=1mm$，试校核塔体工作与试压强度。

3-11　有一台Q345R球形储罐，内径为4.6m，壁厚为30mm，若焊缝系数 $\varphi=1.0$，腐蚀裕量 $C_2=2mm$，常温工作，求此罐允许的最大工作压力。

第四章

外压容器

了解外压容器的失效形式及临界压力的概念；掌握承受外压典型壳体与封头的基本计算方法；理解加强圈设置的作用和掌握加强圈的图算方法。

容器器壁的外压大于器壁内部压力的容器，称为外压容器。在石油、化工生产中，处于外压下操作的设备是很多的，如石油分馏中的减压蒸馏塔、带蒸汽夹套的反应釜及各类真空储槽等。外压容器的主要失效形式为失稳，所以理论计算与结构设计的主要任务就是要确保外压容器的稳定性。

第一节　外压容器的稳定性

一、外压容器的失稳

当容器受外压作用时，其强度计算与受内压作用时的强度计算一样，将产生轴向和环向应力。应力的大小与内压容器相同，只是应力的方向发生了改变，受内压作用时为拉应力，而受外压作用时为压应力。如果这种压应力增大到材料的屈服极限或强度极限时，与内压圆筒一样，将引起容器强度失效。但这种现象在薄壁圆筒容器中很少出现，因为工程上受外压的薄壁圆筒容器，通常在强度足够的情况下，即圆筒的工作应力远低于材料的屈服极限时，圆筒就将突然失去原有形状，出现压瘪现象，如图 4-1 所示。

筒壁的圆环截面一瞬间变成了曲波形，出现的波形是有规则且为永久性的，波形数可能是 2、3、4 等，如图 4-2 所示，这种现象称为外压圆筒的失稳。

图 4-1　圆筒失稳时出现的压瘪现象

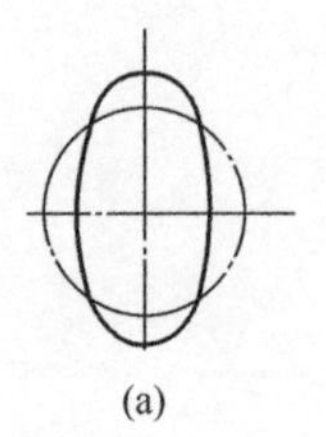

(a)

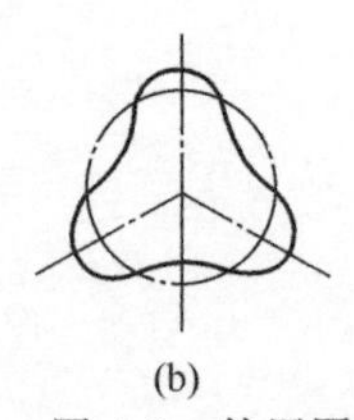

(b)

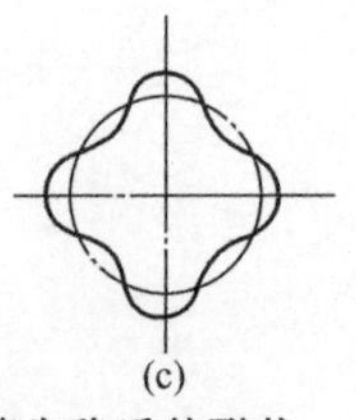

(c)

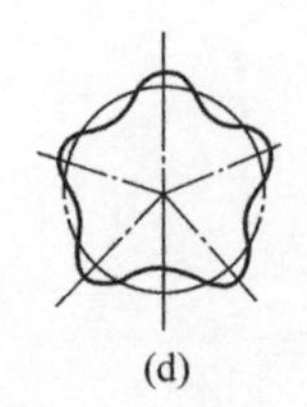

(d)

图 4-2　外压圆筒失稳后的形状

同样，轴向受压圆筒也存在类似失稳现象。

因此，外压容器的失效形式有两种：一种是强度不足而破坏；另一种是刚度不足而失稳，而且失稳是主要问题。失稳前器壁内只有环向和轴向压缩应力，在失稳时，伴随着突然的变形，在筒壁内产生了以弯曲应力为主的、复杂的附加应力。而且，这种变形与附加应力一直迅速发展到筒体被压瘪为止。所以，外压容器失稳的实质是筒壁内的应力状态由单纯的压应力跃变到主要受弯曲应力，是容器从一种平衡状态向另一种状态的突变。当筒壁所承受的外压未达到某一临界值之前，在压应力作用下筒壁处于一种稳定的平衡状态。这时增加外压并不引起筒体形状及应力状态的改变，圆筒在这一阶段仍处于相对静止的平衡状态。但是当外压增大到某一临界值时，筒体形状及筒壁内的应力状态发生了突变，原来的平衡遭到破坏，圆形的筒体横截面即出现曲波形。这一临界值称为筒体的临界压力，以 p_{cr} 表示。

筒体允许的工作外压，即筒体外部压力与筒体内部压力之差，不允许超过或达到该筒体的临界压力。由于临界压力值对圆筒的几何形状、尺寸偏差、材料性能不均匀等初始缺陷极为敏感，因此，必须有一定的安全裕度。工程上考虑这种影响的方法类似于强度计算中的安全系数，取稳定系数 m。这时规定外压圆筒的计算压力 p_c 应当满足如下条件，即

$$p_c \leqslant [p] = \frac{p_{cr}}{m} \tag{4-1}$$

式中 p_c——计算压力，MPa；

$[p]$——许用外压力，MPa；

p_{cr}——临界压力，MPa；

m——稳定系数，其值取决于计算公式的精确程度，载荷的对称性，筒体的几何精度、制造质量、材料性能以及焊缝结构等，安全裕度选得过小，会使容器在操作时不可靠或对制造要求较高，选得太大，容器就会变得笨重，目前中国规定 $m=3$。

由于临界压力与容器的形状偏差有很大关系，稳定系数 $m=3$ 是以达到一定规定的制造要求为前提的，所以，对外压圆筒的圆度有严格的控制要求，当圆度超过规定时，稳定性将极大地降低。

由此可见，对于外压容器，其丧失工作能力的主要因素不是强度问题，而是稳定性或刚度不足问题，这已成为工程上对外压容器进行设计计算时必须考虑的重要内容。

二、外压薄壁圆筒临界压力计算

由于圆筒不圆或者材料不均等会导致外压容器失稳的加剧，但这些都不是最终的决定因素，而超过临界压力的载荷作用才是导致其失稳的根本原因。每一个具体的外压圆筒结构，客观上都对应着一个固有的临界压力值，其数值大小与筒体几何尺寸、材质及结构因素有关。根据工程上失稳破坏的情况，将外压圆筒分为长圆筒、短圆筒与刚性圆筒等三种类型。其临界压力按以下方法进行计算。

1. 长圆筒的临界压力

当筒体足够长，两端刚性较高的封头对筒体中部的变形不能起到有效支撑作用时，筒体最容易失稳压瘪，出现波形数 $n=2$ 的扁圆形，这种圆筒称为长圆筒。长圆筒的临界压力 p_{cr} 仅与圆筒的相对厚度 δ_e/D_o 有关，与圆筒的相对长度 L/D_o 无关，其临界压力计算公式为

$$p_{cr} = \frac{2E}{1-\mu^2}\left(\frac{\delta_e}{D}\right)^3 \tag{4-2}$$

式中　E——设计温度下材料的弹性模量，MPa；

δ_e——圆筒的有效厚度，mm；

D——圆筒的中间面直径，可近似等于外径 D_o，mm；

μ——泊松比，对钢材取 $\mu=0.3$。

对钢制圆筒，把 $\mu=0.3$ 代入上式，可得钢制长圆筒临界压力的计算公式，即

$$p_{cr}=2.19E\left(\frac{\delta_e}{D_o}\right)^3 \tag{4-3}$$

2. 短圆筒的临界压力

若圆筒两端的封头对筒体能起到支撑作用，约束筒体的变形，则这种圆筒为短圆筒，其失稳时出现三个以上的波形。短圆筒临界压力不仅与 δ_e/D_o 有关，同时也随 L/D_o 而变化，L/D_o 越大，封头对筒体的支撑作用越弱，临界压力越小。临界压力的计算公式为

$$p_{cr}=\frac{2.6E(\delta_e/D_o)^{2.5}}{(L/D_o)-0.45(\delta_e/D_o)^{0.5}} \tag{4-4}$$

式中　L——圆筒计算长度，mm。

长圆筒和短圆筒的临界压力计算公式，都是认为圆筒横截面是规则圆形的情况下推演出来的。而实际筒体不可能都是绝对圆，所以，实际筒体的临界压力将低于上面两个公式计算出来的理论值，且式（4-2）～式（4-4）仅限于在材料的弹性范围内使用，即

$$\sigma_{cr}=\frac{p_{cr}D_o}{2\delta_e}\leqslant\sigma^t_s$$

同时，圆筒体的圆度，即同一断面上的最大与最小直径之差还应符合有关制造规定。

3. 刚性圆筒的临界压力

若容器筒体较短，筒壁较厚，容器刚性较好，不存在因失稳压瘪而丧失工作能力的问题，这种圆筒称为刚性圆筒。刚性圆筒的失效是强度破坏，是外压容器设计中的一个特例。设计时只需进行强度校核，其强度校核公式与内压圆筒相同，刚性圆筒所能承受的最大外压为

$$p_{max}=\frac{2\delta_e\sigma^t_s}{D_i} \tag{4-5}$$

式中　δ_e——圆筒的有效厚度，mm；

σ^t_s——材料在设计温度下的屈服极限，MPa；

D_i——圆筒的内直径，mm。

三、临界长度与计算长度

以上介绍了长、短圆筒临界压力以及刚性圆筒所能承受的最大外压力的计算方法，然而，对实际的外压圆筒究竟是长圆筒还是短圆筒需要借助临界长度来判断，才能进一步确定封头或其他刚性构件对圆筒是否起到了支撑作用。

1. 临界长度

相同直径和壁厚的情况下，短圆筒的临界压力高于长圆筒的临界压力。随着短圆筒长度的增加，封头对筒壁的支撑作用渐渐减弱，临界压力值也随之减小。当短圆筒的长度增加到某一数值时，封头的支撑作用开始完全消失，此时短圆筒的临界压力下降到与长圆筒的临界压力相等。

由式（4-3）和式（4-5）得

$$p_{cr}=\frac{2.59E\delta_e^2}{L_{cr}D_o\sqrt{D_o/\delta_e}}=2.2E\left(\frac{\delta_e}{D_o}\right)^3$$

由此，得到区别长、短圆筒的临界长度为

$$L_{cr}=1.17D_o\sqrt{D_o/\delta_e} \tag{4-6}$$

同理，当短圆筒与刚性圆筒的临界压力相等时，得

$$p_{cr}=\frac{2.59E\delta_e^2}{L'_{cr}D_o\sqrt{D_o/\delta_e}}=\frac{2\delta_e\sigma^t_s}{D_o}$$

由此，区别短圆筒和刚性圆筒的临界长度为

$$L'_{cr}=\frac{1.3E\delta_e}{\sigma^t_s\sqrt{D_o/\delta_e}} \tag{4-7}$$

因此，当圆筒的计算长度 $L \geqslant L_{cr}$ 时，为长圆筒；当 $L'_{cr}<L<L_{cr}$ 时，筒壁可以得到封头或加强构件的支撑作用，此类圆筒属于短圆筒；当 $L \leqslant L'_{cr}$ 时，此圆筒为刚性圆筒。

根据式（4-6）、式（4-7）判定圆筒类型后，即可选择不同类型圆筒的计算公式对圆筒进行有关设计计算。

2. 计算长度

若不改变圆筒几何尺寸而提高它的临界压力值，可在筒体外壁或内壁设置若干个加强圈，只要加强圈的刚性足够大，同样可起到对筒体的支撑作用。筒体焊上加强圈后，增强了筒体抵抗变形的能力，其所承受的临界压力也就随之增大。

设置加强圈以后，筒体的几何长度对于计算临界压力值已失去直接意义，这时需要的是计算长度 L。计算长度，即计算筒体上相邻两个刚性构件（封头、法兰、支座、加强圈等均

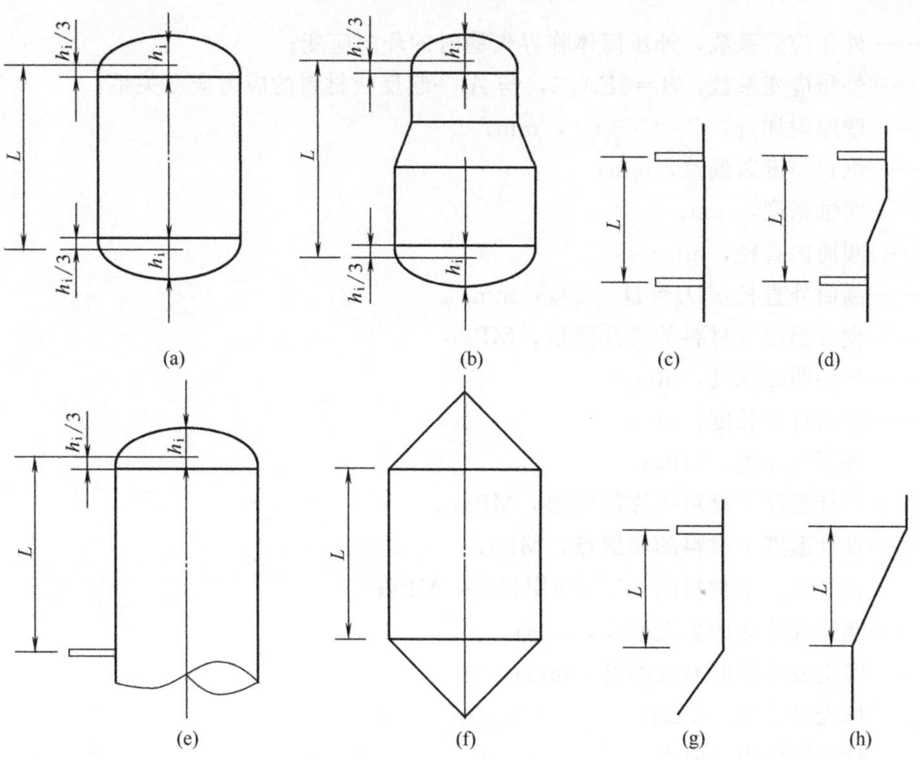

图 4-3 外压圆筒的计算长度

可视为刚性构件）之间的最大距离。计算时可根据以下结构进行确定：

① 当圆筒部分没有加强圈或可作为加强的构件时，则取圆筒的总长度加上每个凸形封头曲面深度的1/3，如图4-3（a）、（b）所示。

② 当圆筒部分有加强圈或可作为加强的构件时，则取相邻加强圈中心线间的最大距离，如图4-3（c）、（d）所示。

③ 取圆筒第一个加强圈中心线至圆筒与封头连接线间的距离加凸形封头曲面深度的1/3，如图4-3（e）所示。

④ 当圆筒与锥壳相连接，若连接处可作为支撑时，则取此连接处与相邻支撑之间的最大距离，如图4-3（f）～（h）所示。

⑤ 对于与封头相连的那段筒体，计算长度应计入封头的直边高度及凸形封头1/3的凸面高度。

第二节 外压圆筒与外压球壳的图算法

由外压圆筒的失稳分析可知，计算圆筒的临界压力首先要确定圆筒包括壁厚在内的几何尺寸，但在设计计算之前壁厚尚未确定，因此需要一个反复试算的步骤。若用理论公式进行外压容器的计算显然比较繁杂，现在设计规范一般都推荐采用图算法。这种方法比较简便，不论是长圆筒或短圆筒，还是在弹性范围内或非弹性范围内都可适用，GB/T 150—2011《压力容器》中即采用此法对外压容器进行计算。

一、算图中的符号说明

A——外压应变系数，外压筒体临界失稳时的环向应变；

B——外压应变系数，$B=2EA/3$，与A一起反映材料的应力应变关系；

C——壁厚附加量，$C=C_1+C_2$，mm；

C_1——钢材厚度负偏差，mm；

C_2——腐蚀裕度，mm；

D_i——圆筒内直径，mm；

D_o——圆筒外直径，$D_o=D_i+2\delta_n$，mm；

E——设计温度下材料的弹性模量，MPa；

h_i——封头曲面深度，mm；

L——圆筒计算长度，mm；

$[p]$——许用外压力，MPa；

$[\sigma]^t$——设计温度下材料的许用应力，MPa；

σ^t_s——设计温度下材料的屈服点，MPa；

$\sigma^t_{0.2}$——设计温度下材料的0.2%屈服强度，MPa；

δ_n——圆筒或球壳的名义厚度，mm；

δ_e——圆筒或球壳的有效厚度，mm；

R_o——球壳外半径，mm；

p_c——计算外压力，MPa。

GB/T 150—2011规定，计算压力是指在相应设计温度下，用以确定外压筒体壁厚的压力，其值以设计压力为主要条件。而设计压力 p 取不小于正常工作情况下可能出现的最大内外压力差。真空容器按承受外压考虑：当装有安全控制装置（如真空泄放阀）时，设计压力取 1.25 倍的最大内外压力差或 0.1MPa 两者中的较小值；当无安全控制装置时，取 0.1MPa，有两个或两个以上压力室容器（如夹套容器），其设计压力应考虑各室之间最大压力差。

二、外压圆筒的图算法

外压圆筒所需的有效厚度可借助图 4-4～图 4-12 进行计算，步骤如下。

1. 对 $D_o/\delta_e \geqslant 20$ 的圆筒和管子

这类圆筒或管子承受外压时仅需进行稳定性校核。

① 假设壁厚为 δ_n，并按 $\delta_e=\delta_n-C$ 计算得 δ_e，定出 L/D_o 和 D_o/δ_e。

② 在图 4-4 左方找到 L/D_o 值，过此点沿水平方向右移与 D_o/δ_e 线相交（遇中间值用内插法），若 L/D_o 值大于 50，则用 $L/D_o=50$ 查图，若 L/D_o 值小于 0.050，则用 $L/D_o=0.050$ 查图。过此交点沿垂直方向下移，在图的下方查到外压应变系数 A。

③ 按所用材料查图 4-5～图 4-12，在图的横坐标上找到外压应变系数 A。

若 A 值落到设计温度下材料线的右方，则过此点垂直上移，与设计温度下的材料线相交（遇中间温度值用内插法），再过此交点沿水平方向移动，在图的纵坐标上查得外压应变系数 B 值，并按下式计算许用外压力，即

$$[p]=\frac{B}{D_o/\delta_e} \tag{4-8}$$

若所得 A 值落在设计温度下材料线的左方，则用以下公式计算许用外压力，即

$$[p]=\frac{2AE}{3(D_o/\delta_e)} \tag{4-9}$$

④ 计算出的许用外压力 $[p]$ 应大于或等于 p_c，否则应重新假设名义厚度 δ_n，重复上述步骤，直到 $[p]$ 大于且接近 p_c 为止。

2. 对 $D_o/\delta_e<20$ 的圆筒和管子

这类圆筒或管子承受外压时应同时考虑强度和稳定性问题。

① 采用与上述 $D_o/\delta_e \geqslant 20$ 相同的步骤得到外压应变系数 B 值，但对 $D_o/\delta_e<4$ 的圆筒和管子，应按下式计算外压应变系数 A 值，即

$$A=\frac{1.1}{(D_o/\delta_e)^2} \tag{4-10}$$

系数 $A>0.1$ 时，则取 $A=0.1$。

② 分别按以下两式计算 $[p]_1$ 和 $[p]_2$，取两者中较小值为许用外压力 $[p]$，即

$$[p]_1=\left(\frac{2.25}{D_o/\delta_e}-0.0625\right)B \tag{4-11}$$

$$[p]_2=\frac{2\sigma_o}{D_o/\delta_e}\left(1-\frac{1}{D_o/\delta_e}\right) \tag{4-12}$$

式中　σ_o——应力，取以下两值中的较小值，即

$$\sigma_o=2[\sigma]^t$$

$$\sigma_o=0.9\sigma^t{}_s \text{或} 0.9\sigma^t{}_{0.2}$$

其他符号意义同前。

③ $[p]$ 应大于或等于 p_c，否则应再假设名义厚度 δ_n，重复上述步骤，直到 $[p]$ 大于且接近 p_c 为止。

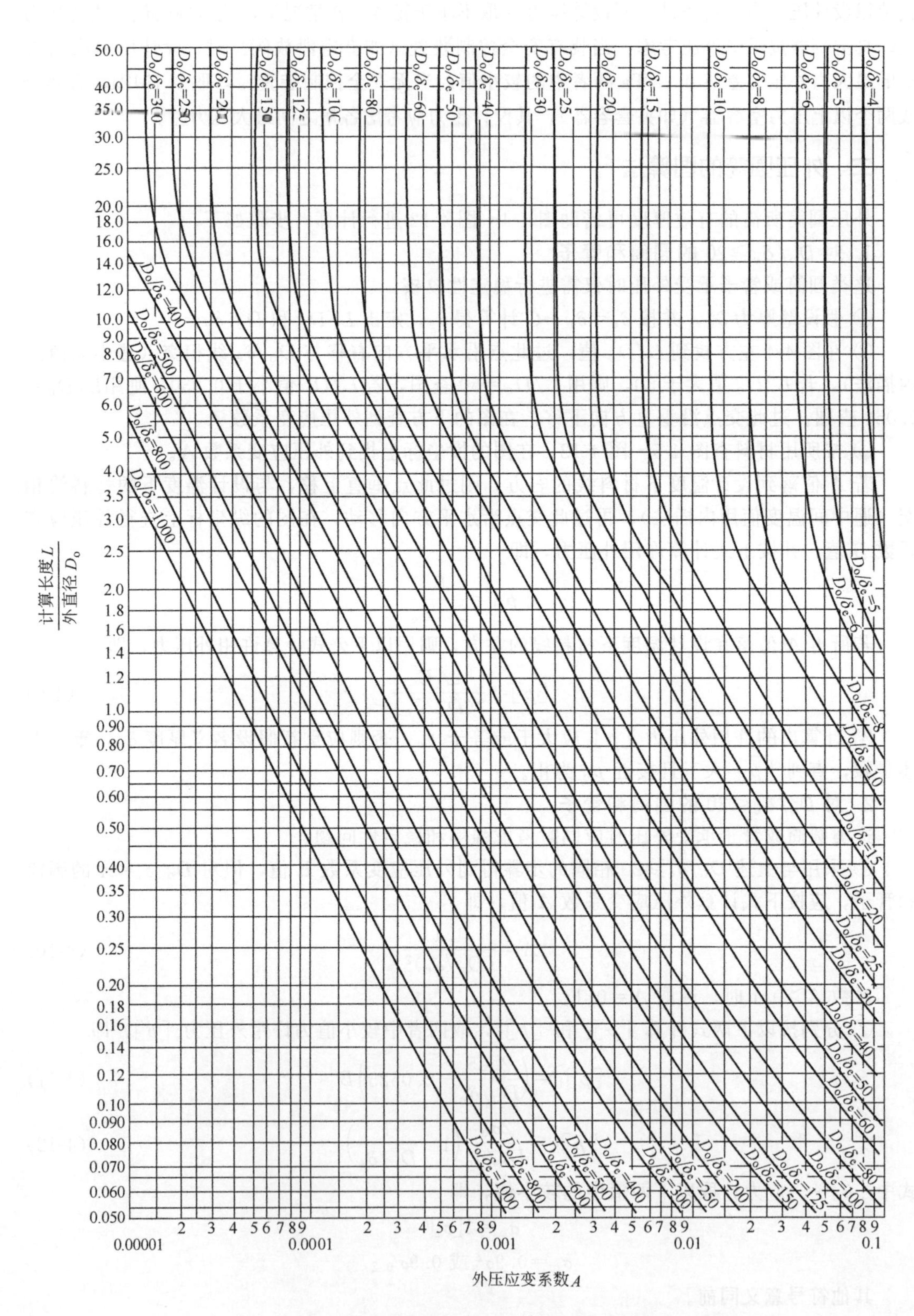

图 4-4 外压或轴向受压圆筒几何参数计算图

(用于所有材料)

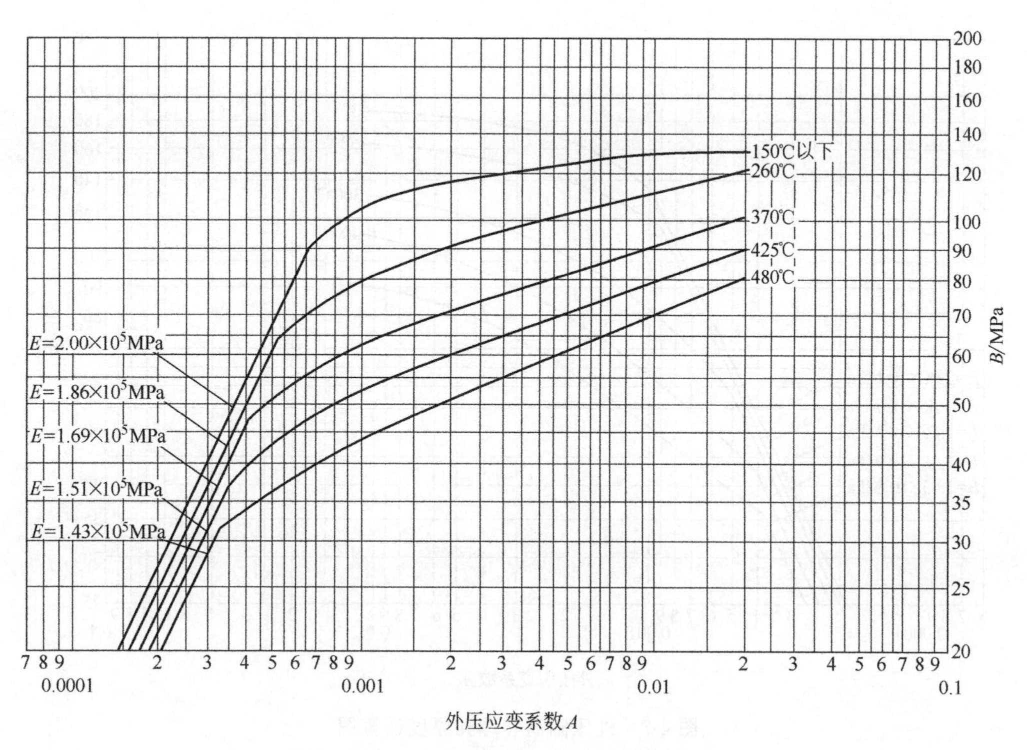

图 4-5 外压圆筒和球壳厚度计算图

（屈服点 σ_s<207MPa 的碳素钢）

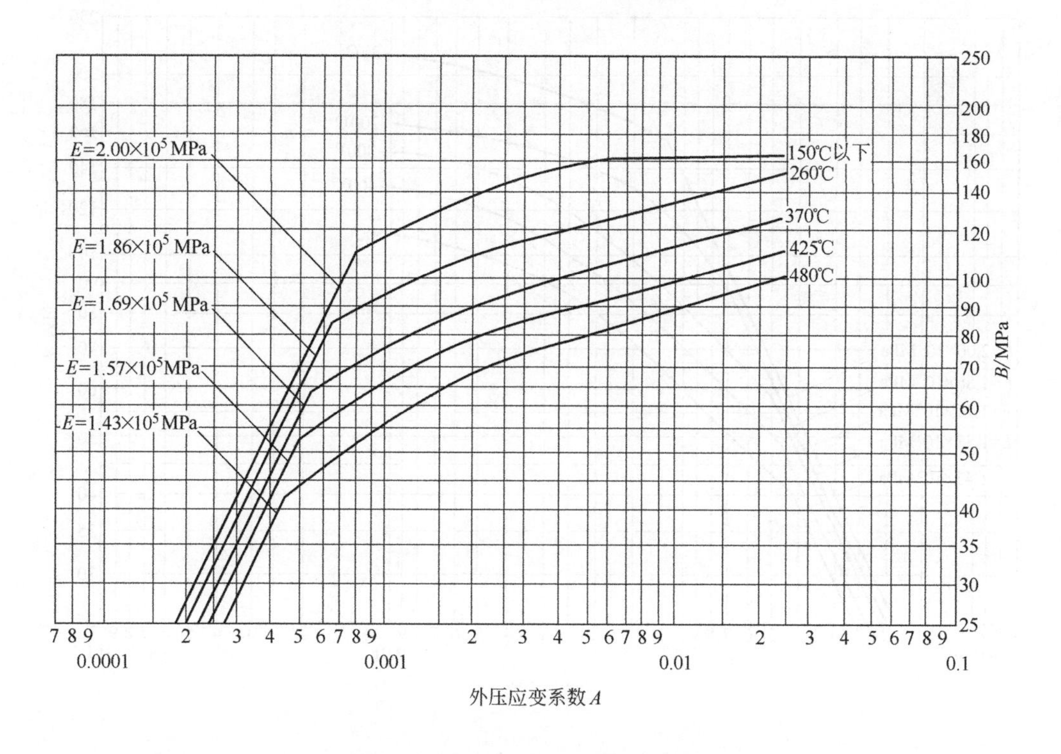

图 4-6 外压圆筒和球壳厚度计算图

（屈服点 σ_s>207MPa 的碳素钢和 0Cr13、1Cr13 钢）

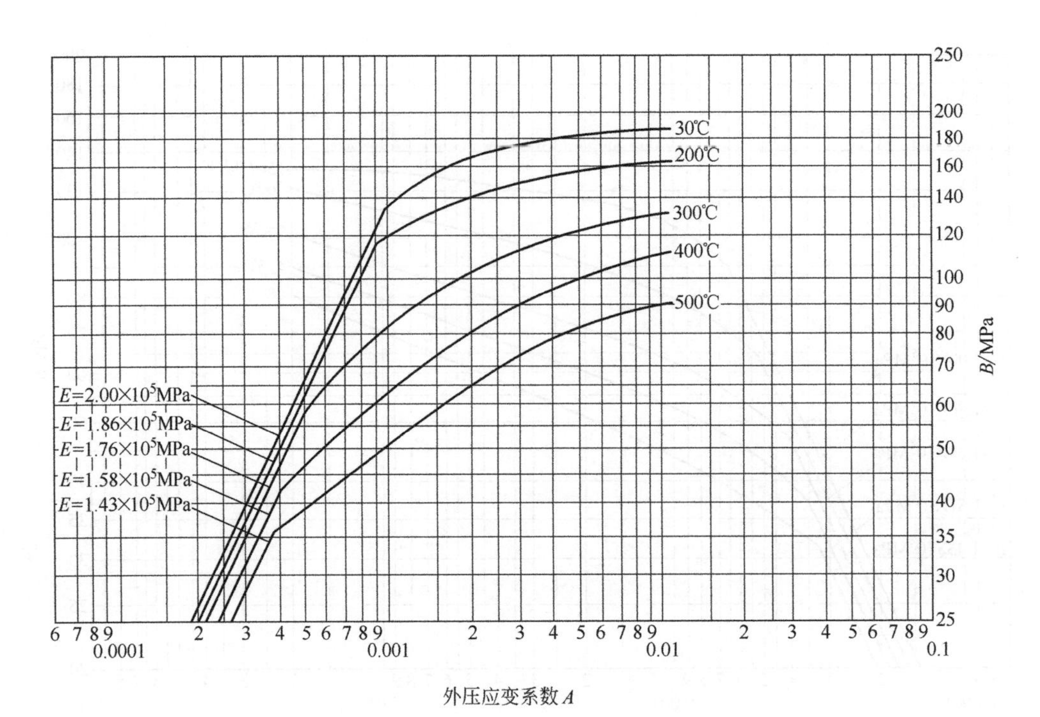

图 4-7 外压圆筒和球壳厚度计算图

（Q345R、15CrMo 钢）

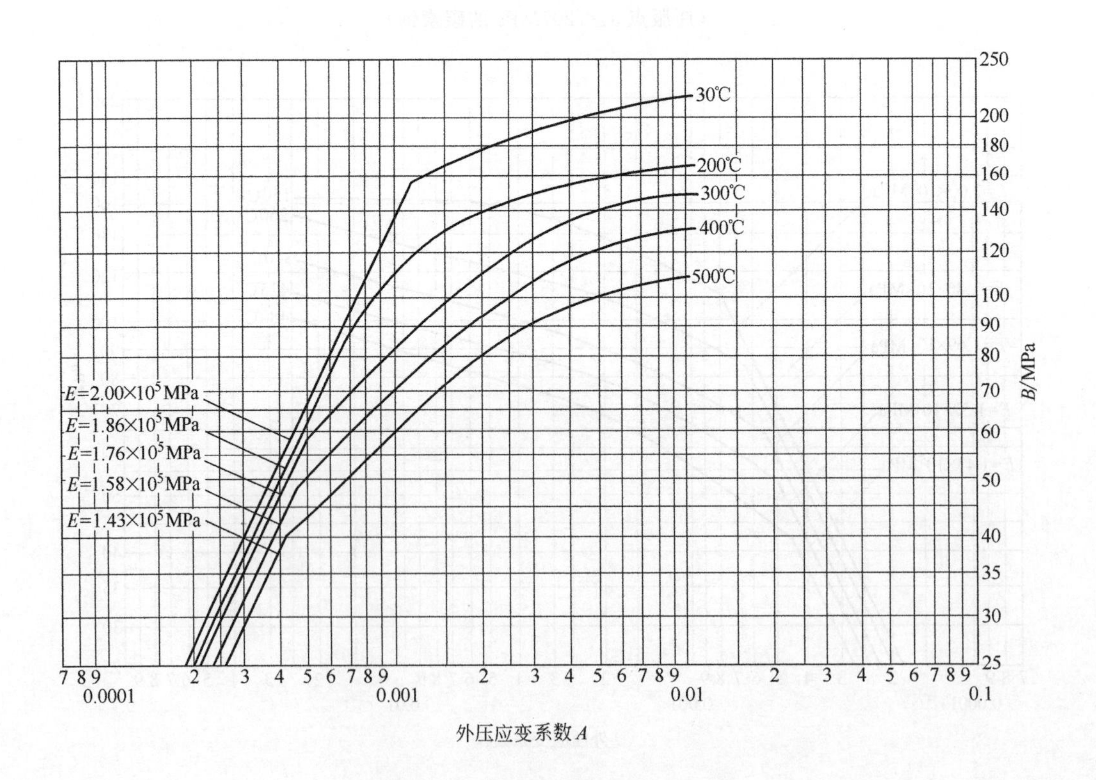

图 4-8 外压圆筒和球壳厚度计算图

（15MnVR 钢）

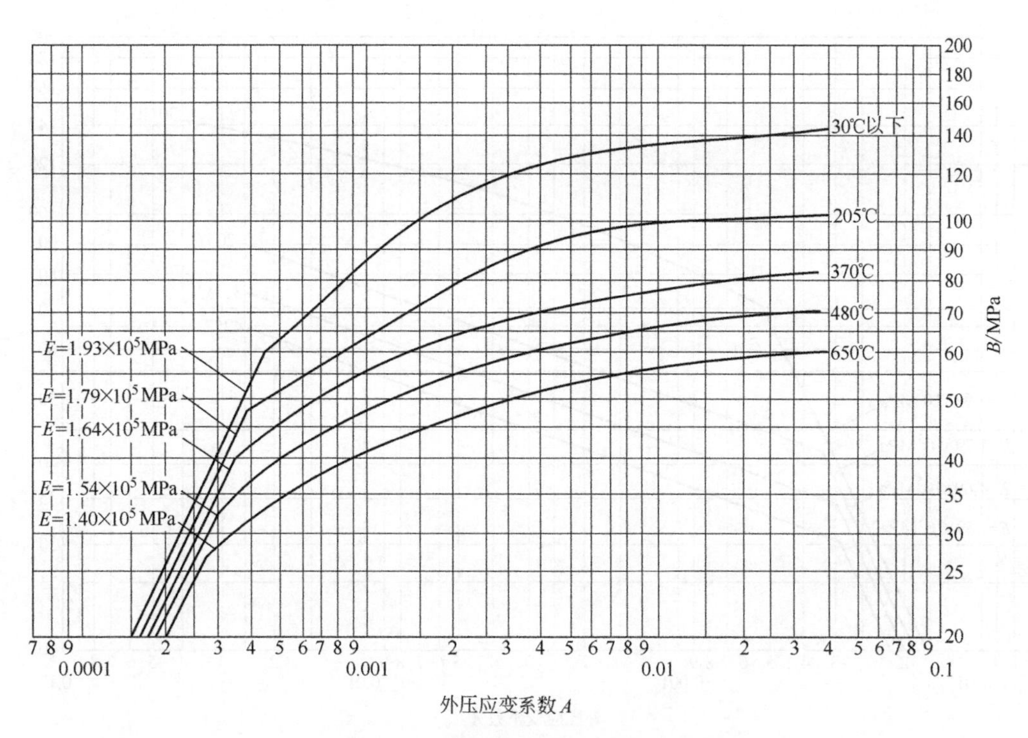

图 4-9　外压圆筒和球壳厚度计算图

(0Cr19Ni9 钢)

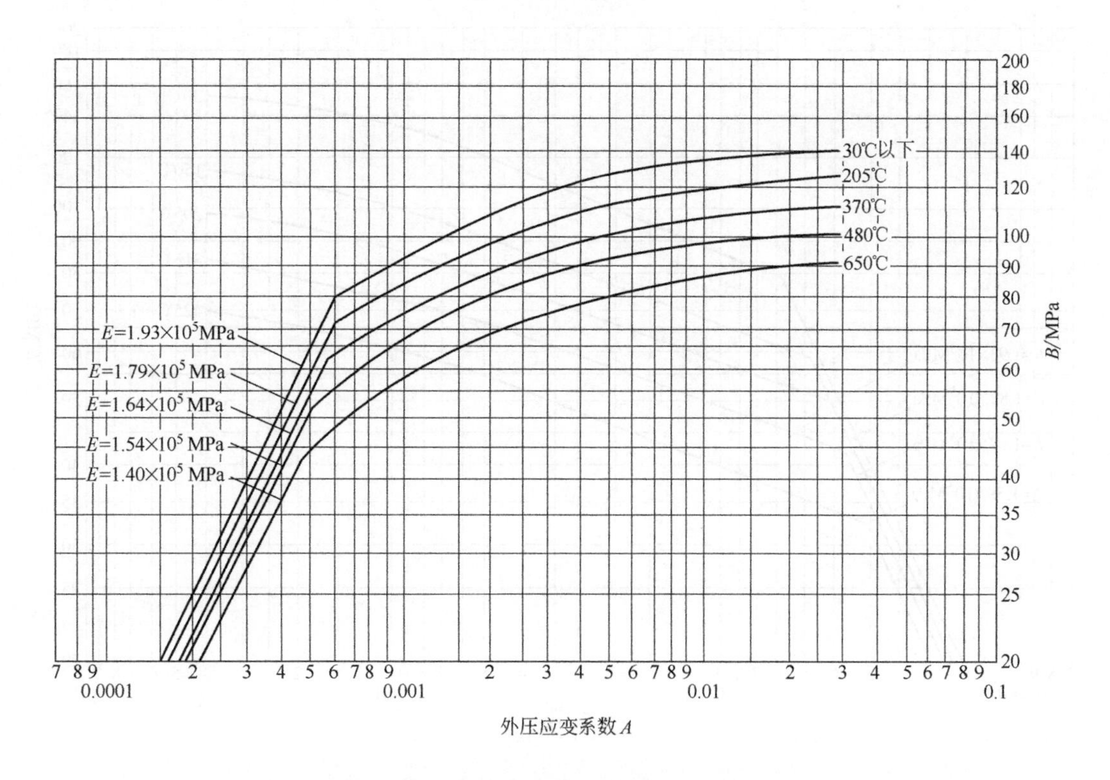

图 4-10　外压圆筒和球壳厚度计算图

(0Cr18Ni10Ti、0Cr17Ni12Mo2、0Cr19Ni13Mo3 钢)

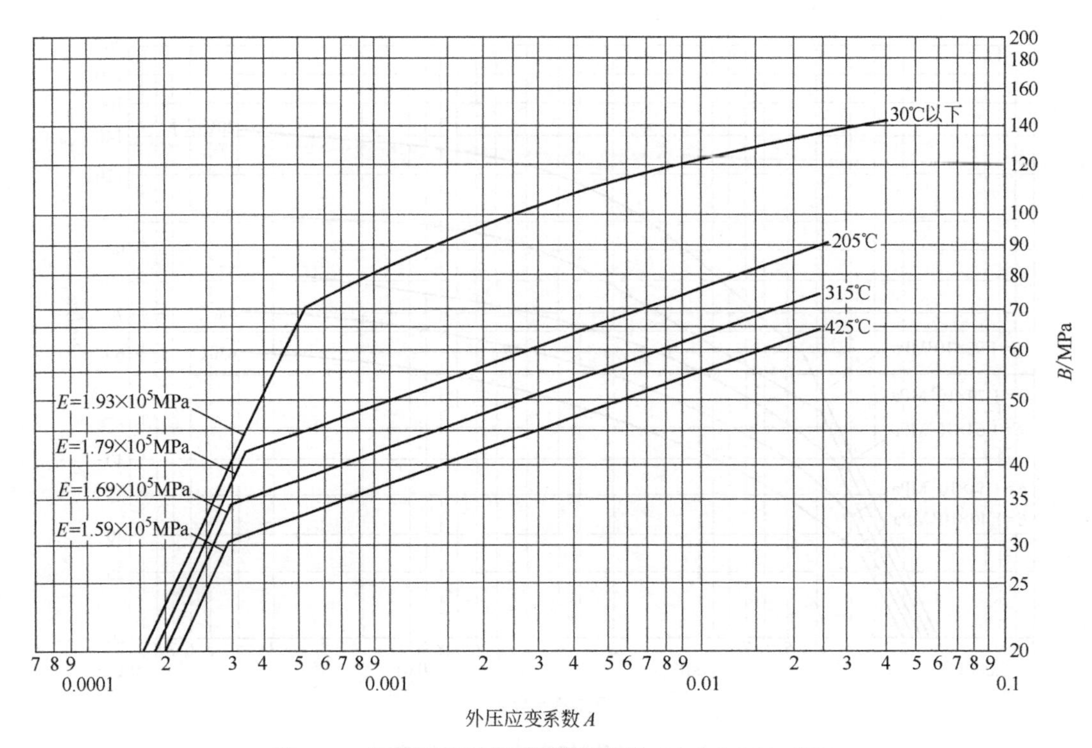

图 4-11 外压圆筒和球壳厚度计算图（00Cr19Ni10 钢）

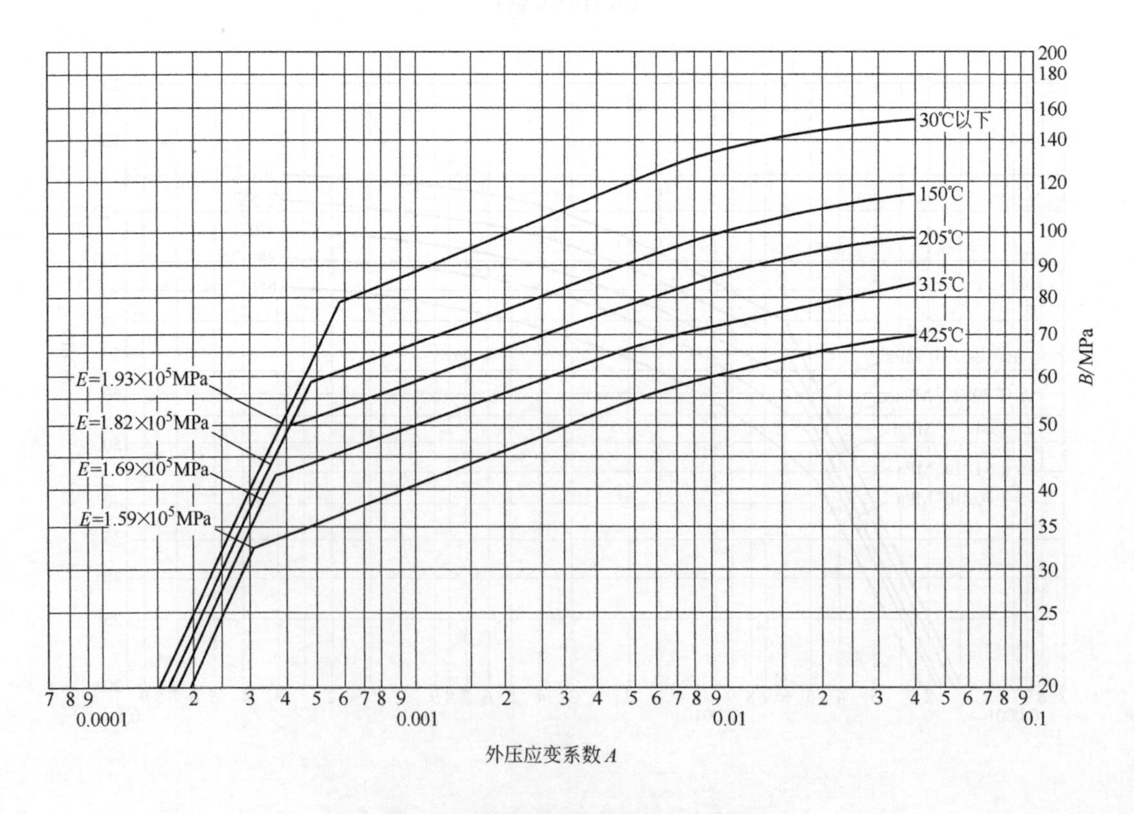

图 4-12 外压圆筒和球壳厚度计算图

（00Cr17Ni14Mo2、00Cr19Ni13Mo3 钢）

三、外压球壳的图算法

1. 球壳的临界压力

实验表明，对于钢制受均匀外压的球壳临界压力为

$$p_{cr}=0.25E\left(\frac{\delta_e}{R_o}\right)^2 \tag{4-13}$$

式中 R_o——球壳外半径，mm；

δ_e——球壳的有效厚度，mm。

2. 许用压力 $[p]$

取 $m=3$，则许用压力 $[p]$ 为

$$[p]=\frac{p_{cr}}{m}=\frac{0.0833E}{(R_o/\delta_e)^2} \tag{4-14}$$

式（4-14）可用于球壳在弹性范围的失稳计算，但失稳计算扩大到非弹性范围需借助外压圆筒壁厚计算图进行计算。

3. 外压球壳图算法设计步骤

外压球壳所需的有效厚度按以下步骤确定。

① 假设球壳壁厚 δ_n，按 $\delta_e=\delta_n-C$ 计算得 δ_e，定出 R_o/δ_e。

② 按式（4-15）计算外压应变系数 A 值，即

$$A=\frac{0.125}{R_o/\delta_e} \tag{4-15}$$

③ 根据所用球壳材料查图 4-5～图 4-12，在图下方横坐标上找出外压应变系数 A，若 A 值落在设计温度下材料线的右方，则过此点垂直上移，与设计温度下材料线相交（遇中间温度值用内插法），再过此交点沿水平方向移动，与纵坐标相交得外压应变系数 B 值，并按下式计算许用压力 $[p]$，即

$$[p]=\frac{B}{R_o/\delta_e} \tag{4-16}$$

若外压应变系数 A 值落在设计温度下材料线左方，则用式（4-14）计算许用压力。

④ $[p]$ 应大于或等于 p_c，否则应再假设名义厚度 δ_n，重复上述步骤，直到 $[p]$ 大于且接近 p_c 为止。

【例题 4-1】 图 4-13 所示为某一外压圆筒形塔体，工作温度为 150℃，材料为普通碳素钢 Q235A，内径 D_i 为 1000mm，筒体总长 l 为 6500mm（不包括封头高），椭圆形封头直边高度 h 为 25mm，曲面深度 h_i 为 250mm，设计压力为 0.1MPa，C_2 取 1.2mm，无安全控制装置，试计算塔体的壁厚 δ_n。

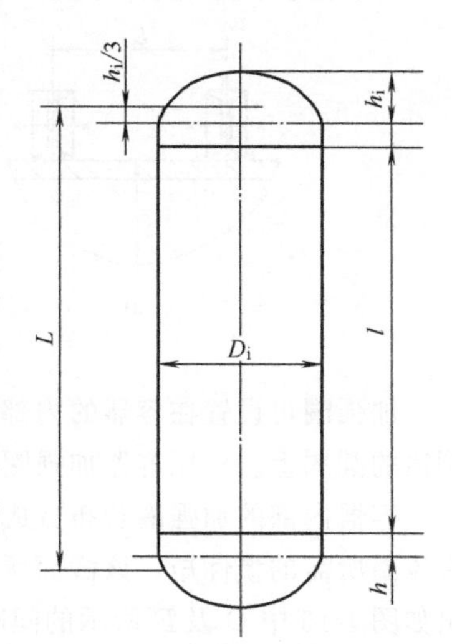

图 4-13 外压圆筒形塔体

解 用图算法进行计算。

① 假设塔体名义厚度 $\delta_n=10$mm，则

$$\delta_e=\delta_n-C=\delta_n-(C_1+C_2)=10-(0.8+1.2)=8\ (\text{mm})$$

$$D_o=D_i+2\delta_n=1000+2\times10=1020\ (\text{mm})$$

$$L=l+2\times(1/3)h_i+2h=6500+2\times(1/3)\times250+2\times25=6716.7\ (\text{mm})$$

$$L/D_o=6716.7/1020=6.6$$

$$D_o/\delta_e=1020/8=127.5>20$$

② 用内插法查图。根据图 4-4，L/D_o 与 D_o/δ_e 在图中交点处对应的外压应变系数 A 值为 0.00013。

③ 因所用材料为 Q235A 钢，故选图 4-5，外压应变系数 A 落在设计温度下材料线左方，因此用式（4-9）计算许用压力 $[p]$，即

$$[p]=\frac{2AE}{3(D_o/\delta_e)}=\frac{2\times0.00013\times2\times10^5}{3\times(1020/8)}=0.14\ (\text{MPa})$$

④ 因 $[p]>p_c$ 且接近 p_c，故假定壁厚符合计算要求，确定塔体壁厚为 10mm。

第三节 外压圆筒的加强圈计算

从例题 4-1 可知，内径为 1000mm，筒体总长为 6500mm，设计外压力为 0.1MPa 的塔体，要保证其安全操作，筒体应采用 10mm 厚的钢板制造。那么筒体的壁厚是否有办法减薄，并且仍能保证其有足够的稳定性呢？由临界压力的计算公式可以发现，外压圆筒在直径已定的条件下，增加筒体的壁厚或缩短筒体的计算长度，都能有效提高筒体的承载能力。在较薄的筒体上，装置一些刚性构件来加强筒体以提高其临界压力的方法，要比单独增加壁厚的方法经济合理。实际工程中一般是在筒体上安装一定数量的加强圈。若筒体是不锈钢或铜、铝等材料制造，在筒体外设置碳钢等普通材料的加强圈，则可以大大降低制造设备的成本。

一、加强圈结构及其要求

加强圈应具有足够的刚度，通常采用扁钢、角钢、工字钢或其他型钢制成，加强圈结构如图 4-14 所示。它不仅对筒体有较好的加强效果，而且自身成形也比较方便，材料多采用碳钢。

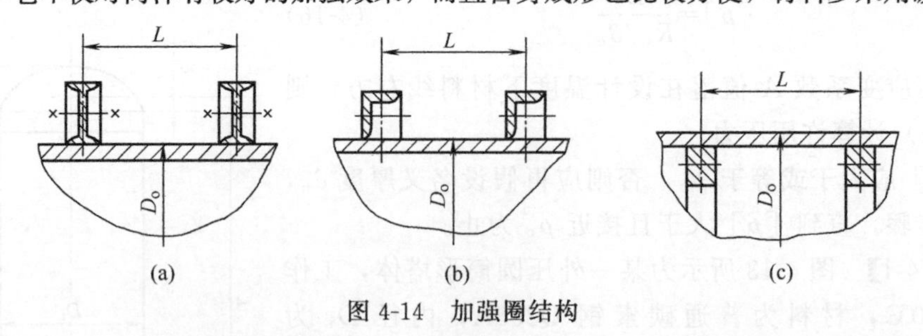

图 4-14 加强圈结构

加强圈可设置在容器的内部或外部，为确保其对筒体的加强作用，加强圈应整圈围绕在圆筒的圆周上。外压容器加强圈的各种布置如图 4-15 所示。

容器内部的加强圈若布置成图 4-15 中 E 或 F 所示的结构时，则应使图中所示的截面具有该圈所需的惯性矩，该截面所需的惯性矩应以它本身的中性轴来计算。在加强圈上需要留出如图 4-15 中 D 及 E 所示的间隙时，则不应超过图 4-16 规定的弧长，否则应将容器内部和外部的加强圈相邻两部分之间接合起来，采用如图 4-15 中 C 所示的结构。但若能同时满足以下三个条件者除外：

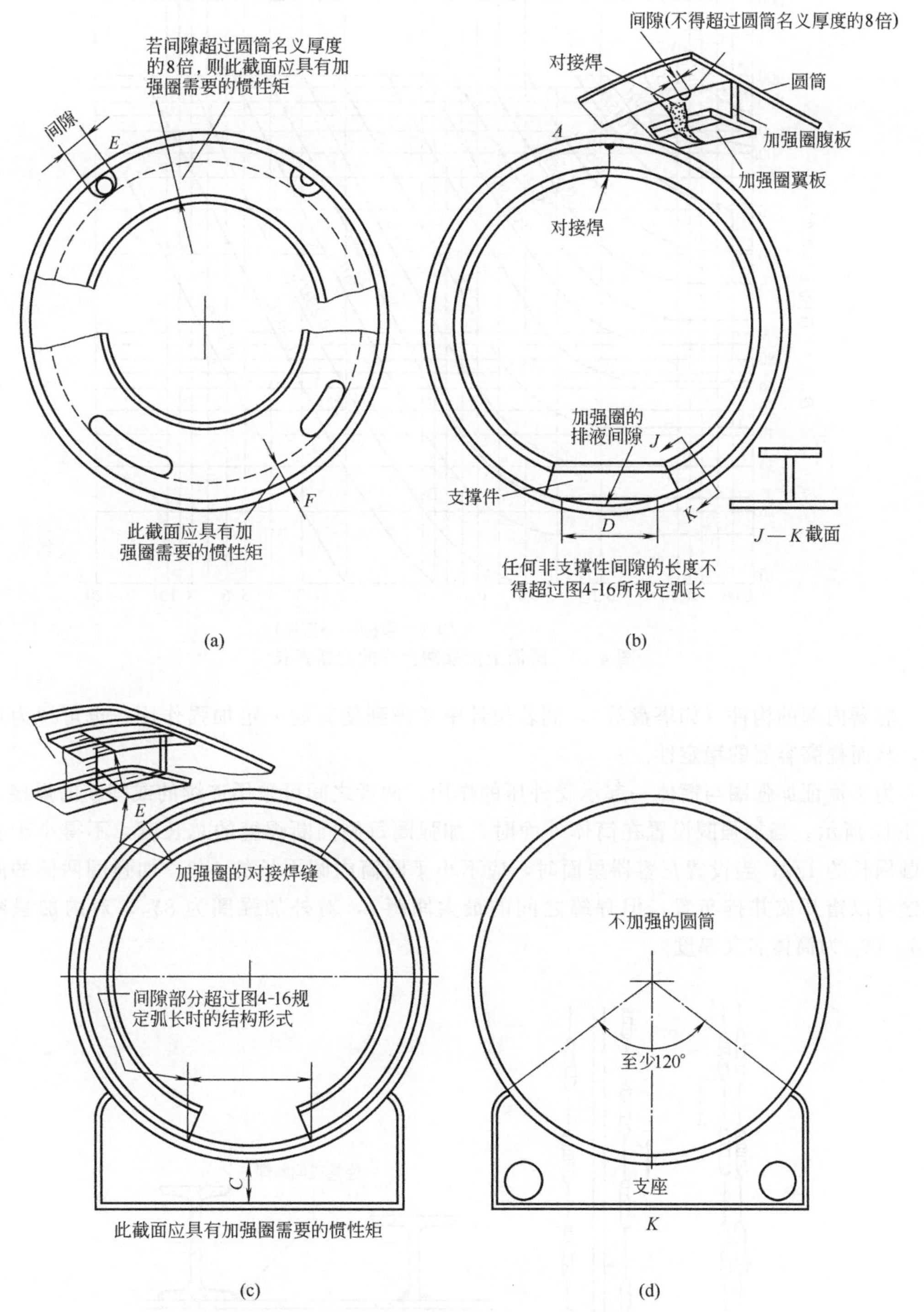

图 4-15　外压容器加强圈的各种布置

① 圆筒上不受加强圈支撑的弧长不超过 90°。

② 相邻两加强圈的不受支撑的圆筒弧长相互交错 180°。

③ 圆筒计算长度 L 应取下列数值中较大者：相间隔加强圈之间的最大距离；从封头转角线至第二个加强圈中心的距离再加上 1/3 封头曲面深度。

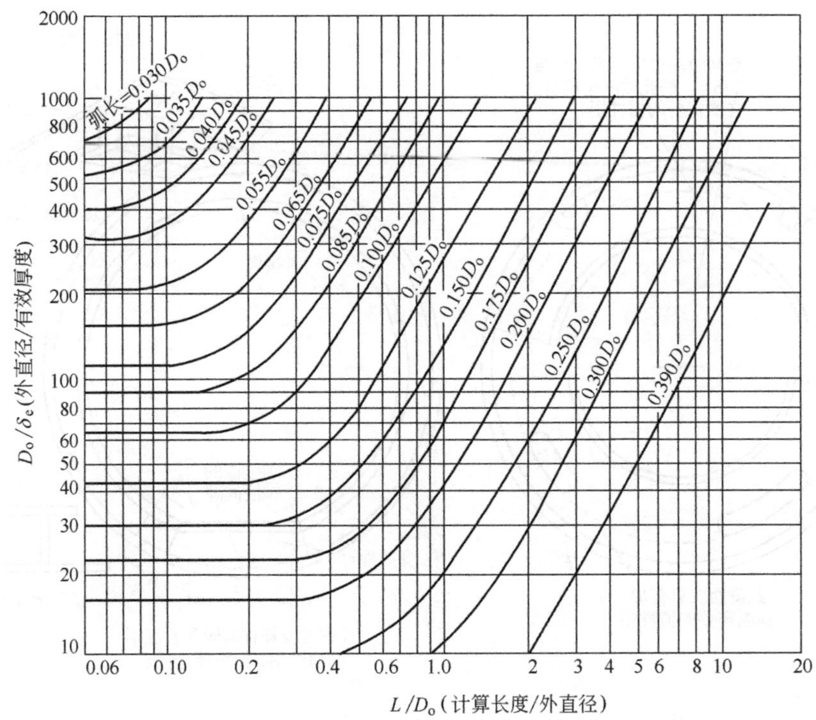

图 4-16　圆筒上加强圈允许的间断弧长

容器内部的构件（如塔盘等），倘若设计中考虑到使其起一定加强作用，也可视为加强圈，从而提高容器的稳定性。

为了保证加强圈与筒体一起承受外压的作用，两者之间可采用连续的或间断的焊接，如图 4-17 所示。当加强圈设置在筒体外面时，加强圈每侧间断焊缝的总长度，不得小于容器外圆周长的 1/2，当设置在容器里面时，应不小于圆筒内圆周长的 1/3。加强圈两侧的间断焊缝可以错开或并排布置，但焊缝之间的最大间距 t，对外加强圈为 $8\delta_n$，对内加强圈为 $12\delta_n$（δ_n 为筒体名义厚度）。

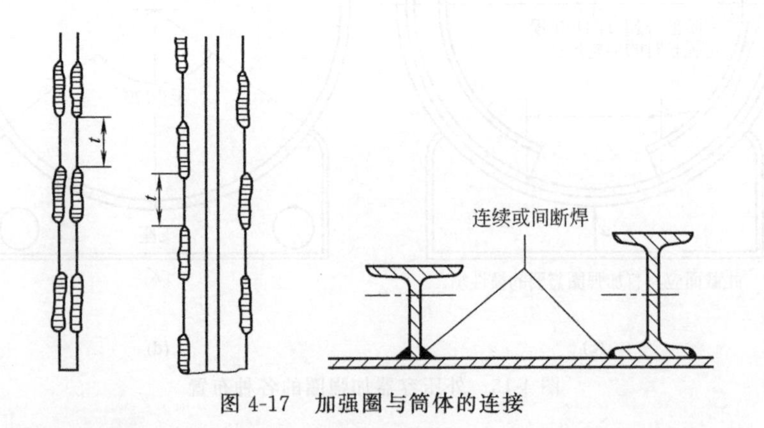

图 4-17　加强圈与筒体的连接

二、加强圈的图算法

1. 加强圈的间距计算

在外压圆筒的计算中，如果加强圈的间距已经给出，则可按前述图算法确定筒壁厚度。

反之，如果筒体的 δ_e/D_o 已经确定，为使该筒体能安全承受所规定的外压 p_c，允许加强圈的最大间距可以通过下式计算，即

$$L_{max}=\frac{2.6ED_o(\delta_e/D_o)^{2.5}}{mp_c} \tag{4-17}$$

式中符号意义和单位同前。

若加强圈的实际间距 $L_s \leqslant L_{max}$，表示加强圈的间距合适，该圆筒能够安全承受设计外压 p。

2. 加强圈计算

加强圈和圆筒一样，它本身也有稳定性问题，计算步骤如下。

① 初定加强圈的数目和间距，应使加强圈间距 $L_s \leqslant L_{max}$，L_{max} 按式（4-17）求得。

② 选择加强圈的材料，按材料规格初定截面尺寸，并计算它的横截面积 A_s 和加强圈与圆筒有效段组合截面的惯性矩 I_s。

③ 用下式计算 B 值，即

$$B=\frac{p_cD_o}{\delta_e+A_s/L_s} \tag{4-18}$$

④ 使用图 4-5～图 4-12，在图的纵坐标上找到按式（4-18）计算出的 B 值，过此点沿水平方向移动与设计温度下材料线相交，并从该交点垂直移动至图的底部，读出系数 A 值。若图中无交点，则按下式计算 A 值，即

$$A=\frac{1.5B}{E} \tag{4-19}$$

⑤ 用下式计算加强圈与圆筒组合段所需的惯性矩，即

$$I=\frac{D_o^2L_s(\delta_e+A_s/L_s)}{10.9}A \tag{4-20}$$

⑥ I_s 应大于或等于 I，否则应另选一具有较大惯性矩的加强圈。重复上述步骤，直到 I_s 大于 I 为止。

3. 计算公式中的符号说明

A——系数；

A_s——加强圈的横截面积，mm^2；

B——系数，按式（4-18）计算，MPa；

D_o——圆筒外直径，mm；

E——设计温度下加强圈材料的弹性模量，MPa；

L_s——加强圈间距，mm；

p_c——筒体的计算外压力，MPa；

m——系数，对于碳钢取 $m=3$；

I——加强圈与壳体组合段所需惯性矩，mm^4；

I_s——加强圈与壳体起加强作用的有效段的组合截面对通过与壳体轴线平行的该截面形心轴的实际惯性矩，mm^4。

在加强圈计算时，认为加强圈及其附近的一段筒体组成一个组合圆环，共同承受外压的作用，图 4-18 中的 $2b$ 范围即为筒体有效段。GB/T 150—2011 规定，在加强圈中心线两侧

有效宽度 $b=0.55\sqrt{D_o\delta_e}$。若加强圈中心线两侧壳体有效宽度与相邻加强圈的壳体有效宽度相重叠，则该壳体的有效宽度中相重叠部分每侧按 1/2 计算。

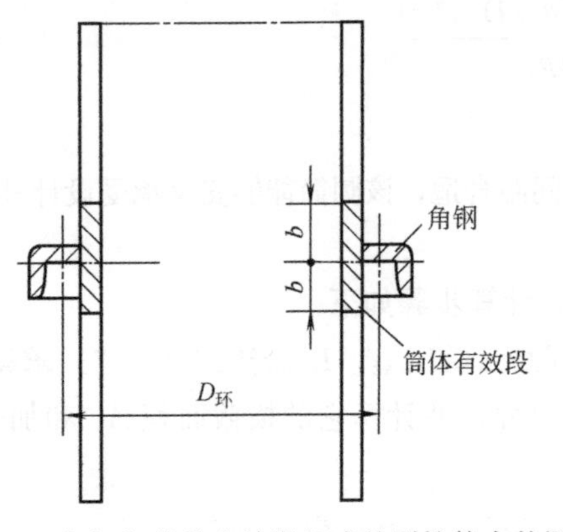

图 4-18　角钢与筒体有效段组成的刚性较大的圆环

构件截面惯性矩的概念和求法已在力学中学习过，为了方便加强圈的计算，把组合圆环的实际组合惯性矩 I_s 的求解步骤归纳如下。

① 求组合圆环中加强圈和筒体有效段的截面积 A_s 和 A_2。当加强圈采用型钢制造时，如图 4-19 和图 4-20 所示，A_s 可由机械设计手册查取，筒体有效段面积 $A_2=2b\delta_e=1.1\delta_e\sqrt{D_o\delta_e}$。

② 求加强圈和筒体有效段截面对各自形心轴的惯性矩 I_1 和 I_2。当加强圈采用型钢制造时，I_1 可由机械设计手册查得，I_2 利用力学知识计算。

③ 确定组合截面形心轴 x-x 的位置，如图 4-19 和图 4-20 所示。组合截面形心轴 x-x 的位置为

$$a=\frac{A_s c}{A_s+A_2} \tag{4-21}$$

式中　c——加强圈形心轴位置至圆筒壁厚中心线的距离。

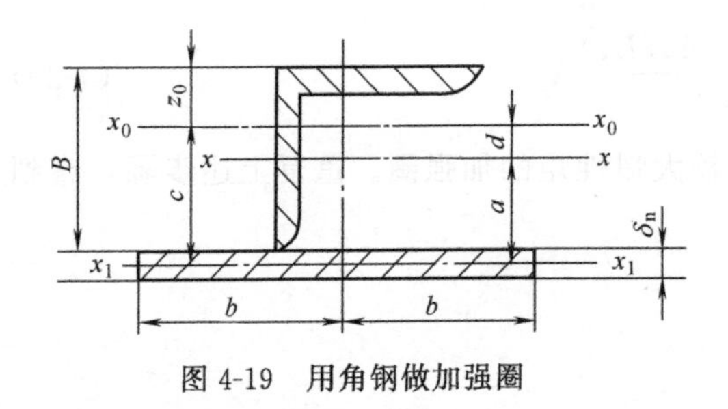

图 4-19　用角钢做加强圈

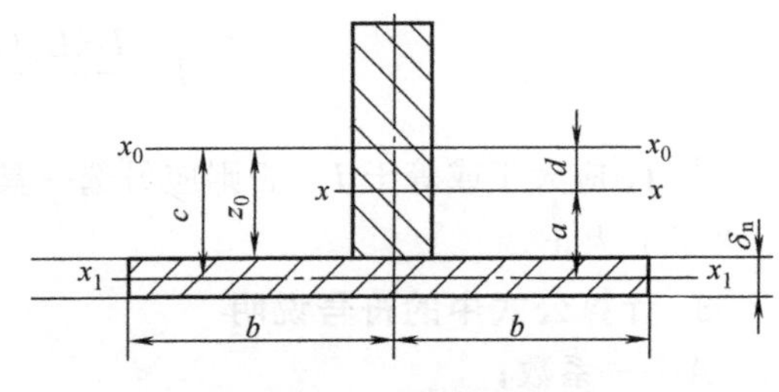

图 4-20　用扁钢做加强圈

④ 计算组合截面实际惯性矩 I_s。根据力学中的惯性矩平移定理得

$$I_s=I_1+A_s d^2+I_2+A_2 a^2 \tag{4-22}$$

式中　d——加强圈截面形心轴 x_0-x_0 与组合截面形心轴 x-x 之间的距离，$d=c-a$，mm。

【例题 4-2】　在例题 4-1 中，若将筒体的名义壁厚减至 6mm，并设置加强圈。加强圈采用热轧等边角钢，试计算确定所需加强圈数目及尺寸。

解　(1) 计算加强圈数目

$$D_o=D_i+2\delta_n=1000+2\times6=1012\ (\text{mm})$$

$$\delta_e=\delta_n-C=\delta_n-(C_1+C_2)=6-(0.6+1.2)=4.2\ (\text{mm})$$

稳定系数 $m=3$，钢材设计温度下的弹性模量 $E=2\times10^5$ MPa。

根据式 (4-17) 计算加强圈的最大间距 L_{max}

$$L_{\max}=\frac{2.6ED_o(\delta_e/D_o)^{2.5}}{mp_c}=\frac{2.6\times2\times10^5\times1012\times(4.2/1012)^{2.5}}{3\times0.1}=1946\ (\text{mm})$$

计算加强圈数目 n(设置 n 个加强圈，将筒体分为 $n+1$ 段)

$$n+1=\frac{6500+25\times2+\frac{250}{3}\times2}{1946}=\frac{6716.7}{1946}=3.45$$

故 $n=3$（即用 3 个加强圈，将筒体分成 4 段）。

加强圈的间距 L_s 为

$$L_s=\frac{6716.7}{4}=1679.2\ (\text{mm})$$

(2) 计算加强圈尺寸

选∟40×40×4 的等边角钢，查型钢规格表得 $A_s=3.09\text{cm}^2$，$I_s=4.6\text{cm}^4$，$z_0=11.3\text{mm}$。

用式（4-18）计算系数 B 值，得

$$B=\frac{p_cD_o}{\delta_e+A_s/L_s}=\frac{0.1\times1012}{4.2+(3.09\times10^2/1679.2)}=23.1$$

因无法查图，用式（4-19）计算系数 A 的值，即

$$A=\frac{1.5B}{E}=\frac{1.5\times23.1}{2\times10^5}=0.00017$$

用式（4-20）计算加强圈与圆筒组合段所需的惯性矩 I

$$I=\frac{D_o^2L_s(\delta_e+A_s/L_s)}{10.9}A=\frac{1012^2\times1679.2\times\left(4.2+\frac{3.09\times10^2}{1679.2}\right)}{10.9}\times0.00017$$

$$=117586.7\ (\text{mm}^4)$$

(3) 计算组合截面实际惯性矩 I_s

圆筒有效段的截面积 A_2 为

$$A_2=2b\delta_e=2\times0.55\sqrt{D_o\delta_e}\,\delta_e=2\times0.55\times\sqrt{1012\times4.2}\times4.2=301.2\ (\text{mm}^2)$$

圆筒有效段的惯性矩为

$$I_2=2b\delta_e^3/12=2\times0.55\times\sqrt{1012\times4.2}\times4.2^3/12=442.76\ (\text{mm}^4)$$

由图 4-19 可知，$c=B-z_0+\delta_e/2=40-11.3+4.2/2=30.8$ (mm)。

根据式（4-21）确定组合截面形心轴 x-x 的位置 a 为

$$a=\frac{A_sc}{A_s+A_2}=\frac{3.09\times10^2\times30.8}{3.09\times10^2+301.2}=15.6\ (\text{mm})$$

$$d=c-a=30.8-15.6=15.2\ (\text{mm})$$

用式（4-22）计算组合截面实际惯性矩 I_s

$$I_s=I_1+A_sd^2+I_2+A_2a^2$$

$$=4.6\times10^4+3.09\times10^2\times15.2^2+442.76+301.2\times15.6^2$$

$$=191134.15\ (\text{mm}^4)$$

因 $I_s > I$，故原选∟40×40×4 的等边角钢可用。

第四节 外压封头计算

外压封头的结构形式和内压容器一样，主要包括凸形封头，如半球形、椭圆形、碟形以及圆锥形封头。在外压作用下，这些封头主要承受压应力，故与外压筒体一样也存在稳定性问题，设计时仍需进行稳定性校核。

一、外压凸形封头

承受外压凸形封头的稳定性计算是以外压球壳的稳定性计算为基础的。

1. 半球形封头

外压半球形封头的设计与外压球壳的设计方法完全相同，这里不再重述。

2. 椭圆形封头

凸面受压椭圆形封头的厚度计算，其设计步骤与外压半球形封头设计步骤相同，只是半径 R_o 为椭圆形封头的当量球壳外半径，即 $R_o = K_1 D_o$。

系数 K_1 为由椭圆长短轴比值决定的系数，其值见表 4-1。

表 4-1 系数 K_1 值

$D/(2h_o)$	2.6	2.4	2.2	2.0	1.8	1.6	1.4	1.2	1.0
K_1	1.18	1.08	0.99	0.90	0.81	0.73	0.65	0.57	0.50

注：1. 中间值用内插法求得。

2. $K_1 = 0.90$ 为标准椭圆形封头。

3. $h_o = h_i + \delta_n$。

3. 碟形封头

凸面受外压的碟形封头，其过渡区承受拉应力，而球冠部分受压应力，需防止发生失稳。确定封头厚度的计算，仍可应用球壳失稳的公式和图算法，其设计步骤与外压半球形封头设计步骤亦相同，只是其中的 R_o 为碟形封头球面部分外半径，即 $R_o = R_i + \delta_n$。

二、外压锥形封头

受外压的锥形封头或锥形筒体，其稳定性是一个在数学、力学上很复杂的问题。因此，工程上依赖试验结果，根据锥壳半顶角 α 的大小分别按圆筒和平盖进行计算。

比较锥壳与圆柱壳的试验结果，发现锥壳的失稳类似于一个等效圆柱壳，故当半顶角 $\alpha \leqslant 60°$ 时用相当圆筒体进行计算。相当圆筒体的直径取锥壳大端外直径 D_o，圆筒长度即为锥壳当量长度 L_e。

1. 锥壳的当量长度 L_e

① 如图 4-21 (a)、(b) 所示，无折边锥壳或锥壳上相邻两加强圈之间的锥壳段，其当量长度按式 (4-23) 计算，即

$$L_e = \frac{L_x}{2}\left(1 + \frac{D_s}{D_L}\right) \tag{4-23}$$

② 大端折边锥壳如图 4-21（c）所示，其当量长度按式（4-24）计算，即

$$L_e = r\sin\alpha + \frac{L_x}{2}\left(1+\frac{D_s}{D_L}\right) \tag{4-24}$$

③ 小端折边锥壳如图 4-21（d）所示，其当量长度按式（4-25）计算，即

$$L_e = r_s\frac{D_s}{D_L}\sin\alpha + \frac{L_x}{2}\left(1+\frac{D_s}{D_L}\right) \tag{4-25}$$

④ 折边锥壳如图 4-21（e）所示，当量长度按式（4-26）计算，即

$$L_e = r\sin\alpha + r_s\frac{D_s}{D_L}\sin\alpha + \frac{L_x}{2}\left(1+\frac{D_s}{D_L}\right) \tag{4-26}$$

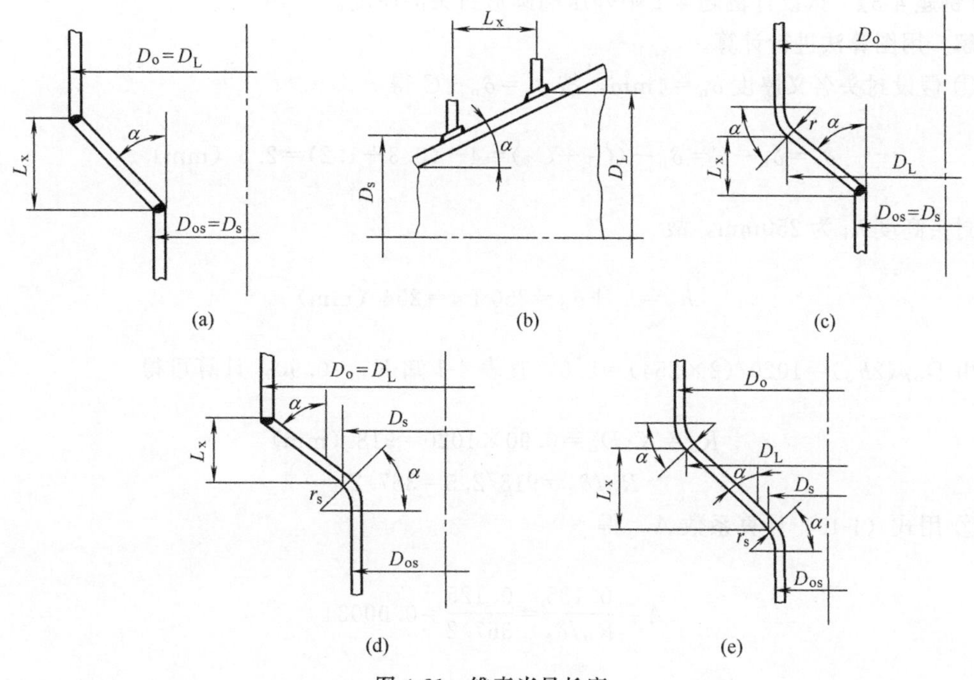

图 4-21　锥壳当量长度

2. 符号说明

D_i——锥壳大端内直径，mm；

D_{is}——锥壳小端内直径，mm；

D_L——所考虑锥壳段的大端外直径，mm；

D_{os}——锥形封头小端外直径，mm；

D_o——圆筒外直径，如图 4-21 所示，mm；

D_s——所考虑锥壳段的小端外直径，mm；

L_x——锥壳轴向长度，mm；

L_e——锥壳当量长度，mm；

δ_{nc}——锥壳名义厚度，mm；

δ_{ec}——锥壳有效厚度，mm；

r——折边锥壳大端过渡段转角半径，mm；

r_s——折边锥壳小端过渡段转角半径，mm；

α——锥壳半顶角，(°)。

3. 外压锥形封头的计算

承受外压的锥壳，所需有效厚度按下述方法确定。

① 假设锥壳的名义厚度 δ_{nc}。

② 计算 $\delta_{ec}=(\delta_{nc}-C)\cos\alpha$。

③ 按外压圆筒的规定进行外压校核计算，并以 L_e/D_L 代替 L/D_o，以 D_L/δ_{ec} 代替 D_o/δ_e。

当锥形封头半顶角 $\alpha>60°$时，此类封头壁厚按平盖计算，计算直径取锥壳的最大内直径。

【例题 4-3】 试设计例题 4-1 中外压椭圆形封头的厚度。

解 用图算法进行计算。

① 假设封头名义厚度 $\delta_n=4$mm，按 $\delta_e=\delta_n-C$ 得

$$\delta_e=\delta_n-C=\delta_n-(C_1+C_2)=4-(0.3+1.2)=2.5\ (\text{mm})$$

封头高度 h_i 为 250mm，故

$$h_o=h_i+\delta_n=250+4=254\ (\text{mm})$$

由 $D_o/(2h_o)=1020/(2\times254)=2.0$，查表 4-1 知 $K_1=0.90$，计算可得

$$R_o=K_1D_o=0.90\times1020=918\ (\text{mm})$$

$$R_o/\delta_e=918/2.5=367.2$$

② 用式（4-15）计算系数 A，得

$$A=\frac{0.125}{R_o/\delta_e}=\frac{0.125}{367.2}=0.00034$$

③ 查图 4-5 得系数 $B=47$，用式（4-16）计算许用外压力 $[p]$，得

$$[p]=\frac{B}{R_o/\delta_e}=\frac{47}{367.2}=0.13\ (\text{MPa})$$

④ 因 $[p]>p_c$ 且接近 p_c，故假定壁厚符合设计要求，确定椭圆形封头壁厚为 4mm。

三、压力试验

外压容器和真空容器也需要做压力试验，以检查容器的强度和密封性，试验过程按内压容器来进行（见第三章第四节压力试验）。

对于由两个或两个以上压力室组成的容器，应在图样上分别注明各个压力室的试验压力，并校核相邻壳壁在试验压力下的稳定性。如果不能满足稳定性要求，则应规定在做压力试验时，相邻压力室内必须保持一定压力，以使整个过程中任一时间内，各压力室的压力差不超过允许压差。

外压容器和真空容器试验压力为：

液压试验　　$p_T=1.25p$

气压试验　　$p_T=1.15p$

式中　p_T——试验压力，MPa；

　　p——设计压力，MPa。

第五节　轴向受压圆筒

有些压力容器及设备除了受到内部介质压力外，往往还要受到其他载荷作用。例如，高大的直立塔设备在风载荷或地震载荷作用下，塔壁上会产生很大的局部压缩应力。又如，大型的卧式容器，由于自身重力（包括介质重力）和鞍座支反力所造成的弯曲，也会使器壁产生局部的轴向压缩应力。这些薄壁器壁上的压缩应力如果达到一定的数值，将会引起圆筒的失稳，因此，对于轴向受压的圆筒也应考虑其稳定性问题。

一、轴向受压圆筒稳定性概念

薄壁圆筒两端受轴向均布外压作用，当压力达到临界压力 p_{cr} 值时，同样会发生失稳现象。这种失稳状态与径向承受外压圆筒失稳不同，即失稳后的轴向受压圆筒仍然具有圆形横截面，只是经线的直线性受到破坏产生了波形，如图 4-22 所示。

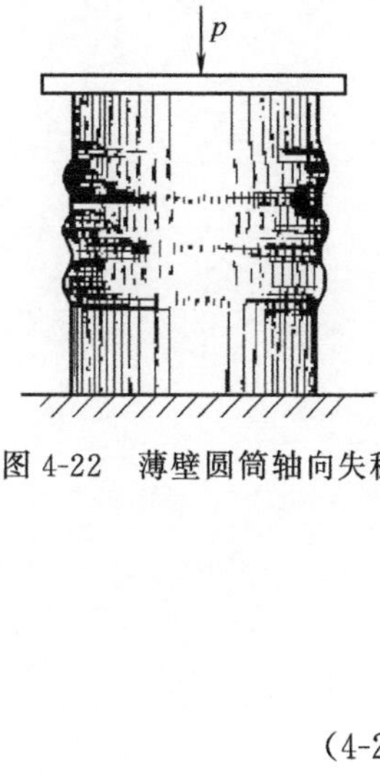

p

图 4-22　薄壁圆筒轴向失稳

二、临界压应力的计算

受到轴向压应力的圆筒，最大的轴向许用临界压应力必须同时满足强度和稳定性条件，即

$$[\sigma]_{cr}=\min\{B,\ [\sigma]^t\} \tag{4-27}$$

式中　$[\sigma]^t$——所用材料在设计温度下的许用应力。

系数 B 按下列步骤计算。

① 按式（4-28）计算系数 A，即

$$A=0.094\frac{\delta_e}{R_i} \tag{4-28}$$

式中　R_i——圆筒内半径，mm；

　　δ_e——圆筒的有效厚度，mm。

② 根据材料查图 4-5～图 4-12，若 A 值落在设计温度下材料线的右方，则过此点垂直上移，与设计温度线相交，再过交点水平移动，得系数 B；若系数 A 落在材料线的左方，则可用式（4-29）计算系数 B 的值，即

$$B=\frac{2}{3}EA \tag{4-29}$$

如果圆筒的轴向压应力 $\sigma\leqslant[\sigma]_{cr}$，则所求圆筒的壁厚合适，否则应重新设定壁厚进行计算，直至合适为止。

习　题

4-1　外压容器的设计准则是什么？

4-2　外压圆筒失稳前后，壳壁内的应力各是什么性质？为什么失稳过程进行得很快？

4-3　什么是临界压力？临界长度 L_{cr} 的意义是什么？

4-4　真空容器的设计外压力如何确定？如何进行压力试验？

4-5　在外压圆筒上设置加强圈的目的是什么？

4-6　有一台分馏塔，塔的内径为 2000mm，塔身（包括两端椭圆形封头的直边）长度为 6000mm，封头（不包括直边）深度 500mm。操作温度为 260℃，真空条件下进行分馏。现在有 10mm、12mm、14mm 厚的 Q245R 钢板，试问能否用这些钢板来制造这台设备。其中，腐蚀裕度 $C_2=1.2$mm。

4-7　有一公称直径为 700mm，有效壁厚为 4mm，筒长为 5m 的容器，材料为 Q235，工作温度 200℃，试问该容器能否承受 0.1MPa 的外压？如果不能承受，应加几个加强圈？

4-8　乙二醇生产中有一台真空精馏塔，内径 $D_i=1$m，塔高 10m，两端椭圆形封头，操作温度 $t\leqslant 200$℃，材料为 Q345R，若塔体上装设两个加强圈，试求塔体和封头的壁厚。其中，腐蚀裕度 $C_2=1$mm。

4-9　已知：某减压塔的内径为 2000mm，塔体长度为 6000mm，封头直边高度为 40mm，深度为 500mm，在塔体处有四个角钢制成的加强圈，如习题 4-9 图所示。塔的操作温度为 400℃，设计外压力为 0.1MPa，塔体材料为 Q345R，试确定塔体壁厚及加强圈尺寸。取 $C=2$mm，$\varphi=0.8$。

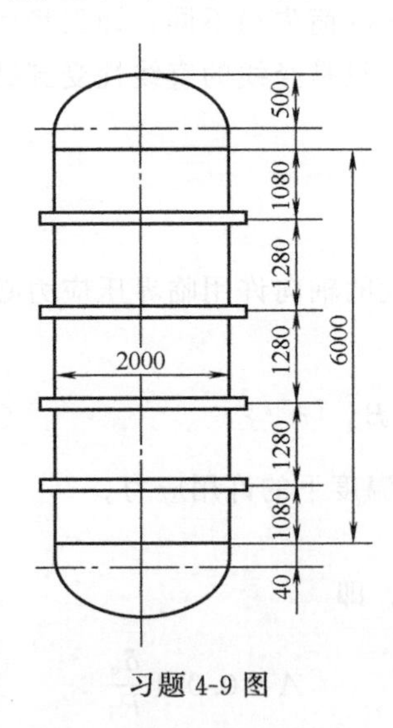

习题 4-9 图

第五章

化工设备主要零部件

学习目标

掌握化工设备主要零部件的结构形式和相关标准，能分析设备的工艺参数，通过工艺参数的计算为各类零部件的选择提供依据；能查阅国家标准和有关技术规范，正确并合理地选用各类标准零部件的材质及规格；能根据相关参数对标准件进行标记。

第一节 法兰连接

由于生产工艺或制造、安装、运输、检修的要求，化工设备和管道常由可拆卸的部分连接一起而构成。常见的可拆连接有法兰连接、螺纹连接和插套连接。为了安全，可拆连接必须满足刚度、强度、密封性及耐腐蚀的要求，法兰连接是一种能较好满足上述要求的可拆连接，在化工设备和管道中得到广泛应用。

一、法兰的结构与分类

法兰连接可分为压力容器法兰和管法兰连接，它们的结构相似，如图 5-1、图 5-2 所示。法兰连接由一对法兰，数个螺栓、螺母，一个垫片组成。垫片较软，在螺栓预紧力的作用下，垫片变形后填平法兰两个密封表面的不平处，阻止介质泄漏，达到密封的目的。压力容器法兰用于筒体与封头、筒体与筒体或封头与管板之间的连接；管法兰则用于容器与外管道、管子与管子、管子与管件或阀门之间的连接。

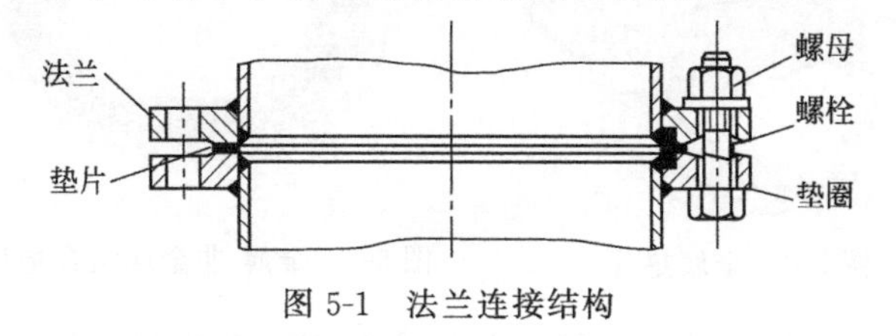

图 5-1　法兰连接结构

图 5-2　连接塔节的法兰

二、法兰的密封机理

1. 法兰连接的泄漏途径

以螺栓法兰连接结构为例，如图 5-3 所示，流体在密封处的泄漏主要有两个路径：一是通过垫片材料本体毛细管的渗漏，即“渗透泄漏”，此时除了受介质压力、温度、黏度、分子结构等流体性质影响外，其密封效果的好坏与垫片的结构、材料性质有关。二是“界面泄漏”，即沿着垫片与压紧面之间的泄漏，泄漏量的大小主要与界面的间隙尺寸有关。因此，法兰上下压紧面凹凸不平的间隙和压紧力的不足是造成“界面泄漏”的直接原因，而且也是法兰连接最主要的泄漏形式。法兰连接的密封就是要在螺栓压紧力的作用下，使垫片产生变形以填满法兰密封面上凹凸不平的间隙，阻止流体沿界面的泄漏，从而达到密封的目的。

2. 法兰连接的密封原理

法兰连接的密封过程可以分为预紧与工作两个阶段。法兰在螺栓预紧力的作用下，把压紧面之间的垫圈压紧，当垫圈单位面积上所受到的压紧力达到某一值时，垫圈变形，填满法兰密封面上的不平处，为阻止介质泄漏形成了初始密封条件。这时在垫圈单位面积上的压紧力成为垫圈的预紧密封比压。当设备或管道生压后，螺栓受到进一步的拉伸，密封面与垫圈之间的压紧力因而有所下降，当比压下降到某一临界值以下时，介质将发生泄漏，这一临界比压值称为工作密封比压。这就是为了不使介质泄漏，在密封面与垫圈之间所必须保留下来的最低比压。要保证法兰密封，就必须使法兰密封面上实际存在的比压，不低于预紧时垫圈的预紧密封比压。图 5-4 为法兰密封原理示意图。

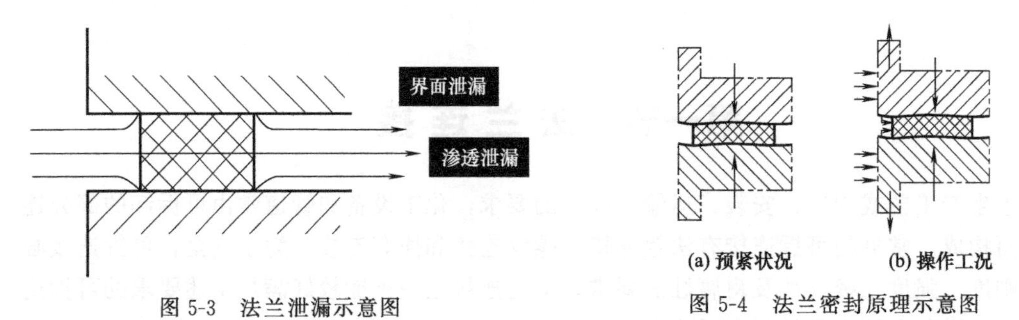

图 5-3 法兰泄漏示意图　　图 5-4 法兰密封原理示意图

3. 垫片种类

① 非金属垫片：非金属垫片包括橡胶板、聚四氟乙烯、柔性石墨等，断面形状一般为平面形或 O 形。这种垫片的优点是柔软，耐温度和压力的性能较金属垫片差，通常只适用于常、中温和中、低压设备及管道的法兰密封。非金属垫片见图 5-5。

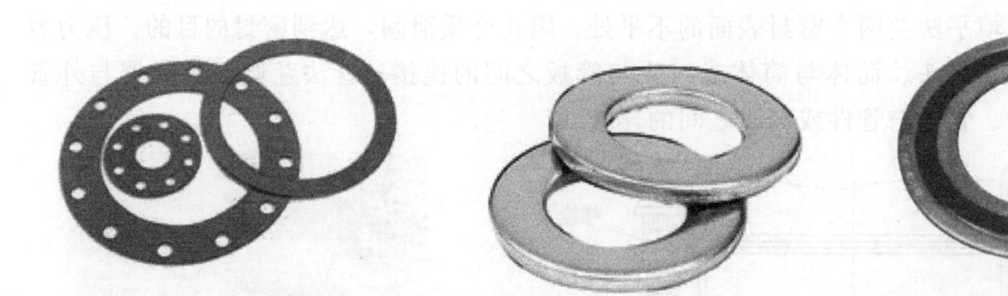

图 5-5 非金属垫片　　图 5-6 金属垫片　　图 5-7 金属-非金属组合垫片

② 金属垫片：常用的金属垫片材料是软铝、软钢、铜、各种合金钢、不锈钢。其断面形状有平面形、波纹形、齿形、椭圆形和八角形等。金属垫片材料一般并不要求强度高，而是要求软韧，主要用于中、高温和中、高压的法兰连接密封。金属垫片见图 5-6。

③ 金属-非金属组合垫片：该类型片包括金属包垫片、齿形垫片、金属缠绕垫片和带骨架的非金属垫片等。金属包垫片是用薄金属板将非金属包起来制成的。金属缠绕垫片是由薄

低碳钢或合金钢带与石棉带一起绕制而成，增加了回弹性，提高了耐腐蚀、耐热和密封性能。金属-非金属组合垫片见图 5-7。

三、法兰的公称直径和公称压力

1. 公称直径 *DN*

公称直径是为了使用方便而规定的一种标准直径。压力容器法兰的公称直径是指与法兰相配的筒体或封头的内径。带衬环的甲型平焊法兰的公称直径是衬环的内径。管法兰的公称直径则是指与其相连接的管子的公称直径，既不是管子的内径，也不是管子的外径，而是与内径相近的某个数值。

2. 公称压力 *PN*

压力容器法兰及管法兰的公称压力是指在规定的设计条件下，在确定法兰结构尺寸时所采用的设计压力，即一定材料和温度下的最大工作压力。按照标准化的要求，压力容器法兰的公称压力分为 7 个等级：0.25MPa、0.60MPa、1.00MPa、1.60MPa、2.50MPa、4.00MPa、6.40MPa。管法兰的公称压力分为 9 个等级：2.5bar、6bar、10bar、16bar、25bar、40bar、63bar、100bar、160bar（1bar=0.1MPa）。法兰标准中的尺寸系列是按法兰的公称压力与公称直径来编排的。

四、压力容器法兰

在化工生产过程中，法兰使用的面广、量大，为了成批生产和便于使用管理，各国都制定了法兰标准。中国目前使用较多的压力容器法兰的标准为 NB/T 47020～47027—2012《压力容器法兰分类与技术条件》（合订本），下面重点介绍这部标准及其选用方法。

1. 压力容器法兰的分类

标准压力容器法兰有甲型平焊法兰、乙型平焊法兰、长颈对焊法兰三种类型，如图 5-8 所示。

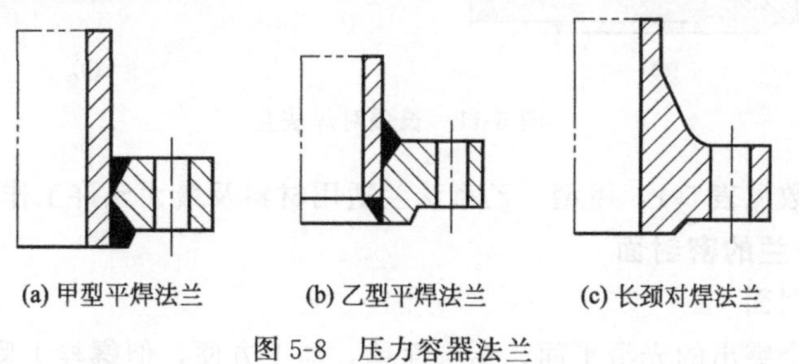

图 5-8　压力容器法兰

① 甲型平焊法兰：如图 5-9 所示，它直接与容器的筒体或封头焊接，制造容易，应用

图 5-9　甲型平焊法兰

广泛，但刚性较差。法兰受力后，与法兰连接的筒体或管壁发生弯曲变形，于是法兰附近筒壁的界面上将产生附加的弯曲应力，所以适用于压力等级较低和筒体直径较小的范围。

② 乙型平焊法兰：乙型平焊法兰与甲型平焊法兰相比，是除法兰盘外增加了一个厚度大于筒体或管道壁厚的短节，如图 5-10 所示，既增加了整个法兰的刚度，又可以使容器器壁避免承受附加弯矩，适用于较大直径和较高压力的条件。

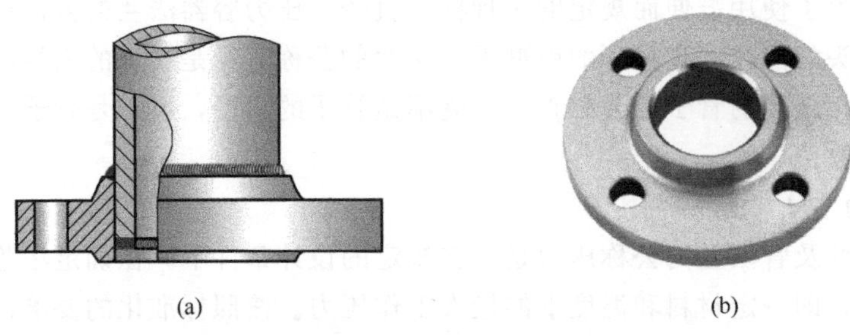

(a) (b)

图 5-10 乙型平焊法兰

③ 长颈对焊法兰：长颈对焊法兰（图 5-11）是用根部增厚的颈取代了乙型平焊法兰中的短节，颈的存在提高了法兰的刚度，同时由于颈的根部厚度比筒体厚，所以降低了根部的弯曲应力。此外，法兰与筒体的连接是对接焊缝，比平焊法兰的角焊缝强度好，故其适用于压力、温度较高或设备直径较大的场合。

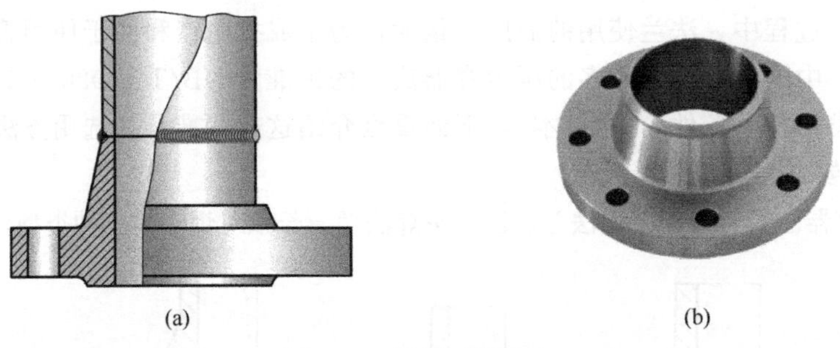

(a) (b)

图 5-11 长颈对焊法兰

法兰分类及参数见表 5-1，甲型、乙型法兰适用材料及最大允许工作压力见表 5-2。

2. 压力容器法兰的密封面

(1) 平面型密封面

该密封面是一个突出的光滑平面，结构简单，加工方便，但螺栓上紧厚，垫圈材料容易往两侧伸展，不易压紧，常用于压力不高且介质无毒的场合。平面型密封面见图 5-12。

表 5-1 法兰分类及参数

类型	平焊法兰		对焊法兰
	甲型	乙型	长颈
标准号	NB/T 47021	NB/T 47022	NB/T 47023
简图			

续表

公称直径 DN/mm	公称压力 PN/MPa															
	0.25	0.6	1.0	1.6	0.25	0.6	1.0	1.6	2.5	4.0	0.6	1.0	1.6	2.5	4.0	6.4
300	按 PN 1.0															
350																
400																
450																
500	按 PN 0.6															
550																
600																
650																
700																
800																
900																
1000																
1100																
1200																
1300																
1400																
1500																
1600																
1700																
1800																
1900																
2000																
2200					按 PN 0.6											
2400																
2600																
2800																
3000																

表 5-2 甲型、乙型法兰适用材料及最大允许工作压力

公称压力 PN/MPa	法兰材料		工作温度/℃				备注
			>−20～200	250	300	350	
0.25	板材	Q235B	0.16	0.15	0.14	0.13	工作温度下限 20℃
		Q235C	0.18	0.17	0.15	0.14	
		Q245R	0.19	0.17	0.15	0.14	
		Q345R	0.25	0.24	0.21	0.20	
	锻件	20	0.19	0.17	0.15	0.14	工作温度下限 0℃
		16Mn	0.26	0.24	0.22	0.21	
		20MnMo	0.27	0.27	0.26	0.23	
0.60	板材	Q235B	0.40	0.36	0.33	0.30	工作温度下限 20℃
		Q235C	0.44	0.40	0.37	0.33	
		Q245R	0.45	0.40	0.36	0.34	
		Q345R	0.60	0.57	0.51	0.49	
	锻件	20	0.45	0.40	0.36	0.34	工作温度下限 0℃
		16Mn	0.61	0.59	0.53	0.50	
		20MnMo	0.65	0.64	0.63	0.60	

续表

公称压力 PN/MPa	法兰材料		工作温度/℃				备注
			>-20～200	250	300	350	
1.00	板材	Q235B	0.66	0.61	0.55	0.50	工作温度下限 20℃
		Q235C	0.73	0.67	0.61	0.55	
		Q245R	0.74	0.67	0.60	0.56	
		Q345R	1.00	0.95	0.86	0.82	
	锻件	20	0.74	0.67	0.60	0.56	工作温度下限 0℃
		16Mn	1.02	0.98	0.88	0.83	
		20MnMo	1.09	1.07	1.05	1.00	
1.60	板材	Q235B	1.06	0.97	0.89	0.80	工作温度下限 20℃
		Q235C	1.17	1.08	0.98	0.89	
		Q245R	1.19	1.08	0.96	0.90	
		Q345R	1.60	1.53	1.37	1.31	
	锻件	20	1.19	1.08	0.96	0.90	工作温度下限 0℃
		16Mn	1.64	1.56	1.41	1.33	
		20MnMo	1.74	1.72	1.68	1.60	
2.50	板材	Q235C	1.83	1.68	1.53	1.38	
		Q245R	1.86	1.69	1.50	1.40	
		Q345R	2.50	2.39	2.14	2.05	工作温度下限 0℃
	锻件	20	1.86	1.69	1.50	1.40	DN<1400mm
		16Mn	2.56	2.44	2.20	2.08	DN≥1400mm
		20MnMo	2.92	2.86	2.82	2.73	
		20MnMo	2.67	2.63	2.59	2.50	
4.00	板材	Q245R	2.97	2.70	2.39	2.24	
		Q345R	4.00	3.82	3.42	3.27	
	锻件	20	2.97	2.70	2.39	2.24	DN<1500mm
		16Mn	4.09	3.91	3.52	3.33	DN≥1500mm
		20MnMo	4.64	4.56	4.51	4.36	
		20MnMo	4.27	4.20	4.14	4.00	

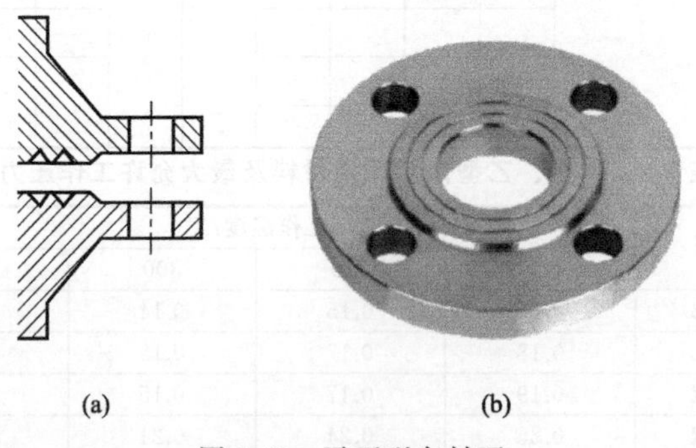

图 5-12 平面型密封面

(2) 凹凸型密封面

该密封面由一个凹面和一个凸面组成，在凹面上放置垫圈，压紧时由于凹面外侧有挡台，垫圈不会挤出来，垫片便于对中，但宽度较大，需要较大的螺栓预紧力。凹凸型密封面见图 5-13。

(3) 榫槽型密封面

该密封面由一个榫和一个槽所组成，垫片放在槽内，这种密封面采用缠绕式或金属包垫片，容易获得良好的密封效果。其适用于密封易燃、易爆、有毒介质。该密封面的凸面部分

(a)

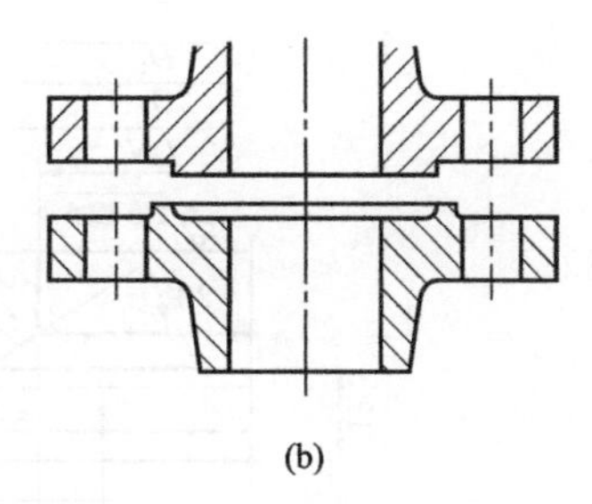
(b)

图 5-13　凹凸型密封面

容易碰坏，运输与拆装时都应注意。榫槽型密封面见图 5-14。

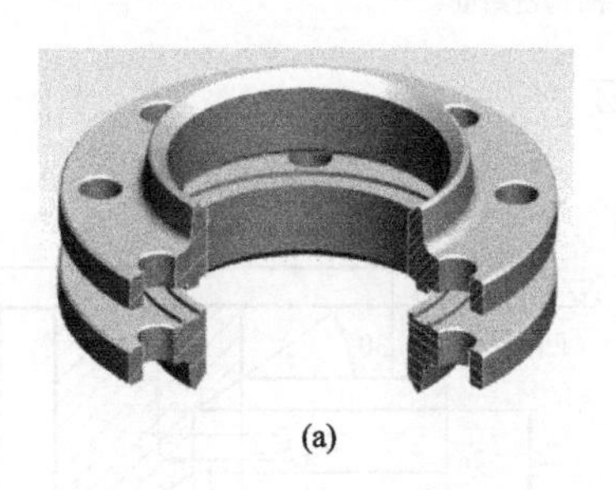
(a)

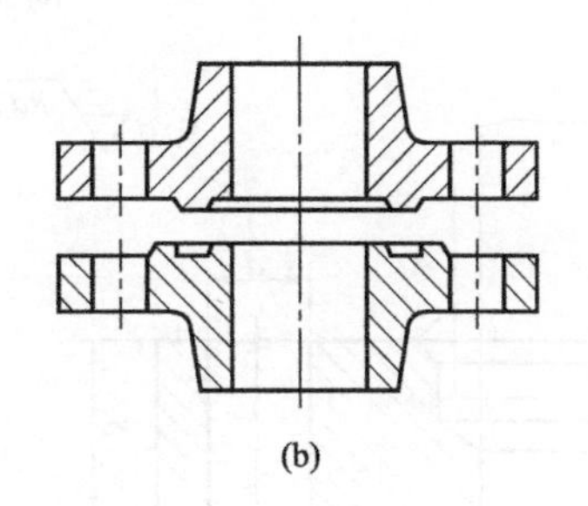
(b)

图 5-14　榫槽型密封面

甲型平焊法兰有平面型与凹凸型密封面，乙型平焊法兰与长颈对焊法兰则有上述三种密封面。密封垫片有上述三种：非金属软垫片、缠绕垫片、金属包垫片。非金属软垫片适用于温度低于 35℃场合的平面型密封面和凹凸型密封面。缠绕垫片和金属包垫片适用于乙型平焊法兰和长颈对焊法兰的各种密封面。压力容器法兰密封面形式及代号见表 5-3。

表 5-3　压力容器法兰密封面形式及代号

法兰类别		法兰标准号
甲型平焊法兰		NB/T 47021—2012
乙型平焊法兰		NB/T 47022—2012
长颈对焊法兰		NB/T 47023—2012
密封面形式		代号
平面型密封面		RF
凹凸型密封面	凹密封面	FM
	凸密封面	M
榫槽型密封面	榫密封面	T
	槽密封面	G

3. 压力容器法兰的尺寸系列

压力容器法兰的尺寸是在规定设计温度为 200℃，法兰材料为 Q345 或 16Mn，根据不同类型的法兰，确定了垫片的形式、材质、尺寸和螺柱材料的基础上，按照不同的公称直径和公称压力，通过多种方案的比较计算得到的。甲型平焊法兰、乙型平焊法兰和长颈对焊法兰的尺寸见图 5-15～图 5-17。甲型、乙型平焊法兰的结构形式及系列尺寸见表 5-4、表 5-5。

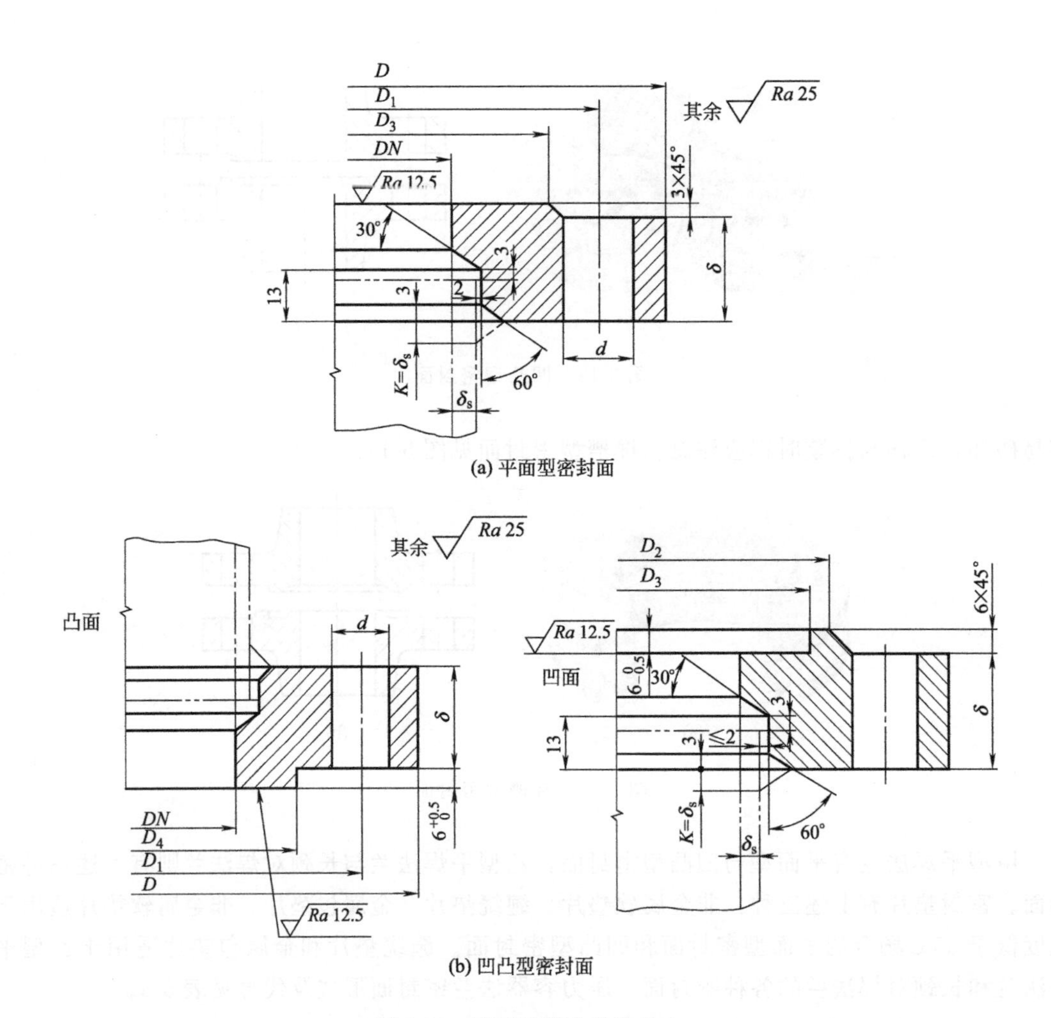

(a) 平面型密封面

(b) 凹凸型密封面

图 5-15 甲型平焊法兰的尺寸

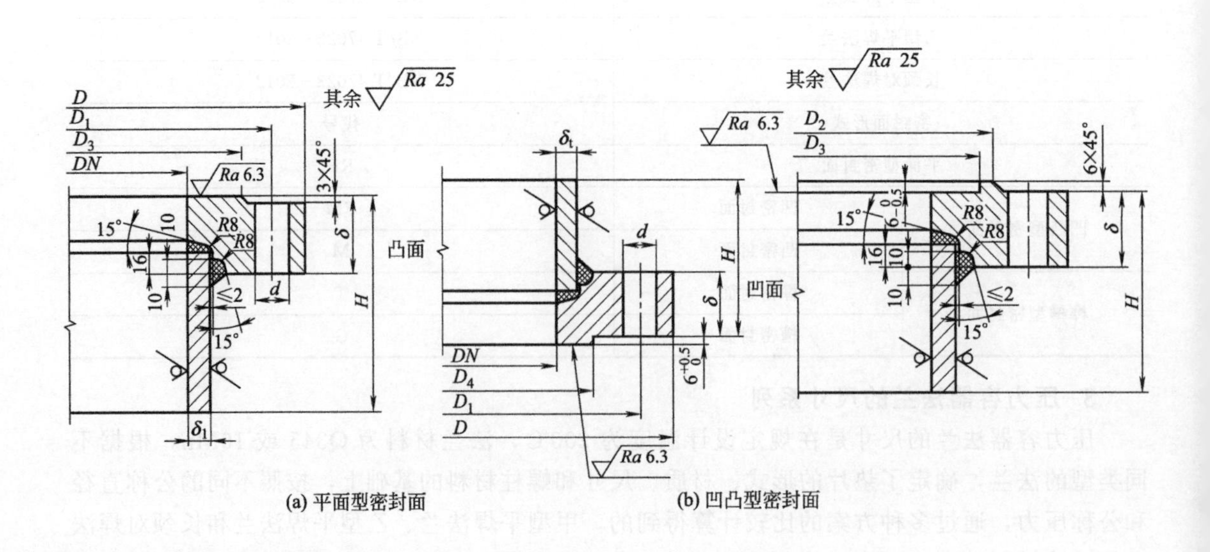

(a) 平面型密封面

(b) 凹凸型密封面

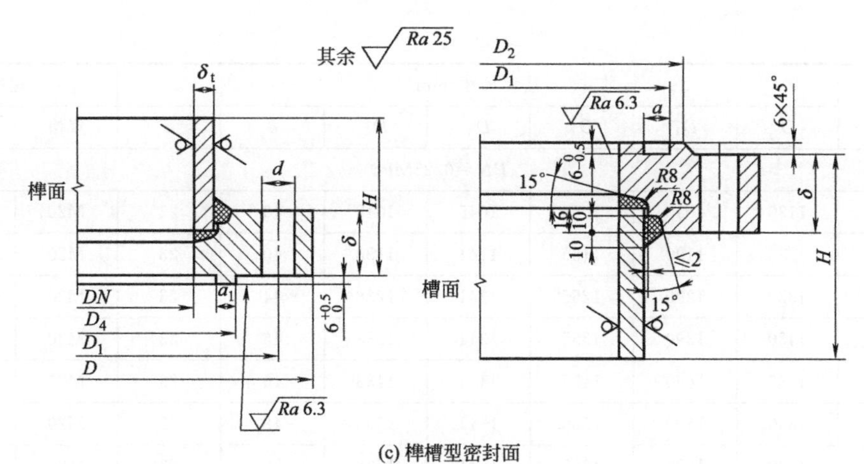

(c) 榫槽型密封面

图 5-16　乙型平焊法兰的尺寸

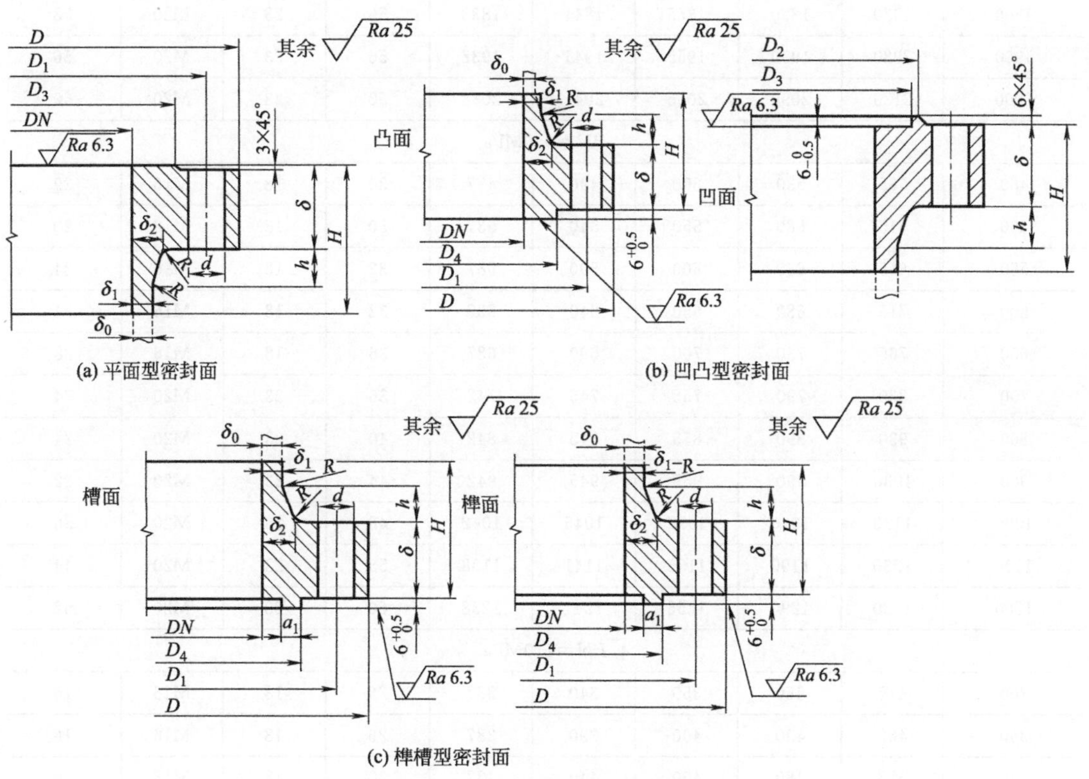

图 5-17　长颈对焊法兰的尺寸

表 5-4　甲型平焊法兰的结构形式及系列尺寸

公称直径 DN/mm	法兰尺寸/mm							螺柱	
	D	D_1	D_2	D_3	D_4	δ	d	规格	数量
$PN=0.25$MPa									
700	815	780	750	740	737	36	18	M16	28
800	915	880	850	840	837	36	18	M16	32
900	1015	980	950	940	937	40	18	M16	36

续表

公称直径 DN/mm	法兰尺寸/mm							螺柱	
	D	D_1	D_2	D_3	D_4	δ	d	规格	数量
PN=0.25MPa									
1000	1130	1090	1055	1045	1042	40	23	M20	32
1100	1230	1190	1155	1141	1138	40	23	M20	32
1200	1330	1290	1255	1241	1238	44	23	M20	36
1300	1430	1390	1355	1341	1338	46	23	M20	40
1400	1530	1490	1455	1441	1438	46	23	M20	40
1500	1630	1590	1555	1541	1538	48	23	M20	44
1600	1730	1690	1655	1641	1638	50	23	M20	48
1700	1830	1790	1755	1741	1738	52	23	M20	52
1800	1930	1890	1855	1841	1838	56	23	M20	52
1900	2030	1990	1955	1941	1938	56	23	M20	56
2000	2130	2090	2055	2041	2038	60	23	M20	60
PN=0.6MPa									
450	565	530	500	490	487	30	18	M16	29
500	615	580	550	540	537	30	18	M16	20
550	665	630	600	590	587	32	18	M16	24
600	715	680	650	640	637	32	18	M16	24
650	765	730	700	690	687	36	18	M16	28
700	830	790	755	745	742	36	23	M20	24
800	930	890	855	845	842	40	23	M20	24
900	1030	990	955	945	942	44	23	M20	32
1000	1130	1090	1055	1045	1042	48	23	M20	36
1100	1230	1190	1155	1141	1138	55	23	M20	44
1200	1330	1290	1255	1241	1238	60	23	M20	52
PN=1.0MPa									
300	415	380	350	340	337	26	18	M16	16
350	465	430	400	390	387	26	18	M16	16
400	515	480	450	440	437	30	18	M16	20
450	565	530	500	490	487	34	18	M16	24
500	630	590	555	545	542	34	23	M20	20
550	680	640	605	595	592	38	23	M20	24
600	730	690	655	645	642	40	23	M20	24
650	780	740	705	695	692	44	23	M20	28
700	830	790	755	745	742	46	23	M20	32
800	930	890	855	845	842	54	23	M20	40
900	1030	990	955	945	942	60	23	M20	48

续表

公称直径 DN/mm	法兰尺寸/mm							螺柱	
	D	D_1	D_2	D_3	D_4	δ	d	规格	数量
PN=1.6MPa									
300	430	390	355	345	342	30	23	M20	16
350	480	440	405	395	392	32	23	M20	16
400	530	490	455	445	442	36	23	M20	20
450	580	540	505	495	492	40	23	M20	24
500	630	590	555	545	542	44	23	M20	28
550	680	640	605	595	592	50	23	M20	36
600	730	690	655	645	642	54	23	M20	40
650	780	740	705	695	692	58	23	M20	44

表 5-5 乙型平焊法兰的结构形式及系列尺寸

公称直径 DN/mm	法兰尺寸/mm											螺柱	
	D	D_1	D_2	D_3	D_4	δ	H	δ_1	a	a_1	d	规格	数量
PN=0.25MPa													
2600	2760	2715	2676	2656	2653	96	345	16	21	18	27	M24	72
2800	2960	1915	2876	2856	2853	102	350	16	21	18	27	M24	80
3000	3160	3115	3076	3056	3053	104	355	16	21	18	27	M24	84
PN=0.6MPa													
1300	1460	1415	1376	1356	1353	70	270	16	21	18	27	M24	36
1400	1560	1515	1476	1456	1453	72	270	16	21	18	27	M24	40
1500	1660	1615	1576	1556	1553	74	270	16	21	18	27	M24	40
1600	1760	1715	1676	1656	1653	76	275	16	21	18	27	M24	44
1700	1860	1815	1776	1756	1753	78	280	16	21	18	27	M24	48
1800	1960	1915	1876	1856	1853	80	280	16	21	18	27	M24	52
1900	2060	2015	1976	1956	1953	84	285	16	21	18	27	M24	56
2000	2160	2115	2076	2056	2053	87	285	16	21	18	27	M24	60
2200	2360	2315	2276	2256	2253	90	340	16	21	18	27	M24	64
2400	2560	2515	2476	2456	2453	92	340	16	21	18	27	M24	68
PN=1.0MPa													
1000	1140	1100	1065	1055	1052	62	260	12	21	18	27	M24	40
1100	1260	1215	1176	1156	1153	64	265	16	21	18	27	M24	32
1200	1360	1315	1276	1256	1253	66	265	16	21	18	27	M24	36
1300	1460	1415	1376	1356	1353	70	270	16	21	18	27	M24	40
1400	1560	1515	1476	1456	1453	74	275	16	21	18	27	M24	44
1500	1660	1615	1576	1556	1553	78	275	16	21	18	27	M24	48
1600	1760	1715	1676	1656	1653	82	280	16	21	18	27	M24	52
1700	1860	1815	1776	1756	1753	88	280	16	21	18	27	M24	56
1800	1960	1915	1876	1856	1853	94	290	16	21	18	27	M24	60

续表

公称直径 DN/mm	法兰尺寸/mm											螺柱	
	D	D_1	D_2	D_3	D_4	δ	H	δ_1	a	a_1	d	规格	数量
PN=1.6MPa													
700	860	815	776	766	763	46	200	16	21	18	27	M24	24
800	960	915	876	866	863	48	200	16	21	18	27	M24	24
900	1060	925	976	966	963	56	205	16	21	18	27	M24	28
1000	1160	1115	1076	1066	1063	66	260	16	21	18	27	M24	32
1100	1260	1215	1176	1156	1153	76	270	16	21	18	27	M24	36
1200	1360	1315	1276	1256	1253	85	280	16	21	18	27	M24	40
1300	1460	1415	1376	1356	1353	94	290	16	21	18	27	M24	44
1400	1560	1515	1476	1456	1453	105	295	16	21	18	27	M24	52
PN=2.5MPa													
300	460	415	376	366	363	42	190	16	21	18	27	M24	16
350	510	465	426	416	413	44	190	16	21	18	27	M24	16
400	560	515	476	466	463	50	200	16	21	18	27	M24	20
450	610	565	526	516	513	61	205	16	21	18	27	M24	20
500	660	615	576	566	563	68	210	16	21	18	27	M24	20
550	710	665	626	616	613	75	220	16	21	18	27	M24	20
600	760	715	676	666	663	81	225	16	21	18	27	M24	24
650	810	765	726	716	713	60	205	16	21	18	27	M24	24
700	860	815	776	766	763	66	210	16	21	18	27	M24	28
800	960	915	876	866	863	77	220	16	21	18	27	M24	32
PN=4.0MPa													
300	460	415	376	366	363	42	190	16	21	18	27	M24	16
350	510	465	426	416	413	44	190	16	21	18	27	M24	16
400	560	515	476	466	463	50	200	16	21	18	27	M24	20
450	610	565	526	516	513	61	205	16	21	18	27	M24	20
500	660	615	576	566	563	68	210	16	21	18	27	M24	24
550	710	665	626	616	613	75	220	16	21	18	27	M24	28
600	760	715	676	666	663	81	225	16	21	18	27	M24	32

4. 标准压力容器法兰的选用和标记

当需要一台压力容器的筒体或封头选配标准法兰时，可按下述步骤进行：

① 根据压力容器的内径（即法兰公称直径）和设计压力，查表 5-1 初步选定法兰的结构形式。

② 根据容器的设计压力、设计温度和准备采用的法兰材料，查表 5-2 确定法兰的公称压力。

③ 根据确定的法兰的公称直径和公称压力，再查表 5-1，验证初步选定的法兰是否合适，不合适则重选。

④ 根据确定的公称压力和公称直径及法兰类型，由表 5-4 和表 5-5 查出相应的尺寸。

压力容器法兰选定后，应在图样上予以标记，标记由以下 7 部分组成：

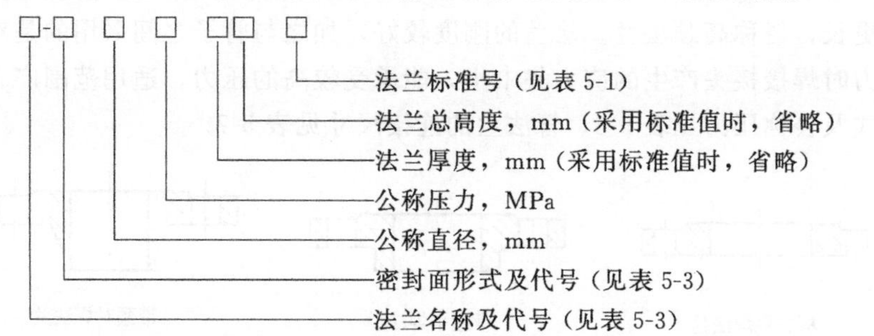

【例题 5-1】 某填料塔内径为 600mm，设计压力为 1.65MPa，设计温度为 40℃，筒体及法兰材料为 Q345（曾用牌号 16MnR），若两筒节为法兰连接，试为该填料塔选择标准法兰。

解 （1）初步选定法兰类型

根据 $DN=600$mm，设计压力为 1.65MPa，查表 5-1 初步选取乙型平焊法兰。

（2）选定法兰公称压力

根据法兰材料、容器设计压力及操作温度，查表 5-2 可知公称压力为 2.5MPa，法兰材料为 Q345R 的乙型平焊法兰在操作温度为 40℃时的最大允许工作压力为 2.5MPa，适合该填料塔使用。

（3）验证初步选取的法兰的公称压力和设备内径（即法兰的公称直径），再查表 5-1 可知初步选取的乙型平焊法兰满足要求。

（4）选择密封面

根据本节的相关知识选择凹凸型密封面。

（5）查出相应尺寸

由表 5-5 查取，法兰各部分的尺寸为：

法兰外径　$D=760$mm

螺栓孔中心圆直径　$D_1=715$mm

凹面密封面外径　$D_2=676$mm

凹面密封面内径　$D_3=666$mm

凸面密封面外径　$D_4=663$mm

法兰盘厚度　$\delta=81$mm

短节高　$H=225$mm

短节厚度　$\delta_1=16$mm

螺栓孔直径　27mm

螺栓数量　24 个

螺纹　M24

（6）写出法兰标记，即法兰-MFM 600 2.5 NB/T 4702—2012。

五、管法兰

1. 管法兰的种类、结构及密封面形式

标准管法兰的种类众多，常用的有板式平焊法兰、带颈平焊法兰、带颈对焊法兰三种类型，如图 5-18 所示。板式平焊法兰直接与钢管焊接，在操作时，法兰盘会产生变形，使法

兰盘产生弯曲应力，也给管壁附加了弯曲应力。带颈平焊法兰由于增加了一厚壁的短节法兰颈，因此可以增加法兰刚度，能承受附加给管壁的弯曲应力，大大减少了法兰变形。带颈对焊法兰的颈更长，俗称高颈法兰。法兰的刚度较好，加之与管子之间采用的是对焊连接，便于施焊，受力时焊接接头产生的应力集中小，能承受较高的压力，适用范围广。常用管法兰的密封面形式及公称压力见表 5-6，管法兰的连接尺寸见表 5-7。

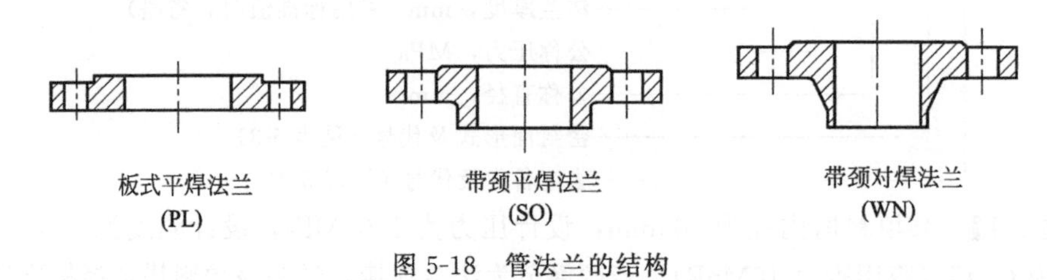

图 5-18 管法兰的结构

表 5-6 管法兰的密封面形式及公称压力 单位：mm

<table>
<tr><th rowspan="2">法兰类型</th><th rowspan="2">密封面形式</th><th colspan="9">公称压力 PN/bar</th></tr>
<tr><th>2.5</th><th>6</th><th>10</th><th>16</th><th>25</th><th>40</th><th>63</th><th>100</th><th>160</th></tr>
<tr><td rowspan="2">板式平焊法兰(PL)</td><td>凸面(RF)</td><td>DN10～2000</td><td colspan="5">DN10～600</td><td colspan="3">—</td></tr>
<tr><td>全平面(FF)</td><td>DN10～2000</td><td colspan="3">DN10～600</td><td colspan="5">—</td></tr>
<tr><td rowspan="4">带颈平焊法兰(SO)</td><td>突面(RF)</td><td>—</td><td>DN10～300</td><td colspan="4">DN10～600</td><td colspan="3">—</td></tr>
<tr><td>凹面(FM)
凸面(M)</td><td colspan="2">—</td><td colspan="4">DN10～600</td><td colspan="3">—</td></tr>
<tr><td>榫面(T)
槽面(G)</td><td colspan="2">—</td><td colspan="4">DN10～600</td><td colspan="3">—</td></tr>
<tr><td>全平面(FF)</td><td>—</td><td>DN10～300</td><td colspan="2">DN10～600</td><td colspan="5">—</td></tr>
<tr><td rowspan="4">带颈对焊法兰(WN)</td><td>突面(RF)</td><td colspan="2">—</td><td colspan="2">DN10～2000</td><td colspan="2">DN10～600</td><td>DN10～400</td><td>DN10～350</td><td>DN10～300</td></tr>
<tr><td>凹面(FM)
凸面(M)</td><td colspan="2">—</td><td colspan="4">DN10～600</td><td>DN10～400</td><td>DN10～350</td><td>DN10～300</td></tr>
<tr><td>榫面(T)
槽面(G)</td><td colspan="2">—</td><td colspan="4">DN10～600</td><td>DN10～400</td><td>DN10～350</td><td>DN10～300</td></tr>
<tr><td>全平面(FF)</td><td colspan="2">—</td><td colspan="2">DN10～2000</td><td colspan="5">—</td></tr>
</table>

2. 管法兰的密封面形式

管法兰密封面形式有突面、凹凸面、全平面、榫槽面和环连接面五种。前四种为常用的密封面，其结构如图 5-19 所示。突面和全平面密封的垫圈没有定位挡台，密封效果差；凹凸型和榫槽型的垫圈放在凹面或槽内，不容易被挤出，密封效果有较大改进。

适用于板式平焊法兰的密封面有突面和全平面。适用于带颈平焊法兰的密封面则有突面、凹凸面、榫槽面和全平面四种。带颈对焊法兰的密封面则五种均适用。

3. 管法兰标准及选用

国际通用的管法兰标准有两大体系，即以德国为代表的欧洲法兰体系和以美国为代表的美洲体系。中国广泛采用的管法兰标准有 HG/T 20592～20635—2009《钢制管法兰．垫片．紧固件》。HG 标准包含了欧洲和美洲两大体系，内容完整，体系清晰，适合中国国情，以

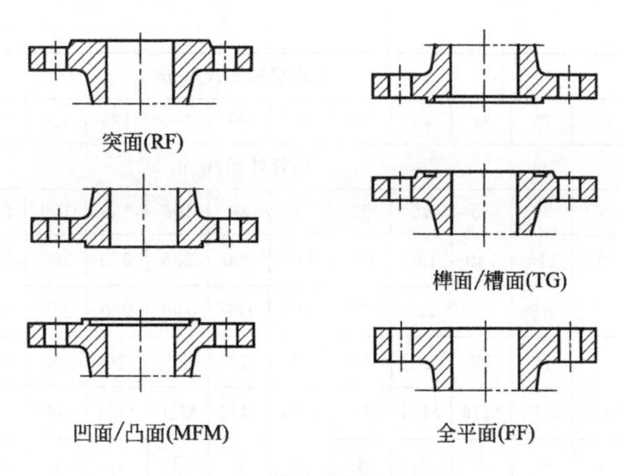

图 5-19 管法兰密封面形式

下重点介绍准。

(1) 管法兰的连接尺寸

标准钢制管法兰与配用的钢管外径系列密切相关，目前中国使用两套配管用的外径系列，一套是国际通用的钢管外径系列，通称“英制管”；另一套是中国广泛使用的钢管外径，通称为“公制管”。两种管子的外径和壁厚系列参见有关技术手册。

管法兰的结构尺寸及连接尺寸可查管法兰标准。由于篇幅所限，本书只列出了管法兰的连接尺寸（见表 5-7)，未列出它的结构尺寸。表 5-7 中所列出的钢管外径为公制管系列。

表 5-7 管法兰的连接尺寸（摘自 HG/T 20592～20635—2009）

公称压力 PN/bar		公称直径 DN/mm																
		10	15	20	25	32	40	50	65	80	100	125	150	200	250	300	350	400
		钢管外径/mm																
		14	18	25	32	38	45	57	76	89	108	133	159	219	273	325	377	426
6	D	75	80	90	100	120	130	140	160	190	210	240	265	320	375	440		
	K	50	55	65	75	90	100	110	130	150	170	200	225	280	335	395		
	L	11	11	11	11	14	14	14	14	18	18	18	18	18	18	22		
	T_h	M10	M10	M10	M10	M12	M12	M12	M12	M16	M16	M16	M16	M16	M16	M20		
	n	4	4	4	4	4	4	4	4	4	4	8	8	8	12	12		
10	D	90	95	105	115	140	150	165	185	200	220	250	285	340	395	445	505	565
	K	60	65	75	85	100	110	125	145	160	180	210	240	295	350	400	460	515
	L	14	14	14	14	18	18	18	18	18	20	20	22	22	22	22	22	26
	T_h	M12	M12	M12	M12	M16	M16	M16	M12	M12	M12	M12	M16	M20	M20	M20	M20	M24
	n	4	4	4	4	4	4	8	8	8	8	8	8	8	12	12	16	16
16	D	90	95	105	115	140	150	165	185	200	220	250	285	340	405	460	520	580
	K	60	65	75	85	100	110	125	145	160	180	210	240	295	355	410	470	525
	L	14	14	14	14	18	18	18	18	18	18	18	22	22	26	26	26	30
	T_h	M12	M12	M12	M12	M16	M16	M16	M16	M16	M16	M16	M20	M20	M24	M24	M24	M27
	n	4	4	4	4	4	4	4	8	8	8	8	8	12	12	12	16	16

续表

公称压力 PN/bar		公称直径 DN/mm																
		10	15	20	25	32	40	50	65	80	100	125	150	200	250	300	350	400
		钢管外径/mm																
		14	18	25	32	38	45	57	76	89	108	133	159	219	273	325	377	426
25	D	90	95	105	115	140	150	165	185	200	235	270	300	360	425	486	555	620
	K	60	65	75	85	100	110	125	145	160	190	220	250	310	370	430	490	550
	L	14	14	14	14	18	18	18	18	18	22	26	26	26	30	30	33	36
	T_h	M12	M12	M12	M12	M16	M16	M16	M16	M16	M20	M24	M24	M24	M27	M27	M30	M33
	n	4	4	4	4	4	4	4	8	8	8	8	8	12	12	16	16	16
40	D	90	95	105	115	140	150	165	185	200	235	270	300	375	450	515	580	660
	K	60	65	75	85	100	110	125	145	160	190	220	250	320	385	450	510	585
	L	14	14	14	14	18	18	18	18	18	22	26	26	30	33	33	36	39
	T_h	M12	M12	M12	M12	M16	M16	M16	M16	M16	M20	M24	M24	M27	M30	M30	M33	M36×3
	n	4	4	4	4	4	4	4	8	8	8	8	8	12	12	16	16	16

注：1bar＝10^5Pa。

(2) 管法兰及其允许的最大工作压力

在管法兰中，除了板式平焊法兰可有条件采用钢板外，一般应采用锻件。法兰材料尽量与管子一致，法兰盖材料可用Q245R、Q345R、15CrMoR以及各种不锈钢板。

确定了管法兰材料和工作温度以后，应根据管道的设计压力不得高于设计温度下法兰允许的最大工作压力的原则，按表5-8确定所选法兰的公称压力级别，再从相应的标准中查取法兰的具体尺寸。因此，表5-8是选用管法兰必不可少的。

表5-8 管法兰在不同温度下的最大允许工作压力（摘自HG/T 20592～20635—2009）

公称压力/bar	法兰材质	工作温度/℃										
		20	50	100	150	200	250	300	350	375	400	425
		最大允许工作压力/bar										
2.5	20	2.3	2.2	2.0	2.0	1.9	1.8	1.7	1.6	1.6	1.4	1.2
6		5.5	5.4	5.0	4.8	4.7	4.5	4.1	4.0	3.9	3.5	3.0
10		9.1	9.0	8.3	8.1	7.9	7.5	6.9	6.6	6.5	5.9	5.0
16		14.7	14.4	13.4	13.0	12.6	12.0	11.2	10.7	10.5	9.4	8.0
25		23.0	22.5	20.9	20.4	19.7	18.8	17.5	16.7	16.5	14.8	12.6
2.5	Q345R	2.5	2.5	2.5	2.5	2.5	2.5	2.3	2.2	2.1	1.6	1.4
6		6.0	6.0	6.0	6.0	6.0	6.0	5.5	5.3	5.1	4.0	3.3
10		10.0	10.0	10.0	10.0	10.0	10.0	9.3	8.8	8.5	6.7	5.5
16		16.0	16.0	16.0	16.0	16.0	16.0	14.9	14.2	13.7	10.8	8.9
25		25.0	25.0	25.0	25.0	25.0	25.0	23.3	22.2	21.4	16.9	14.0

续表

公称压力/bar	法兰材质	工作温度/℃										
		20	50	100	150	200	250	300	350	375	400	425
		最大允许工作压力/bar										
2.5		2.3	2.2	1.8	1.7	1.6	1.5	1.4	1.3	1.3	1.3	1.3
6		5.5	5.3	4.5	4.1	3.8	3.6	3.4	3.2	3.2	3.1	3.0
10	0Cr18Ni9	9.1	8.8	7.5	6.8	6.3	6.0	5.6	5.4	5.4	5.2	5.1
16		14.7	14.2	12.1	11.0	10.2	9.6	9.0	8.7	8.6	8.4	8.2
25		23.0	22.1	18.9	17.2	16.0	16.0	15.0	14.2	13.7	13.5	13.2
2.5		2.5	2.5	2.4	2.3	2.3	2.1	2.0	1.9	1.8	1.5	1.3
6		6.0	6.0	5.8	5.7	5.5	5.2	4.8	4.6	4.5	3.8	3.1
10	16MnDR	10.0	10.0	9.7	9.4	9.2	8.7	8.1	7.7	7.5	6.3	5.3
16		16.0	16.0	15.6	15.2	14.7	14.0	13.0	12.4	12.1	10.1	8.4
25		25.0	25.0	24.4	23.7	23.0	21.9	20.4	19.4	18.8	15.9	13.3

(3) 标准管法兰的选用和标记

管法兰的选用主要是根据工作压力、工作温度和介质特性，同时注意与之相连的设备、机器的接管和阀门、管件的连接方式和公称直径。选用标准管法兰的方法与选用压力容器法兰十分类似，具体按以下步骤进行。

① 按照“管法兰与相连接的管子应具有相同公称直径”的原则选取管法兰的公称直径。

② 选定管法兰的材质，并按“同设备的主体、接管、管法兰设计压力相同”的原则，确定管法兰的设计压力。

③ 选定管法兰的材质和工作温度，以及根据“管道的设计压力不得高于设计温度下法兰允许的最大工作压力”的原则查表5-8确定管法兰的公称压力。

④ 根据公称压力和公称直径，查表5-6确定法兰及密封面形式。

⑤ 查管法兰标准得到相关尺寸。

压力容器法兰选定后，应在图样上予以标记，标记由以下部分组成：

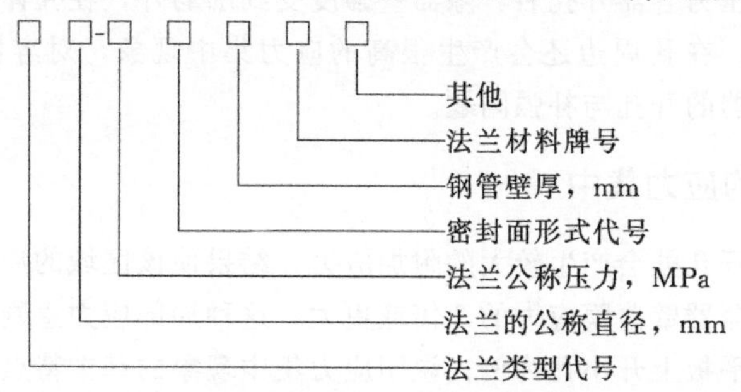

例如，钢管公称直径100mm，壁厚4mm，公称压力$PN=10$MPa，配用板式平焊法兰，突面密封，法兰材料为20钢，其标记为：

HG/T 20952—2009　法兰 PL100-10　RF　$S=4$mm　20

【例题5-2】 某填料塔内径为600mm，设计压力为1.65MPa，设计温度为40℃，筒体材料为Q345R，下方有一物料出口管，管子材料为20钢，管子的规格为ϕ159mm×6mm，试选择一接管法兰。

解　(1) 确定管法兰公称直径　查表 5-7 可知，管子的外径为 159mm 时，其公称直径为 150mm。按照管法兰与管子应具有相同公称直径的原则，法兰的 DN 为 150mm。

(2) 确定管法兰的公称压力　根据管子材料选择法兰材料为 20 锻件。管道设计压力为 1.65MPa，根据管道的实际压力不得高于设计温度下管法兰的最大允许工作压力的原则，查表 5-8，可选择公称压力为 25bar 的公制管法兰。

(3) 选择管法兰及密封面形式　根据法兰的公称直径和公称压力查表 5-6 可知，合适的法兰为带颈平焊法兰，合适的密封面形式为突面或凹面密封面。

(4) 查取相关尺寸

查表 5-7 得法兰的连接尺寸为：

法兰盘外径　　$D=300$mm

螺栓孔中心圆直径　　$K=250$mm

螺栓孔直径　　$L=26$mm

螺栓孔数量　　$n=8$

螺纹公称直径　　$T_h=24$mm

法兰的几何尺寸可查带颈平焊法兰标准 HG/T 20952—2009（本书未列出法兰的尺寸表）。

(5) 法兰标记

带颈平焊法兰、凹面密封标记为：

HG/T 20592—2009　法兰　SO150-25　M　20

带颈平焊法兰、突面密封标记为：

HG/T 20592—2009　法兰　SO150-25　RF　20

第二节　开孔与补强

由于工艺或结构需要，常常在设备或容器上开孔并安装接管，如人孔、手孔、装卸料口和介质的出入口等。压力容器开孔后，除器壁强度受到削弱外，在壳体和接管连接处，因结构的连续性遭到破坏，在孔周边还会产生很高的应力集中现象，对容器的安全操作带来隐患，因此需要考虑容器的开孔与补强问题。

一、开孔附近的应力集中

容器开孔后，在开孔处会产生较大的附加应力，结果使该区域的局部应力达到较高的数值，甚至可以达到容器器壁薄膜应力的 3 倍或更大，这种局部应力急剧增长的现象称为应力集中。现以单向受拉平板上开小孔为例，说明应力集中现象的基本特点。

图 5-20 所示为一单向受拉的矩形薄板，设薄板的尺寸很大，在板中央开设有半径为 R 的小孔，当在板的两个侧面作用有均匀拉力 q 时，板的各横截面内将产生拉应力 σ，如图 5-20 (a)所示。如果横截面远离小孔（如 $a—a$ 截面），该截面上各点的应力将均匀分布且 $\sigma=q$；如果横截面穿过小孔（如 $b—b$ 截面），孔边的应力就会急剧增长，大约为 3σ。但离开小孔边缘后，应力又会迅速衰减，各点的应力又趋于均匀分布且 $\sigma=q$，如图 5-20 (b)所示。

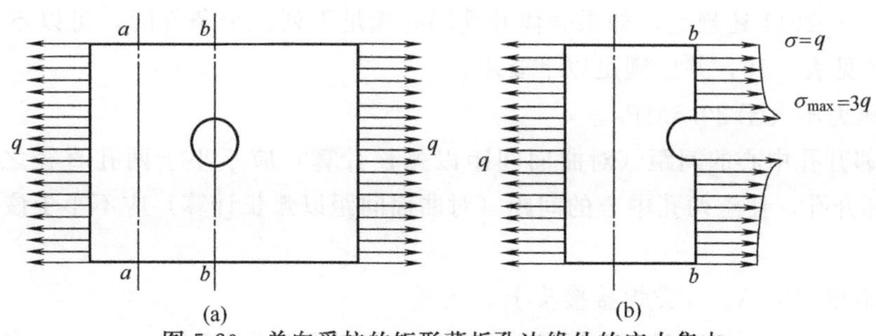

图 5-20　单向受拉的矩形薄板孔边缘处的应力集中

在工程中，为了表示应力集中的程度，引入了应力集中系数 K，K 等于开孔边缘处的最大应力与不开孔的横截面上的应力之比值，即

$$K=\sigma_{\max}/\sigma \tag{5-1}$$

式中　$\sigma_{\max}$——开孔边缘处的最大应力；

σ——不开孔的横截面上的应力。

应力集中会影响压力容器的安全，因此，需要尽量降低应力集中。通过简单分析，孔周围的应力集中现象有如下特点。

① 开孔附近的应力集中具有局部性，其作用范围极为有限。

② 开孔孔径的相对尺寸 d/D 越大，应力集中系数越大，所以开孔不宜过大。

③ 被开孔壳体的 δ/D 越小，应力集中系数越大；将开孔四周壳体厚度增大，则可以明显地降低应力集中系数。

④ 增大接管壁厚也可以降低应力集中系数，因此可以用增厚的接管来缓解应力集中程度。

在球壳上开孔，应力集中程度较圆筒上开孔低，因此，在椭球封头上开孔优于在筒体上开孔。

二、对压力容器开孔的限制

综上所述，压力容器开孔后会引起应力集中，从而削弱容器强度。为降低开孔附近的应力集中，必须采取适当的补强措施。根据国家标准 GB/T 150—2011《压力容器》规定，按等面积补强准则进行补强时，开孔尺寸会有一定的限制（见表 5-9）。若开孔直径超出表 5-9 中的范围，应按特殊开孔处理。

表 5-9　压力容器开孔尺寸的限制

开孔部位	允许开孔孔径
筒体	$D_i\leqslant1500$mm 时，$d\leqslant\frac{1}{2}D_i$，且$\leqslant520$mm $D_i>1500$mm 时，$d\leqslant\frac{1}{3}D_i$，且$\leqslant1500$mm
凸形封头、球壳	$d\leqslant\frac{1}{2}D_i$，开孔位于封头中心 80%D_i范围内
锥壳(或锥形封头)	$d\leqslant\frac{1}{3}D_k$（D_k为开孔中心处锥壳内直径）

注：D_i——壳体内直径；d——考虑腐蚀后的开孔直径，对于椭圆形或长圆形开孔指长轴直径。

GB/T 150—2011 还规定，如果壳体开孔同时满足下列三个条件时，可以不需另行补强的最大孔直径见表 5-10，并应满足以下要求：

a. 设计压力不大于 20.5MPa。

b. 两相邻开孔中心的间距（对曲面间距以弧长计算）应不小于两孔直径之和；对于 3 个或以上相邻开孔，任意两孔中心的间距（对曲面间距以弧长计算）应不小于该孔直径之和的 2.5 倍。

c. 开孔不得位于 A、B 类焊接接头上。

表 5-10 不需另行补强的最大孔直径及其最小壁厚 单位：mm

最大孔直径	25	32	38	45	48	57	65	76	89
最小壁厚	≥3.5			≥4.0		≥5.0		≥6.0	

注：1. 钢材的标准抗拉强度下限值 $R_m \geq 540$MPa 时，接管与壳体的连接宜采用全焊透结构形式。

2. 表中接管的腐蚀裕量为 1mm，需要加大腐蚀裕量时，应增加厚度。

此外，开孔还应注意满足下列要求。

① 尽量不在焊缝上开孔。如果必须在焊缝上开孔时，则在以开孔中心为圆心，以 1.5 倍开孔直径为半径的圆中所包含的焊缝，必须进行 100% 的无损探伤。

② 在椭圆形或碟形封头过渡部分开孔时，其孔的中心线应垂直于封头表面。

三、补强结构

为了保证压力容器在开孔后能安全运行，常采用补强圈补强（贴板补强）、补强管补强（接管补强）和整体锻件补强来降低开孔附近的应力集中。开孔补强常见结构如图 5-21 所示。

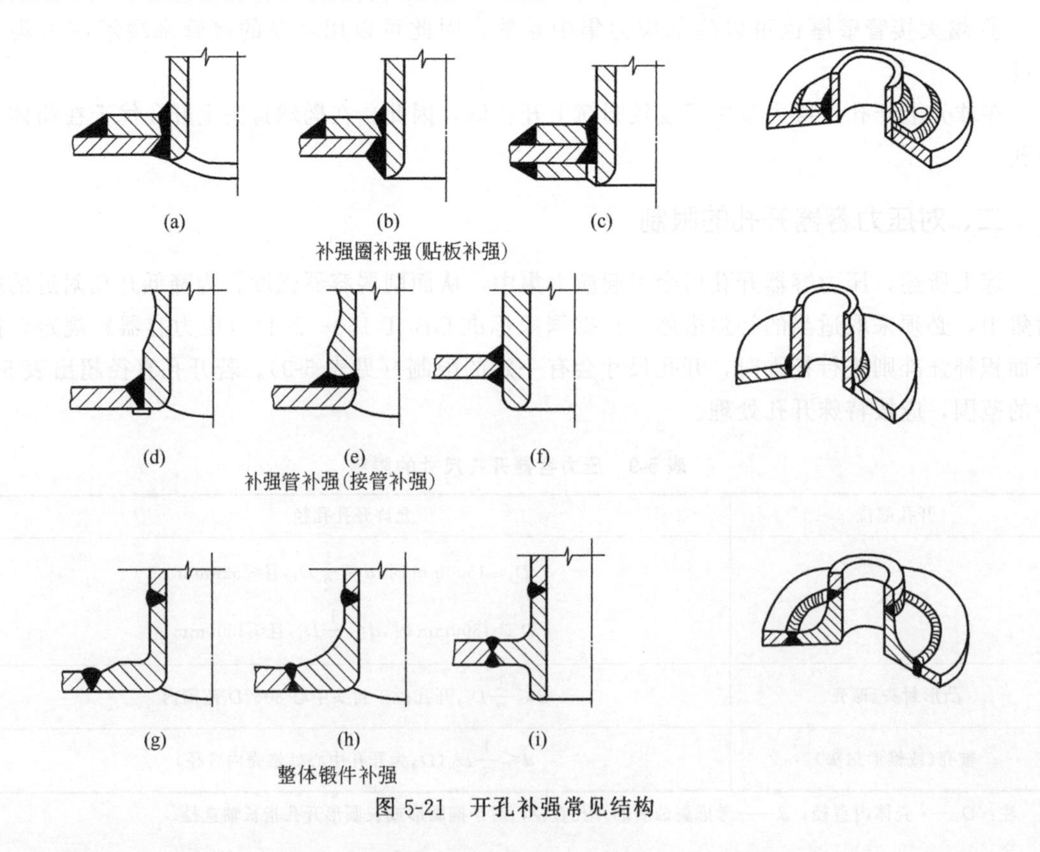

图 5-21 开孔补强常见结构

1. 补强圈补强

补强圈补强是在开孔周围焊上一块圆环状金属来补强的一种方法，也称贴板补强，焊在设备壳体上的圆环状的金属称为补强圈。补强圈可以是一对夹壁焊在器壁开孔周围，由于施焊条件的限制，也可以采用把补强圈放在容器外部进行单面补强，如图 5-21（a）、（b）所示。补强圈补强结构简单、价格低廉、使用经验成熟，广泛用于中压、低压容器上。但它与补强管补强和整体锻件补强相比存在以下缺点：

① 补强圈所提供的补强金属过于分散，补强效率不高。

② 补强圈与壳体之间存在一层空气，传热效果差，在壳体与补强圈之间容易引起热应力。

③ 补强圈与壳体焊接时，焊件刚性大，焊缝在冷却时易形成裂纹，尤其是高强度钢，对焊接裂纹比较敏感，更易开裂。

④ 由于补强圈没有和壳体或接管金属真正熔合成一个整体，因而抗疲劳性能差。

由于存在上述缺点，采用补强圈补强的压力容器必须同时满足以下条件：

① 壳体材料的标准抗拉强度不超过 540MPa，以免出现焊接裂纹。

② 补强圈的厚度不超过被补强壳体的名义壁厚的 1.5 倍。

③ 被补强壳体的名义壁厚不大于 38mm。

此外，在高温、高压或载荷反复波动的压力容器上，最好不要采用补强圈补强。

2. 补强管补强

补强管补强也称接管补强，即利用在补强有效区内的接管管壁多余金属截面积，补足被挖去的壳壁承受应力所必需的金属截面积，如图 5-21（d）～(f）所示。

这种结构由于用来补强的金属全部集中在最大应力区域，因而能比较有效地降低开孔周围的应力集中。图 5-21（f）的结构比图 5-21（d）、（e）效果更好，但内伸长度要适当，如过长，补强效果反而会降低。补强管补强结构简单、焊缝少、焊接质量容易检验、效果好，已广泛应用于各种化工设备，特别是高强度低合金钢制造的化工设备一般都采用此结构补强。对于重要设备，焊接处还应采用全焊透结构。

3. 整体锻件补强

整体锻件补强是在开孔处焊上一个特制的整体锻件，结构如图 5-21（g）～(i）所示。它相当于把补强圈金属与开孔周围的壳体金属熔合在一起。补强金属是全部集中在应力最大的部位，而且它与被开孔的壳体之间采用的都是对接接头，受力状态较好，因此，整体锻件补强的补强效果最好，同时能使焊缝及热影响区远离最大应力点的位置，故抗疲劳性能好。若采用密集补强的方式，并加大过渡圆角半径，则补强效果更好。整体锻件补强的缺点是机械加工量大，锻件来源较补强接管困难，因此多用在有较高要求的压力容器和设备上。

四、标准补强圈及其结构

补强圈一般与器壁采用搭接结构，材料与器壁相同，补强圈尺寸可参照标准确定，也可按等面积补强原则进行计算。当补强圈厚度超过 8mm 时，一般采用全焊透结构，使其与器壁同时受力，否则不起补强作用。为了焊接方便，补强圈可以置于器壁外表面或内表面，或内外表面对称放置，但为了焊接方便，一般是把补强圈放在外面的单面补强。为了检验焊缝的紧密性，补强圈上有一个 M10 的小螺纹孔。从这里通入压缩空气进行焊缝紧密性试验。为了使补强设计和制造更为方便，补强圈现已标准化，即 JB 4732—1995。

1. 补强圈结构

按照补强圈焊接接头结构要求，根据内侧坡口的不同，补强圈分为A、B、C、D、E、F六种结构，它们各有不同的适用场合，如图5-22、表5-11所示。

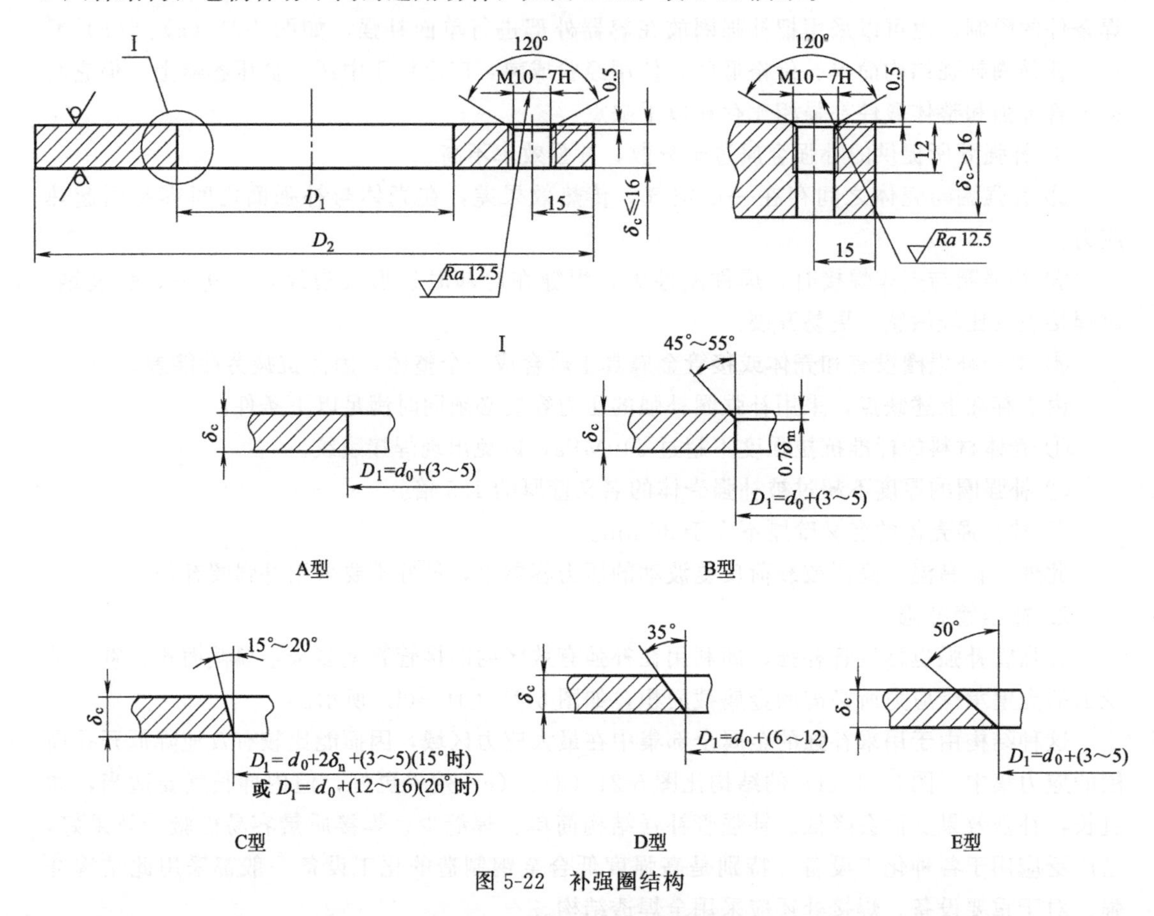

图5-22 补强圈结构

表5-11 各类型补强圈适用范围

坡口形式	接头形式	适用范围
A	b δ_{nt} K_1 K_2 δ_e δ_n 8 β	①非特殊工况（非疲劳、低温及大的温度梯度）的一类压力容器； ②适用于在容器内有较好施焊条件的接管与焊接
B	b δ_{nt} K_1 K_2 δ_e δ_n K_3 8 β	①非特殊工况（非疲劳、低温及大的温度梯度）的一类压力容器； ②适用于在容器内有较好施焊条件的接管与焊接

续表

坡口形式	接头形式	适用范围
C		①多用于壳体内不具备施焊条件或进入壳体施焊不变的场合； ②该全焊透结构适用于 $\delta_{nt} \geqslant \delta_n/2$（当 $\delta_n \leqslant 16$mm 时）或 $\delta_{nt} \geqslant 8$mm（当 $\delta_n > 16$mm 时）的条件
D		①可用于低温、储存有毒介质或腐蚀介质的容器； ②适用于 $\delta_{nt} \geqslant \delta_n/2$（当 $\delta_n \leqslant 16$mm 时）或 $\delta_{nt} \geqslant 8$mm（当 $\delta_n > 16$ 时）的条件
E		①可用于低温、中压容器及盛装腐蚀介质的容器； ②适用于 $\delta_{nt} \geqslant \delta_n/2$（当 $\delta_n \leqslant 16$mm 时）或 $\delta_{nt} \geqslant 8$mm（当 $\delta_n > 16$mm 时）的条件； ③一般用于接管 $DN \leqslant 150$mm

注：D_1——补强圈内径，mm；D_2——补强圈外径，mm；DN——接管公称直径，mm；d_0——接管外径，mm；δ_e——补强圈厚度；δ_n——壳体开孔处名义厚度，mm；δ_{nt}——接管名义厚度，mm。

2. 补强圈标记

补强圈标记按如下规定：

①×②-③-④ ⑤

①——DN 及其数值；

②——补强圈厚度，mm；

③——坡口形式；

④——补强圈材料；

⑤——标准号，JB/T 4736。

标记示例：接管公称直径 $DN=100$mm，补强圈厚度 8mm，坡口形式 D 型，材质为 Q235-B 的补强圈，其标记为

DN100×8-Q235-B　JB/T 4736

五、人孔和手孔

在生产过程中，为了便于内部附件的安装、检修和衬里，以及检查压力容器和设备内部在

使用过程中是否产生裂纹、变形、腐蚀等缺陷，一般应在压力容器上开设人孔、手孔等检查孔。由于特殊原因不能开设检查孔的设备，焊缝应进行100%无损检测，且应缩短检验周期。

1. 人孔和手孔分类及结构形式

按是否承压分类，人孔分为常压人孔和承压人孔；按人孔盖的开启方式及开启后人孔盖的所处位置分类，人孔又分为回转盖快开人孔、垂直吊盖人孔、水平吊盖人孔三种；按人孔所用法兰的结构形式可分为板式平焊法兰人孔、带颈平焊法兰人孔和带颈对焊法兰人孔；按人孔开启的难易程度分类有快开人孔和一般人孔等。

人孔的结构形式常常与操作压力、介质特性以及开启的频繁程度有关。为了实现较好的工作效果，人孔的结构形式多是几种功能的组合，最常见的有以下几种。

(1) 常压平盖人孔

图 5-23 (a) 所示的是一种最简单的人孔，它是在带有法兰的接管上加装了一块盲板，一般用于常压容器或不需要经常检修的设备。

(2) 快开人孔

对于一些间歇式工作的设备，或由于检修等原因需要经常打开的人孔，为了节约时间和降低劳动生产强度，常采用快开人孔。快开人孔分为以下几种：

① 回转拱盖快开人孔：如图 5-23 (b) 所示，这种结构采用了铰链螺栓，因此，不会使螺栓与螺母丢失，很容易达到快开的目的。对于在高空的设备，这是一种十分安全的人孔结构。

② 手摇快开人孔：如图 5-23 (c) 所示，这种结构是通过螺杆拉紧两个半圆的锥面卡环压紧法兰达到密封的目的。它适用于间歇生产中的快速装料，以提高设备的生产效率。

③ 旋柄快开人孔：如图 5-23 (d) 所示，这也是一种很适合间歇操作中投料、清洗、检修的人孔结构。它在操作上比回转拱盖快开人孔更方便，但显得比较笨重，一般多用于直径不大和压力较低的场合。

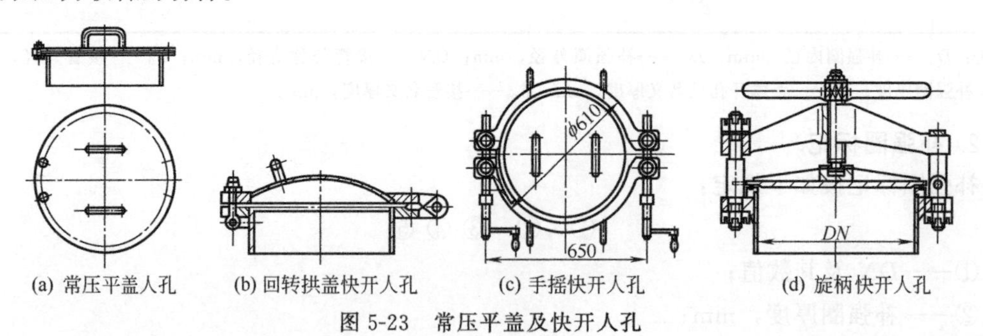

(a) 常压平盖人孔 (b) 回转拱盖快开人孔 (c) 手摇快开人孔 (d) 旋柄快开人孔

图 5-23 常压平盖及快开人孔

(3) 受压人孔

对于承受一定压力的容器或设备，受压人孔是比较适用的。为了便于移动沉重的人孔盖，这类结构又通常制作成回转盖式和吊盖式，如图 5-24 所示。

(4) 手孔

手孔结构与人孔有许多相似的地方。根据承压方式分类，手孔与人孔一样分为常压手孔与承压手孔，只是公称直径小一些而已；根据手孔盖的启闭方式分类，手孔分为回转盖手孔、常压快开手孔、回转盖快开手孔；根据所用的法兰来分类也与人孔一致。

最简单的手孔就是在接管上安装一块盲板，其结构与图 5-23 (a) 所示的常压平盖人孔结构一致。这种结构应用比较广泛，而且多用于常压或低压以及不经常打开的设备上。另

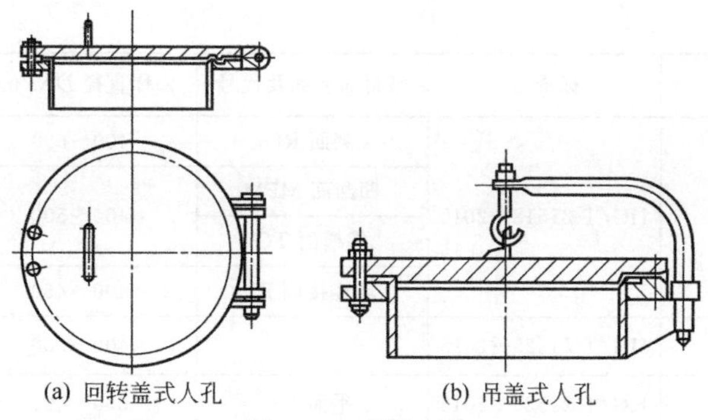

(a) 回转盖式人孔　　(b) 吊盖式人孔

图 5-24　受压人孔

外，手孔也可采用快开结构。

2. 人孔和手孔设置的原则

① 为便于检修和清洗设备，一般在下述情况下需要开设人孔或手孔：设备内径为450～900mm，一般不考虑开设人孔，可开设1～2个手孔；设备内径为900mm以上，至少应开设一个人孔；设备内径大于2500mm，顶盖与筒体上至少应各开设一个人孔。

② 直径较小、压力较高的室内设备，一般可选用公称直径 $DN=450$mm 的人孔。室外露天放置的设备，考虑检修和清洗方便，可选用公称直径 $DN=500$mm 的人孔；寒冷地区应选用公称直径 $DN=500$mm 或 $DN=600$mm 的人孔。因设备限制，可选用 400mm×300mm 的人孔。

③ 设备使用过程中，需要经常开启时，应选用快开式人孔、手孔。

④ 受压设备的人孔盖较重，一般均选用吊盖式人孔或回转盖式人孔。吊盖式人孔使用方便，垫片压紧较好。回转盖式人孔结构简单，转动时所占空间较小，如布置在水平位置时，开启时较为费力。

⑤ 人孔、手孔的开设位置应便于操作人员检查、清理内件和进出设备。

⑥ 无腐蚀或轻微腐蚀的压力容器，制冷装置用的压力容器和换热器可以不开设检查孔。

3. 人孔和手孔的选用

从图5-23和图5-24可见，人孔或手孔既有承受压力的筒节、端盖、法兰、密封垫圈、螺栓等元件，也有轴、销、耳、把手等机械零件，可以把它看成是一台小型的压力容器。因此在选择人孔或手孔时，各受压元件必须按照前面相关章节中介绍的方法选取。人孔、手孔已标准化，碳素钢、低合金钢制的标准为 HG/T 21514—2015～HG/T 21535—2015，不锈钢制的标准为 HG/T 21594—2015～HG/T 21604—2015。使用时可以根据需要选择合适的人孔、手孔，并查找相应的标准确定尺寸。表5-12为常用人孔及手孔的适用范围。

表 5-12　常用人孔及手孔的适用范围

类　型	标准号	密封面名称及代号	公称直径 DN/mm	公称压力 PN/MPa
常压人孔	HG/T 21515—2015	全平面 FF	400～600	常压
回转盖平焊法兰人孔	HG/T 21516—2015	突面 RF	400～600	0.6
回转盖带颈平焊法兰人孔	HG/T 21517—/T	突面 RF	400～600	1.0～1.6
		凹凸面 MFM	400～500	
		榫槽面 TG		1.6

续表

类　　型	标准号	密封面名称及代号	公称直径 DN/mm	公称压力 PN/MPa
回转盖带颈对焊法兰人孔	HG/T 21518—2015	突面 RF	400～600	2.5～4.0
		凹凸面 MFM	400～500	2.5～6.3
		榫槽面 TG		
		环连接面 RJ	400～450	2.5～6.3
常压旋柄快开人孔	HG/T 21525—2015		400～500	常压
椭圆形回转盖快开人孔	HG/T 21526—2015	平面 FS	350～450	0.6
回转拱盖快开人孔	HG/T 21527—2015	平面 FS	400～500	0.6
		凹凸面 MFM		
		榫槽面 TG		
常压手孔	HG/T 21528—2015	全平面 FF	150～250	常压
板式平焊法兰手孔	HG/T 21529—2015	突面 RF	150～250	0.6
带颈平焊法兰手孔	HG/T 21530—2015	突面 RF	150～250	0.6
		凹凸面 MFM		
		榫槽面 TG		1.0
带颈对焊法兰手孔	HG/T 21531—2015	突面 RF	150～250	2.5～4.0
		凹凸面 MFM		2.5～6.3
		榫槽面 TG		
		环连接面 RJ		
回转盖带颈对焊法兰手孔	HG/T 21532—2015	突面 RF	250	4.0
		凹凸面 MFM		4.0～6.3
		榫槽面 TG		
		环连接面 RJ		
常压快开手孔	HG/T 21533—2105		150～250	常压
回转盖快开手孔	HG/T 21535—2015	平面 FS	150～250	0.25
		榫槽面 TG		

注：1. 人、手孔的公称压力等级分为八级，即常压、0.25MPa、0.6MPa、1.0MPa、1.6MPa、2.5MPa、4.0MPa、6.3MPa。

2. 人、手孔的公称直径指筒节的公称直径，由于筒节由无缝或焊接钢管制作，所以人、手孔的公称直径也就是制作筒节的钢管的公称直径。

人孔和手孔的选用，可以参照以下步骤进行：

① 根据设备的内径初步选取人孔或手孔的类型和数量。

② 选择人孔筒节及法兰材质，它们的材质应与设备主体材质相同或相近。

③ 确定人孔的公称直径及公称压力。人孔的公称直径系列及公称压力系列与管道元件相同，可查标准 GB/T 1047—2019《管道元件 公称尺寸的定义和选用》及 GB/T 1048—2015《管道元件—PN（公称压力）的定义和选用》，人孔或手孔的公称压力级别取决于其中的管法兰，所以它的确定方法与管法兰相同。

④ 校核筒节强度。由式（3-2）计算筒节的壁厚 δ_n，并圆整到钢管壁厚系列，与标准人

孔或手孔的筒节壁厚 s 相比较，如果 $s \geqslant \delta_n$，即可满足强度要求。标准人孔及手孔筒节的壁厚一般都满足强度要求，如果设备的操作条件不特殊，可直接在标准中选取壁厚，省略此项计算。

⑤ 根据公称直径及公称压力查表 5-12 选用合适的人孔或手孔。

【例题 5-3】 中国南方有一塔器，露天放置，内径 3000mm，工作压力 1.6MPa，最高工作温度 150℃，塔体材质为 20R，装有安全阀。人孔或手孔不需要经常开启，试为该塔选择合适的人孔或手孔。

解 (1) 初步选取人孔类型

因该塔内径大于 2500mm，顶盖与筒体应各开设人孔一个，因不需经常开启，设备工作压力为中压，可选择回转盖受压人孔。

(2) 确定人孔筒节及法兰材质

根据塔体的材质，可选择人孔筒节与法兰盖的材质为 20R，法兰的材质为 20 锻件。

(3) 确定人孔的公称直径及公称压力

由于该塔露天放置，且不在寒冷地区，由人孔设置原则可以选取人孔的公称直径 DN = 500mm。

人孔的设计压力 $p = 1.05 \times 1.6 = 1.68$ (MPa)；设计温度 $t = 150$℃。

由人孔的设计压力、设计温度及材质查表 5-8 可确定人孔法兰的公称压力级别为 2.5MPa。

人孔的公称压力即为人孔上法兰的公称压力，所以，人孔 $PN = 2.5$MPa。

(4) 确定选用人孔

由以上得出的人孔的公称直径和公称压力查表 5-12 可知，回转盖带颈对焊法兰人孔、突面密封人孔适合该塔使用。

六、接管

化工设备上使用的接管大致可分为两类。一类是通过接管与供物料进出的工艺管道相连接，这类接管一般都是带法兰的短接管，直径较大，如图 5-25 所示。其接管伸出长度 L 需要考虑所设置的保温层厚度及便于安装螺栓，可按表 5-13 选取。接管上焊缝与焊缝之间的距离不得小于 50mm，对于铸造设备的接管可与壳体一起铸出，如图 5-26所示。

表 5-13　接管伸出长度 L　　单位：mm

保温层厚度	接管公称直径	伸出长度 L	保温层厚度	接管公称直径	伸出长度 L
0～75	10～100	150	126～150	10～50	200
	125～300	200		70～300	250
	350～600	250		350～600	300
76～100	10～50	150	151～175	10～150	250
	70～300	200		200～600	300
	350～600	250	176～200	10～50	250
101～125	10～150	200		70～300	300
	200～600	250		350～600	350

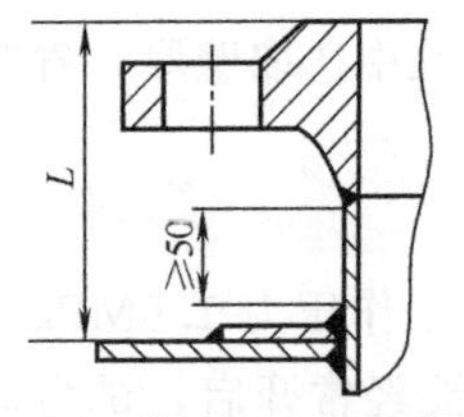

图 5-25 带有法兰的短接管

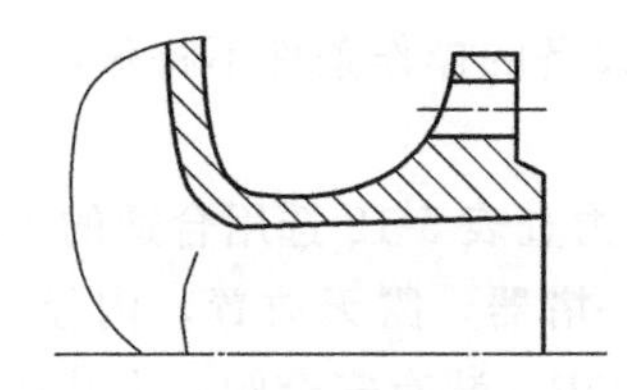
图 5-26 铸造接管

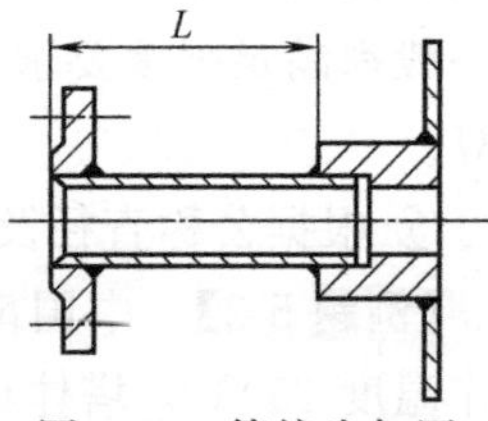

图 5-27 管接头加固

对于一些较小直径的接管，如伸出长度较长，则要采用管接头加固，如图 5-27 所示。对于 $DN\leqslant25$mm，伸出长度 $L\geqslant200$mm，以及 $DN=32\sim50$mm，伸出长度 $L\geqslant300$mm 的任意方向接管，均应设置筋板予以支撑。筋板支撑结构如图 5-28 所示，筋板断面尺寸见表 5-14。

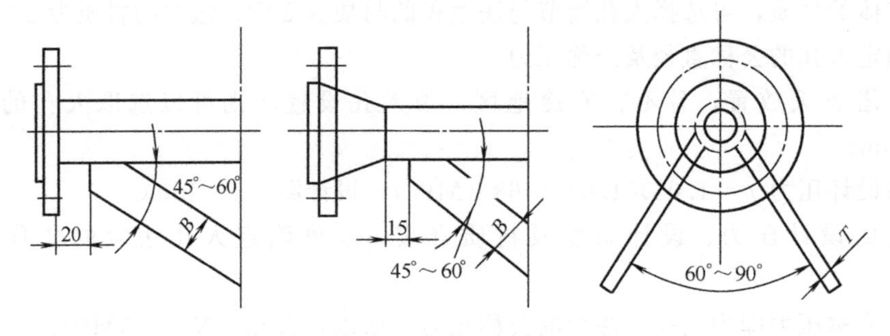

图 5-28 筋板支撑结构

表 5-14 筋板断面尺寸

筋板长度/mm	200～300	301～400
$B\times T$/mm×mm	30×3	40×5

另一类接管则是为了控制工艺操作过程，在容器和设备上需要装置一些接管，以便和温度计、压力表及液面计等相连接。此类接管直径较小，可用带法兰的短接管，也可简单地用一个内牙管或外牙管焊接在设备上。

第三节 支 座

大部分化工设备都需要通过支座来固定或支撑。尽管设备的结构和形状大不相同，但常用的支座主要有卧式容器支座、立式容器支座和球形容器支座三大类。

卧式容器支座可分为鞍式、圈式和支腿式三种支座，如图 5-29 所示，其中应用最普遍

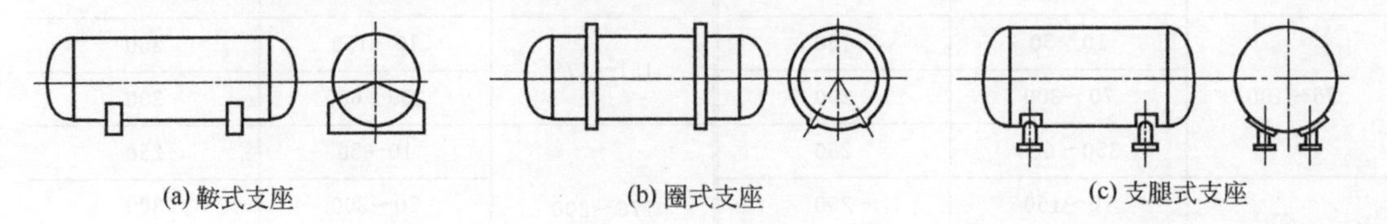

图 5-29 卧式容器支座

的是鞍式支座（简称鞍座）。因自身重力可能造成严重挠曲的大直径薄壁容器和真空容器可采用圈式支座（简称圈座），圈座使容器支撑处的筒体得到加强，能降低支撑处的局部应力。支腿式支座结构简单，但支撑反力只集中作用于局部壳体上，一般只用于小型卧式设备。

立式容器支座应用较广泛的有裙式、支承式、耳式和腿式四种，如图 5-30 所示。裙式支座主要应用于总高大于 10m，高度与直径之比大于 5 的高大的塔设备；支承式支座主要用于总高小于 10m，高度与直径之比小于 5 的小型直立设备；腿式支座用于公称直径 400～1600mm，高度与直径之比小于 5，总高小于 5m 的小型直立设备，且不得用于通过管线与产生脉动载荷的机器设备刚性连接的容器。支承式、耳式和腿式支座的安装数目不得少于 3 个。

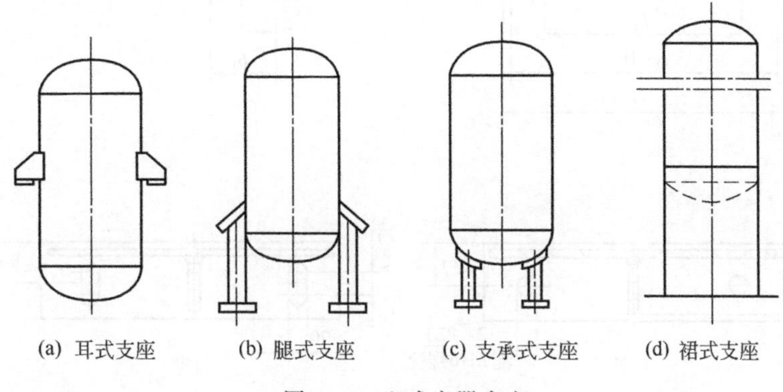
(a) 耳式支座　(b) 腿式支座　(c) 支承式支座　(d) 裙式支座

图 5-30　立式容器支座

球形容器支座有柱式、裙式、半埋式和高架式四种，如图 5-31 所示。目前大多采用柱式支座和裙式支座。柱式支座中又以赤道正切式最为常见，此外，还有 V 形柱式和三合一柱式支座。

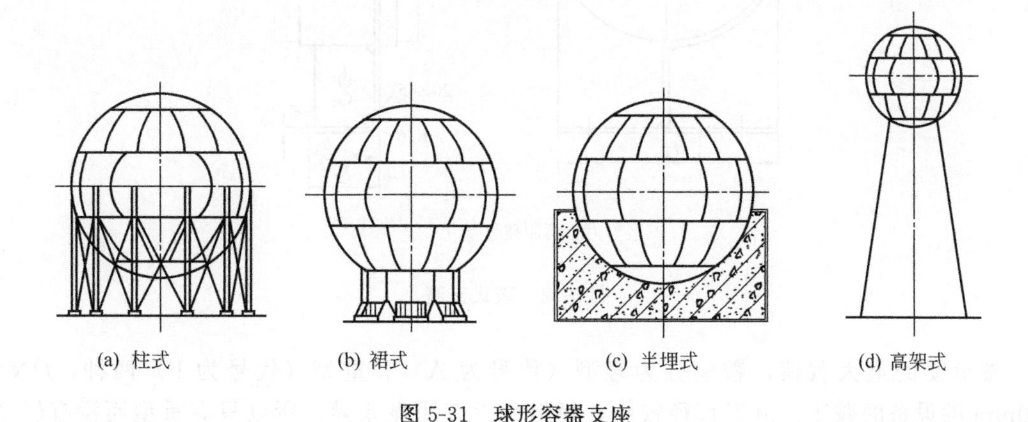
(a) 柱式　(b) 裙式　(c) 半埋式　(d) 高架式

图 5-31　球形容器支座

一、鞍式支座

1. 鞍式支座结构和类型

鞍座是卧式容器广泛采用的一种支座。它分为焊制与弯制两种，如图 5-32（a）所示为一焊制鞍座。焊制鞍座通常由底板、腹板、筋板和垫板组焊而成。而弯制鞍座的腹板与底板是由同一块钢板弯成的，两板之间没有焊缝，只有 $DN \leqslant 900$mm 的设备才使用弯制鞍座，如图 5-32（b）所示。

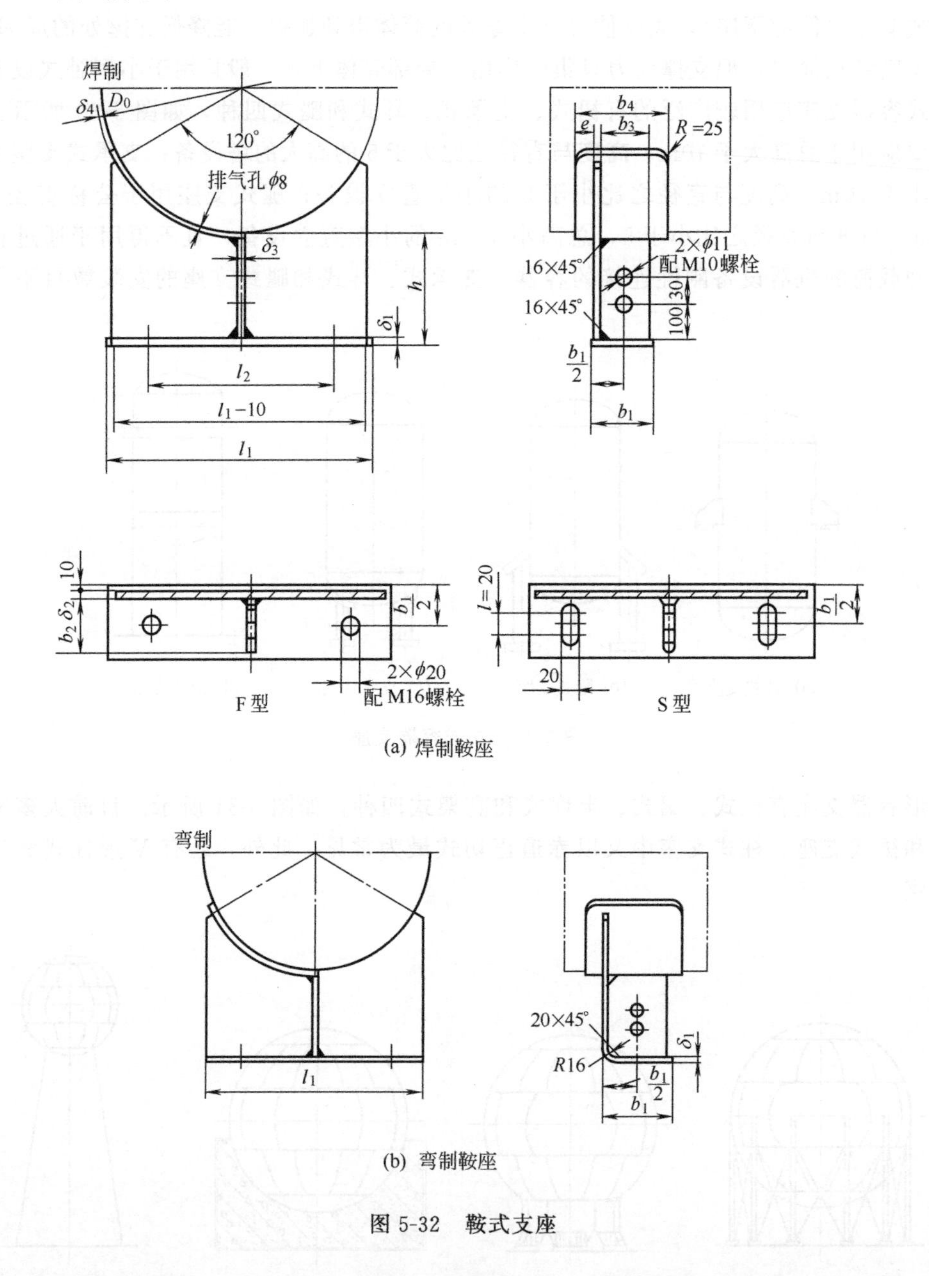

(a) 焊制鞍座

(b) 弯制鞍座

图 5-32 鞍式支座

按承受的最大载荷，鞍座分为轻型（代号为 A）和重型（代号为 B）两种，$DN\leqslant$ 900mm 的设备的鞍座，由于直径较小，轻重型没有明显差异，所以只有重型而没有轻型。鞍座大都带垫板，但是 $DN\leqslant$900mm 的设备的鞍座也有不带垫板的。

为了使容器的壁温发生变化时能够沿轴线方向自由伸缩，鞍座的底板有两种，一种底板上的螺栓孔是圆形的（代号为 F），另一种底板上的螺栓孔是椭圆形的（代号为 S），如图 5-33所示。安装时，F 型鞍座固定在基础上，S 型鞍座使用两个螺母，第一个拧上去的螺母较松，用第二个螺母锁紧，当设备出现热变形时，鞍座可以随设备一起轴向移动。

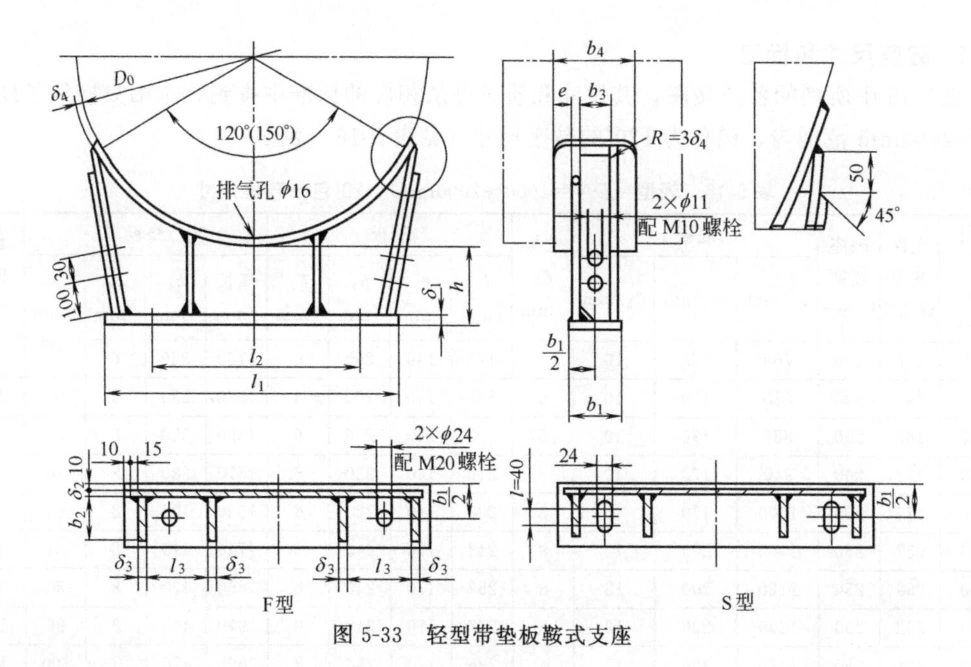

图 5-33　轻型带垫板鞍式支座

鞍座类型见表 5-15。

表 5-15　鞍座类型

形　式			包角/(°)	垫板	筋板数	适用公称直径 DN/mm
轻型	焊制	A	120	有	4	1000～2000
					6	2100～4000
						4100～6000
重型	焊制	BⅠ	120	有	1	168～406
						300～450
					2	500～950
					4	1000～2000
					6	2100～4000
						4100～6000
		BⅡ	150	有	4	1000～2000
					6	2100～4000
						4100～6000
		BⅢ	120	无	1	168～406
						300～450
					2	500～950
	弯制	BⅣ	120	有	1	168～406
						300～450
					2	500～950
		BⅤ	120	无	1	168～406
						300～450
					2	500～950

2. 鞍座尺寸和标记

表 5-15 中所列的各类鞍座，其尺寸和质量可从相应的标准中查到，本书只摘编了DN＝500～2000mm 范围内，包角为 120°的鞍座尺寸（见表 5-16～表 5-18）。

表 5-16　轻型（DN＝1000～2000mm）120°包角鞍座尺寸

公称直径 DN /mm	允许载荷 Q/kN	鞍座高度 h/mm	底板			腹板	筋板				垫板				螺栓间距 /mm
			l_1/mm	b_1/mm	δ_1/mm	δ_2 /mm	l_2 /mm	b_2 /mm	b_3 /mm	δ_1 /mm	弧长 /mm	b_4 /mm	δ_4 /mm	e /mm	
1000	158	200	760	170	10	6	170	140	200	6	1160	320	6	57	600
1100	160	200	820	170	10	6	185	140	200	6	1280	330	6	62	660
1200	162	200	880	170	10	6	200	140	200	6	1390	350	6	72	720
1300	174	200	940	170	10	8	215	140	220	6	1510	380	8	76	780
1400	175	200	1000	170	10	8	230	140	220	6	1620	400	8	86	840
1500	257	250	1060	200	12	8	242	170	240	8	1740	410	8	81	900
1600	259	250	1120	200	12	8	257	170	240	8	1860	420	8	86	960
1700	262	250	1200	200	12	8	277	170	240	8	1970	440	8	96	1040
1800	334	250	1280	200	12	10	296	170	260	8	2000	470	10	100	1120
1900	338	250	1360	200	12	10	316	170	260	8	2200	480	10	105	1200
2000	340	250	1420	200	12	10	331	170	260	8	2320	490	10	110	1260

表 5-17　重型（DN＝500～900mm）120°包角鞍座尺寸

公称直径 DN /mm	允许载荷 Q/kN	鞍座高度 h/mm	底板			腹板	筋板			垫板				螺栓间距 /mm
			l_1/mm	b_2/mm	δ_1/mm	δ_2 /mm	l_2 /mm	b_2 /mm	δ_2 /mm	弧长 /mm	b_4 /mm	δ_2 /mm	e /mm	
500	123	200	450	170	10	8	580	150	8	580	230	6	36	330
550	126	200	510	170	10	8	640	150	8	640	240	6	41	360
600	127	200	550	170	10	8	700	150	8	700	250	6	46	400
650	129	200	590	170	10	8	750	150	8	750	260	6	51	430
700	131	200	640	170	10	8	810	150	8	810	270	6	56	460
750	132	200	680	170	10	8	870	150	8	870	280	6	61	500
800	207	200	720	170	10	10	930	170	10	930	280	6	50	530
850	210	200	770	170	10	10	990	170	10	990	290	6	55	558
900	212	200	810	170	10	10	1040	170	10	1040	300	6	60	590
950	213	200	850	170	10	10	1100	170	10	1100	310	6	65	630

表 5-18　重型（DN＝1000～2000mm）120°包角鞍座尺寸

公称直径 DN /mm	允许载荷 Q/kN	鞍座高度 h /mm	底板			腹板	筋板				垫板				螺栓间距 /mm
			l_1/mm	b_1/mm	δ_1/mm	δ_2 /mm	l_2 /mm	b_2 /mm	b_3 /mm	δ_1 /mm	弧长 /mm	b_4 /mm	δ_4 /mm	e /mm	
1000	327	200	760	170	12	12	170	140	200	12	1160	330	8	59	600
1100	332	200	820	170	12	12	185	140	200	12	1280	350	8	69	660
1200	336	200	880	170	12	12	200	140	200	12	1390	370	8	79	720
1300	340	200	940	170	12	12	215	140	220	12	1510	380	8	74	780

续表

公称直径 DN /mm	允许载荷 Q/kN	鞍座高度 h /mm	底板			腹板 δ_2 /mm	筋板				垫板				螺栓间距 /mm
			l_1/mm	b_1/mm	δ_1/mm		l_2 /mm	b_2 /mm	b_3 /mm	δ_1 /mm	弧长 /mm	b_4 /mm	δ_4 /mm	e /mm	
1400	344	200	1000	170	12	12	230	140	220	12	1620	400	8	84	840
1500	463	250	1000	200	16	14	242	170	240	14	1740	430	10	88	900
1600	468	250	1120	200	16	14	257	170	240	14	1860	440	10	93	960
1700	473	250	1200	200	16	14	277	170	240	14	1970	450	10	98	1040
1800	574	250	1280	220	16	14	296	190	260	14	2000	470	10	98	1120
1900	580	250	1360	220	16	14	316	190	260	14	2200	480	10	103	1200
2000	585	250	1420	220	16	14	331	190	260	14	2320	490	10	108	1260

鞍座材料大多采用Q235-A·F，如需要可改用其他材料，垫板材料一般应与容器材料相同。

鞍座标记由以下几部分组成：

NB/T 47065.1—2018. 支座× ×-×

- 固定鞍式支座F，滑动鞍式支座S
- 公称直径，mm
- 型号(A、BⅠ、BⅡ、BⅢ、BⅣ、BⅤ)

当鞍座高度 h、垫板厚度 δ_4、滑动鞍座底板上的螺栓孔长度 l 与列于尺寸表中的数值不一致时，应在上述标记后依此加标 h、δ_4 和 l 值。

标记示例：DN325mm，120°包角，重型不带垫板的标准尺寸的弯制固定式鞍式支座，鞍式支座材料Q345R，其标记为

NB/T 47065.1—2018. 鞍式支座BⅤ325-F

材料栏内注：Q345R。

3. 鞍座的选用

选用鞍座的依据是设备的公称直径，选用鞍座应遵循以下原则。

① 鞍座实际承受的最大载荷 Q_{max} 必须小于鞍座的允许载荷［Q］。

② $DN \leqslant 900$mm的设备，鞍座有带垫板和不带垫板两种结构，具有下列情况之一时，需选用带垫板的鞍座。

a. 当设备壳体的有效厚度≤3mm时。

b. 当设备有热处理要求时。

c. 当壳体与鞍座间的温差大于200℃时。

d. 当壳体材料与鞍座材料不具有相同或相近的化学成分和性能指标时。

③ 鞍座的安装位置。为了利用封头对筒体的加强作用，应尽可能将鞍座放在靠近封头处，鞍座中心截面至凸形封头切线的直线距离 $A \leqslant 0.5R_m$（R_m 为筒体的平均半径），当筒体的长径比（L/D）较小，壁厚与直径之比（δ/D）较大时，或在鞍座所在的垂直平面内装有加强圈时，可取 $A \leqslant 0.2L$。

④ 鞍座的数目。一般一台卧式设备采用双鞍座，如果采用三个或三个以上的支座，可能会出现支座基础的不均匀沉陷，引起局部应力过高。双鞍座必须是F型（固定鞍座）与S

型（滑动鞍座）搭配使用，以防止热膨胀对容器产生附加应力。

二、裙式支座

1. 裙式支座的结构

裙式支座简称裙座，由裙座体、基础环和地脚螺栓座组成。裙座上开有人孔、引出管孔、排气孔和排污孔，如图 5-34（a）所示。裙座体焊在基础环上，并通过基础环将载荷传给基础；地脚螺栓座焊制在基础环上方，由两块筋板、一块压板和一块垫板组成，如图 5-34（b）所示。地脚螺栓通过地脚螺栓座将裙座固定在基础上。裙座体除圆筒形外，还可做成半锥角不超过 15°的圆锥形。当地脚螺栓数量较多，或者基础环下的混凝土基础表面承受压力过大时，往往需采用锥形裙座。

裙座体及地脚螺栓常用材质为 Q235-A 和 Q235-A·F，但这两种材质不适用于温度过低的操作环境。

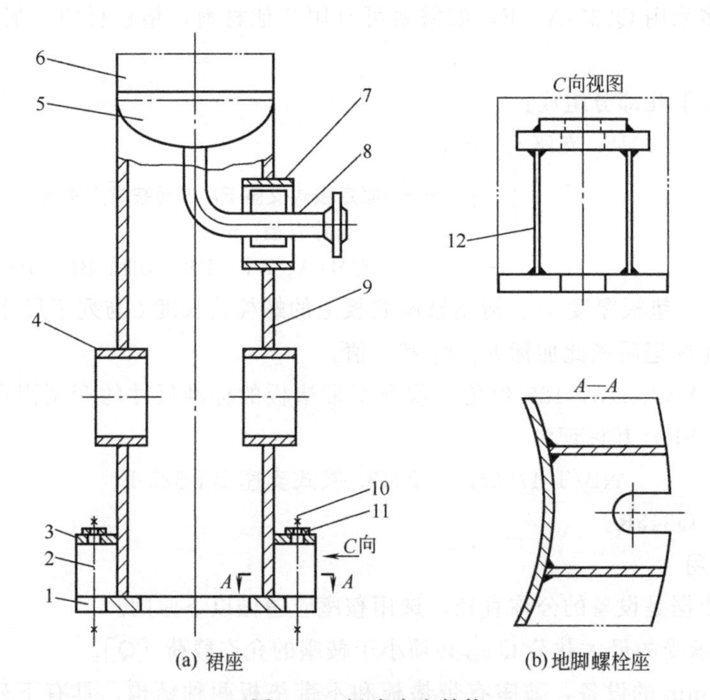

图 5-34 裙式支座结构

1—基础环；2,10—地脚螺栓；3—盖板；4—检查孔；5—封头；6—塔体；7—引出孔；8—引出管；9—裙座体；11—垫板；12—筋板

裙座与塔体的焊接可以采用搭接焊或对接焊，图 5-35（a）所示为搭接焊。裙座体内径应稍大于塔体外径，焊接接头的位置既可以在封头直边处也可以在筒体上。这种连接结构，焊缝将受到剪切载荷，焊缝受力不好，故一般多用于直径小于 1000mm 的塔设备。为了保证较好的承载能力，搭接焊缝距封头与塔体连接的对接焊缝的距离应符合下列规定：在封头直边处，两焊缝的中心距离为裙座圈内径的 1.7～3 倍；在筒体上，两焊缝的中心距离不得小于塔体壁厚的 3 倍。

采用对接焊缝时，裙座体的外径与下封头外径基本一致，如图 5-35（b）所示。这种结构由于采用对接焊缝，因此焊缝承受压缩载荷，封头局部承载。

如果塔体封头上有拼接焊缝，裙座圈的上边缘可以留缺口以避免出现十字焊缝，缺口形

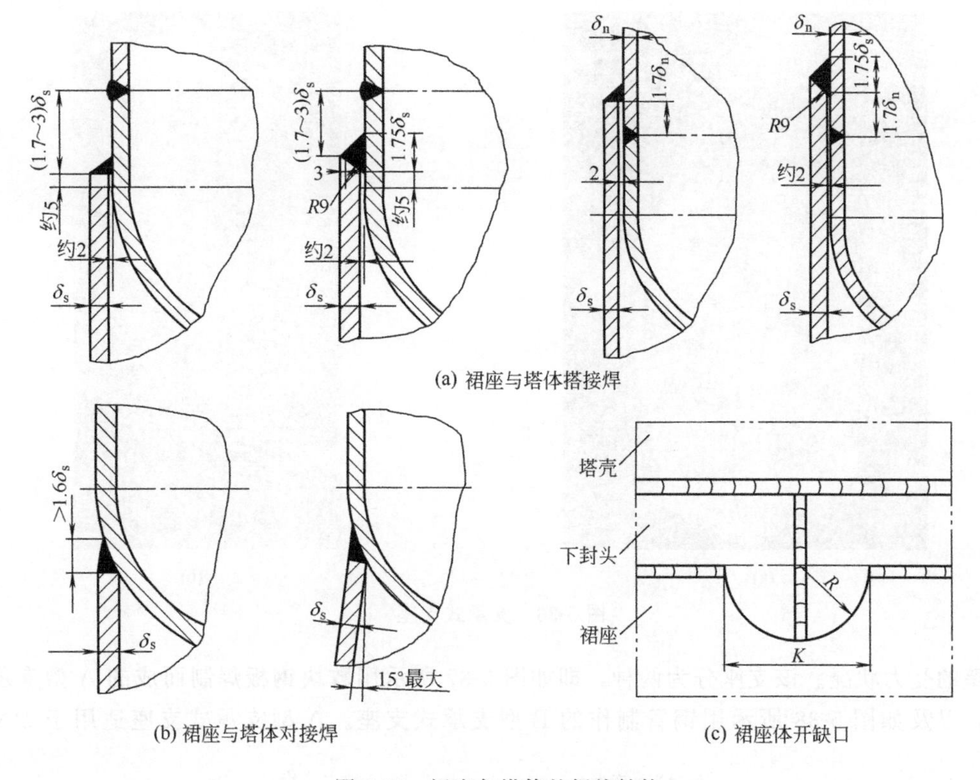

图 5-35 裙座与塔体的焊接结构

状为半圆形，如图 5-35（c）所示。

2. 裙座的材质

由于裙座不与介质直接接触，也不受设备内的压力作用，因此不受压力容器用材所限，可选用较经济的普通碳素结构钢。但是，在选取裙座的材质时，还应考虑塔的操作条件、载荷大小以及环境温度。常用的裙座圈及地脚螺栓材质为 Q235-A 和 Q235-A·F，但这两种材质不适用于温度过低的条件。当设计温度不超过 20℃时，它们的材质应选择 16Mn。当塔的封头材质为低合金或高合金钢时，裙座应增设与塔封头相同材质的短节，短节的长度一般取保温层厚度的 4 倍。

3. 裙座的计算

裙座为非标准件。为一台直立设备配置裙座时，首先需要对塔设备及其裙座进行较为系统的分析与计算，如塔设备的受力、带裙座塔体的应力校核、裙座圈计算、地脚螺栓计算、基础环计算等。具体计算方法和要求可以参见《钢制塔式容器》标准中的有关内容。

三、支承式支座

1. 结构形式与尺寸

支承式支座适用于公称直径 $DN=800\sim4000$mm 的钢制立式圆筒形容器；圆筒形长度 L 与公称直径 DN 之比 L/DN 不大于 5；容器总高度 H_0 不大于 10m；允许使用温度范围 $-20\sim200$℃。

如图 5-36 所示，支承式支座由底板、筋板（或钢管）和垫板组成。支承式支座与筒体接触面积小，会使壳壁产生较大的局部应力，所以，需要在支座和壳壁间加一块垫板，以改

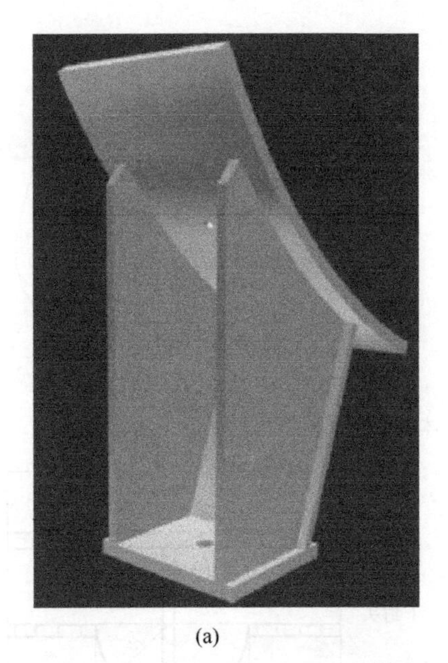
(a)

(b)

图 5-36 支承式支座

善筒壁的受力状况。该支座分为两种，即如图 5-37 所示用数块钢板焊制而成的 A 型支承式支座，以及如图 5-38 所示用钢管制作的 B 型支承式支座。A 型支承式支座适用于 $DN=$

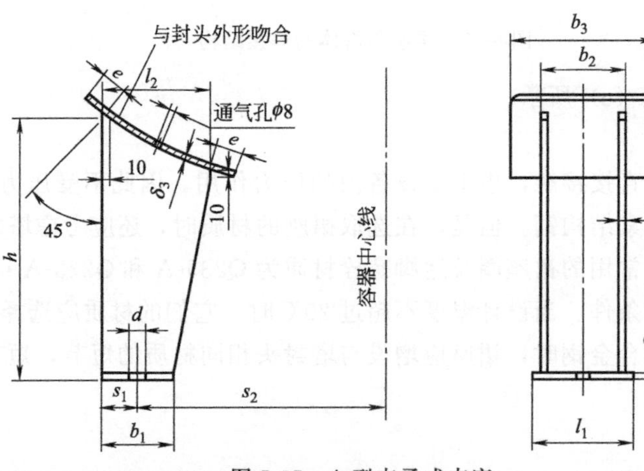

图 5-37 A 型支承式支座

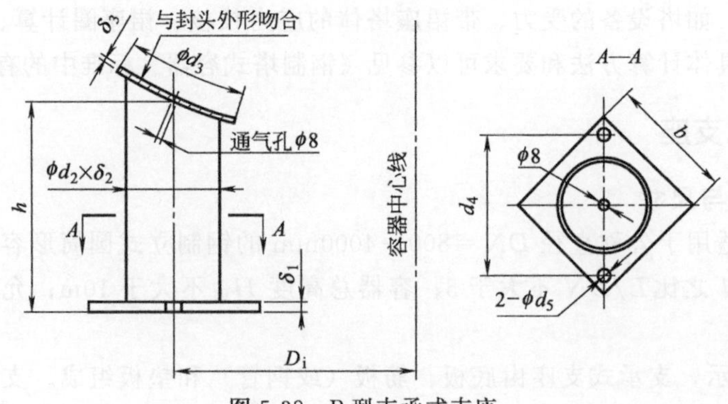

图 5-38 B 型支承式支座

800～3000mm 的容器，B 型支承式支座则适用于 DN＝800～4000mm 的容器，它们均焊接在容器的下封头上。

2. 支承式支座的材料和标记

支座垫板材料一般与容器封头材料相同，支座底板的材料为 Q235B，A 型支座筋板的材料为 Q235B，B 型支座钢管的材料为 10 钢。

支承式支座的标记方法：

```
NB/T 47065.4—2018. 支座  ××
                         │└──支座号(1 ～ 8)
                         └───型号(A、B、C)
```

标记示例：钢板焊制的 3 号支承式支座，支座材料和垫板材料为 Q235B 和 Q245R，其标记则为

NB/T 47065.4—2018. 支座 A3

材料：Q235B 和 Q245R

四、耳式支座

1. 结构形式与尺寸

耳式支座广泛应用于公称直径不大于 4000mm 的立式圆筒形设备，允许使用温度范围 －100～300℃，它由垫板或支脚板、筋板和垫板组成，结构简单轻便，但对支座处器壁产生较大局部应力。底板的作用是与基础接触并连接定位，筋板的作用则是增加支座的刚性。由于耳式支座与筒壁的接触面积小，会使筒壁产生较大的局部应力，故对于壁厚较小而直径较大的设备，在支座与筒壁之间加一垫板，增加接触面积，降低筒壁的局部应力。

小型设备的耳式支座可以支托在管子或型钢制的立柱上，而较大型的直立设备的耳式支座一般紧固在钢梁或混凝土基础上。为使容器的重力均匀地传给基础，底板的尺寸不宜过小，以免产生过大的压应力。筋板也应有足够的厚度，以保证支座的稳定。

按筋板长度的不同，耳式支座有短臂（代号 A）、长臂（代号 B）和加长臂（代号 C）之分，其结构特征见图 5-39 和图 5-40。耳式支座已经标准化，标准号为 NB/T 47065.3—2018。耳式支座的型号特征见表 5-19。

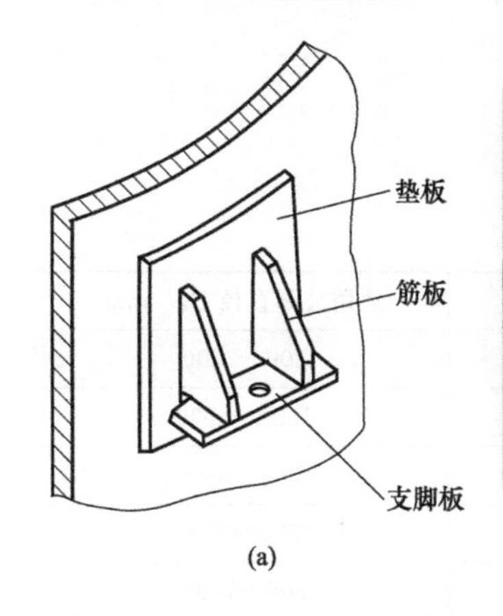

(a)

(b)

(c)

图 5-39 耳式支座（一）

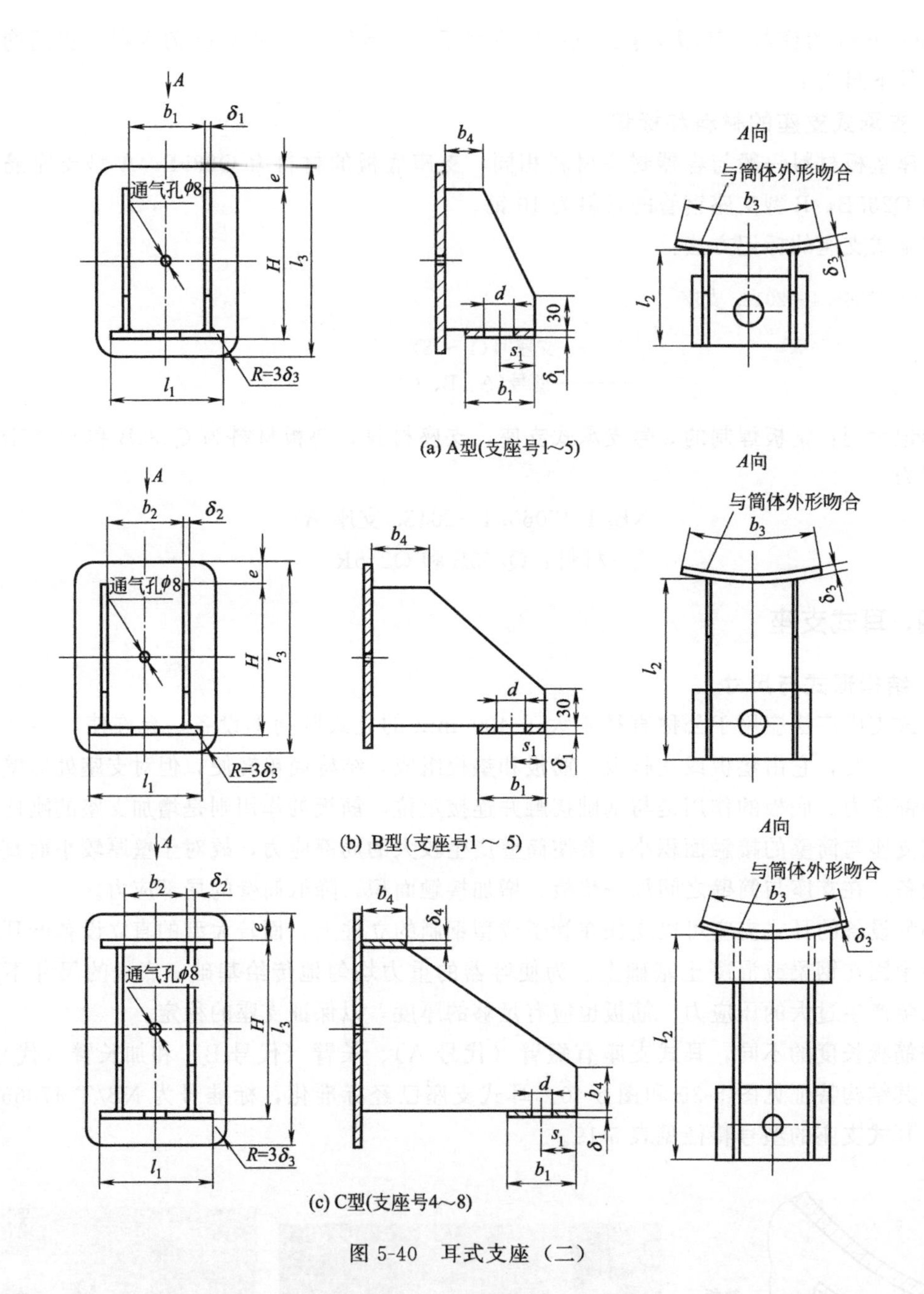

(a) A型(支座号1～5)

(b) B型(支座号1～5)

(c) C型(支座号4～8)

图 5-40 耳式支座(二)

表 5-19 耳式支座的型号特征

型号		支座号	垫板	盖板	适用公称直径 DN/mm
短臂	A	1～5	有	无	300～2600
		6～8		有	1500～4000
长臂	B	1～5	有	无	300～2600
		6～8		有	1500～4000
加长臂	C	1～3	有	有	300～1400
		4～8		有	1000～4000

2. 材料和标记

垫板材料一般应与容器材料相同，支座的筋板和底板材料分为 3 种，其代号见表 5-20。

表 5-20 材料代号

材料代号	Ⅰ	Ⅱ	Ⅲ
支座的筋板和底板材料	Q235B	S30408	15CrMoR
允许使用温度/℃	−20～200	−100～200	−20～300

耳式支座采用以下标记方法：

NB/T 47065.3—2018. 耳式支座

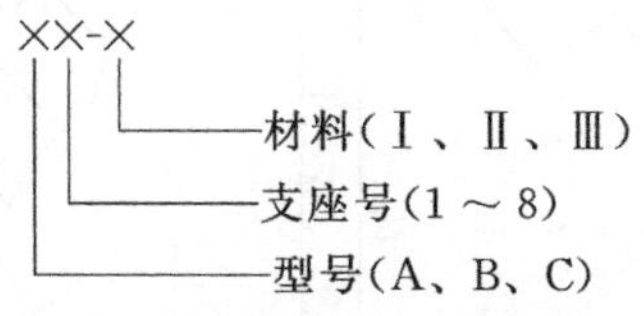

标记示例：A 型，3 号耳式支座，支座材料为 Q235B，垫板材料为 Q245R，其标记为：

NB/T 47065.3—2018. 耳式支座 A3-Ⅰ

材料：Q235B 和 Q245R

五、腿式支座

1. 结构形式与尺寸

腿式支座简称支腿，如图 5-41 所示，适用于直接安装在刚性地基上，公称直径为 DN300～2000mm 的容器，不适用于有脉动疲劳失效的场合。

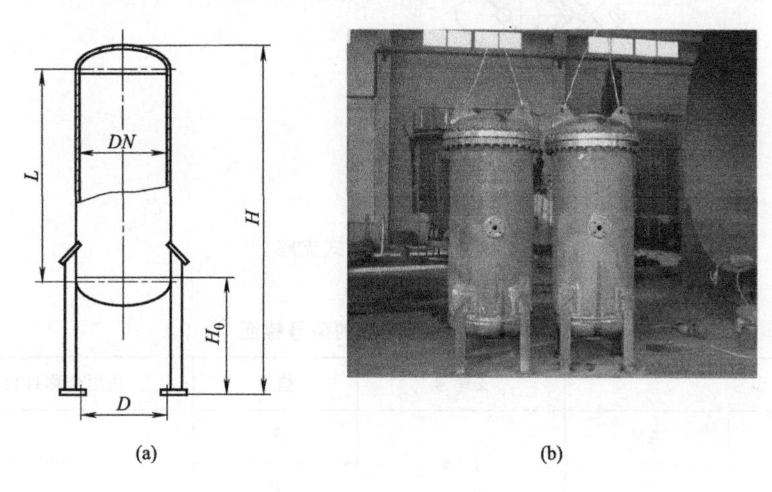

图 5-41 腿式支座

腿式支座由盖板、垫板、支柱和底板四部分组成，就是把角钢、钢管或 H 型钢支柱与容器筒体的外圆柱面焊接连接，筒体与支腿之间可设置加强垫板，也可以不设置加强垫板。腿式支座现行标准号 NB/T 47065.2—2018，其结构简单、轻巧，安装方便。但当容器上的管线直接与产生脉动载荷的机器设备刚性连接时，不宜选用腿式支座。腿式支座有 A 型（图 5-42）、AN 型（不带垫板）、B 型、BN 型（不带垫板）、C 型、CN 型（不带垫板）六种结构，见表 5-21。

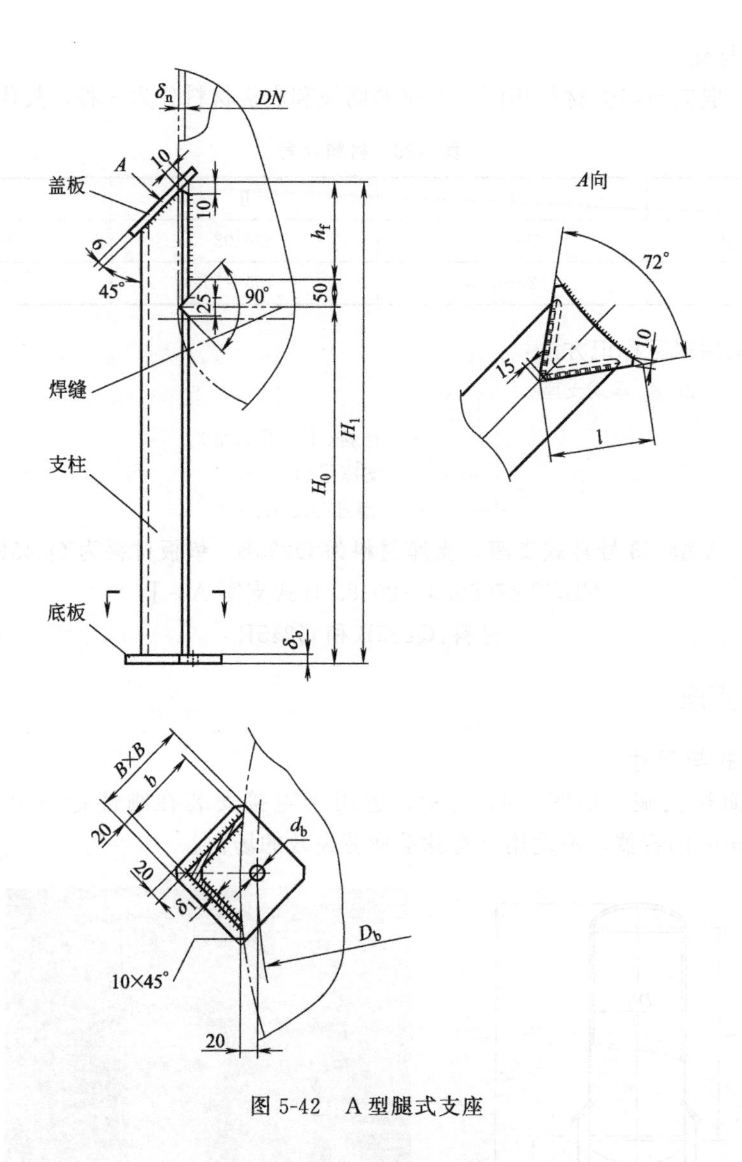

图 5-42 A 型腿式支座

表 5-21 腿式支座的型号特征

型号		支座号	垫板	适用公称直径 DN/mm
角钢支柱	AN	1～6	无	300～1300
	A		有	
钢管支柱	BN	1～6	无	600～1600
	B		有	
H 型钢支柱	CN	1～6	无	1000～2600
	C		有	

2. 材料和标记

腿式支座采用以下标记方法：

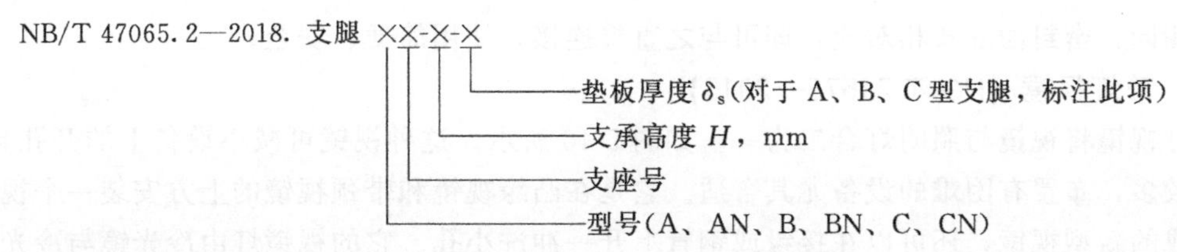

标记示例：容器公称直径DN为800mm，角钢支柱支腿，不带垫板，支承高度H为900mm，其标记为

NB/T 47065.2—2018. 支腿 AN4-900

第四节 安全附件

化工设备常见的安全附件有视镜、安全阀、爆破片装置等。它们可以观察设备内部的液面高度和物料的变化，防止设备由于运行过量而发生超压事故，是化工设备中不可缺少的组成部分。

一、视镜

视镜用来观察设备内部物料的化学和物理变化的情况。视镜玻璃可能与设备内部的物料接触，所以，它除了承受工作压力之外，还具有耐高温和耐腐蚀的能力。

1. 视镜类型与结构

视镜的种类较多，常用的有凸缘视镜和带颈视镜，如图5-43和图5-44所示。它们又分为带衬里和不带衬里两种，对于腐蚀性较强的介质可带衬里以延长使用寿命。

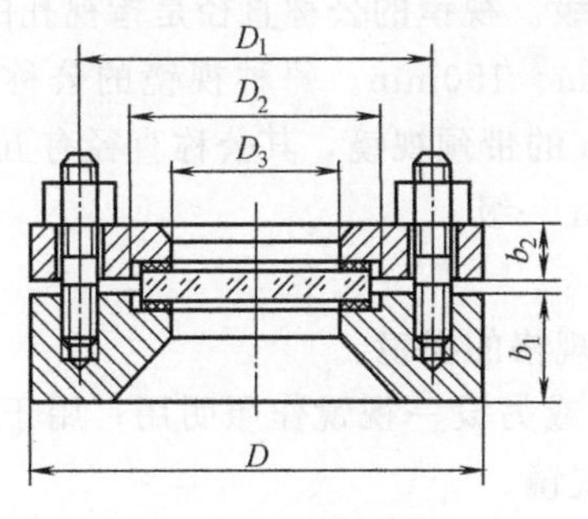

图5-43 凸缘视镜

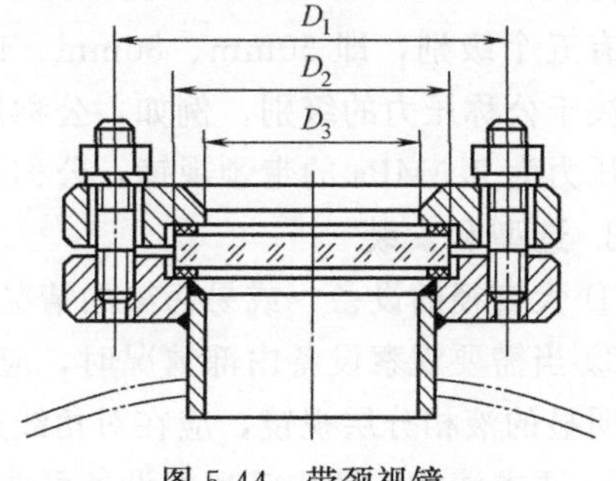

图5-44 带颈视镜

凸缘视镜又称不带颈视镜，结构简单，不易结料，观察范围广。视镜上的凸缘直接焊在设备上，适合安装在较大直径的设备上方。凸缘视镜对焊接工艺要求高，以防止凸缘上的密封面变形而引起泄漏或影响视镜玻璃的安装。

当视镜需要斜装或设备直径较小时，可采用带颈视镜。它的结构特点是在视镜的接缘下方焊有一段与视镜相匹配的钢管，钢管再与设备焊接。它的适用范围广，安装灵活、方便。

随着科技的发展，又出现了组合视镜、带灯视镜、钢和玻璃烧结视镜等新型视镜。

(1) 组合视镜 (HG/T 21505—2015)

组合视镜结构如图5-45所示。它是通过设备接管的法兰与之相连接，避免了视镜接缘与设备或接管的焊接。组合视镜的通用性很强，只要与视镜镜口所配管法兰的公称压力、公称直径相同，密封面形式相对应，即可与之直接连接，使用简便、安全。

（2）带灯视镜（HG/T 21575—2015）

带灯视镜将视镜与照明灯合二为一，如图 5-46 所示。这种视镜可减小设备上的开孔数，对开孔较多，布置有困难的设备尤其合适。它是在凸缘视镜和带颈视镜的上方安装一个视镜灯而构成的新型视镜，还可以在接缘或钢管上开一冲洗小孔。它的视镜灯由冷光镜与冷光束反射型卤钨灯泡等组合而成，具有防尘、防水、定向照明的功能，发光效率高、亮度足。有冲洗孔的带灯视镜便于定期清洗视镜玻璃，简便、卫生。

（3）钢和玻璃烧结视镜（HG/T 21605—2015）

它是将视镜玻璃与视镜座烧结为一体的新型视镜，可直接用螺栓与设备连接，视镜座与视镜玻璃之间没有密封面，可减少泄漏点，结构如图 5-47 所示。钢和玻璃烧结视镜结构紧凑、体积小、质量小、清洗方便。

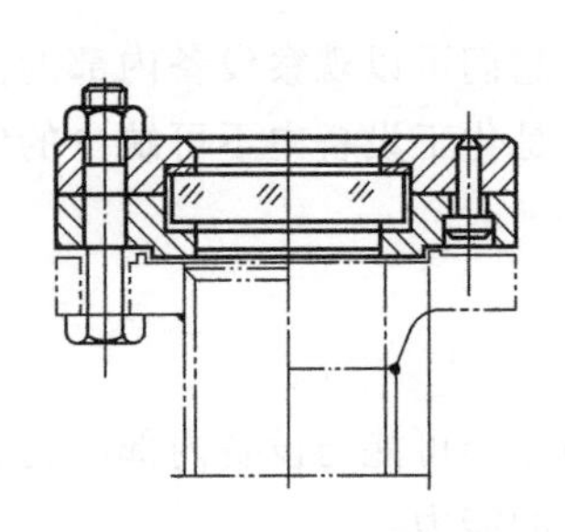

图 5-45 组合视镜

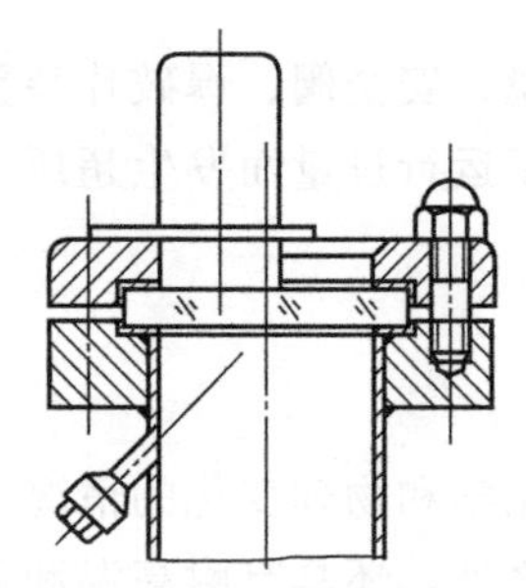

图 5-46 带灯视镜

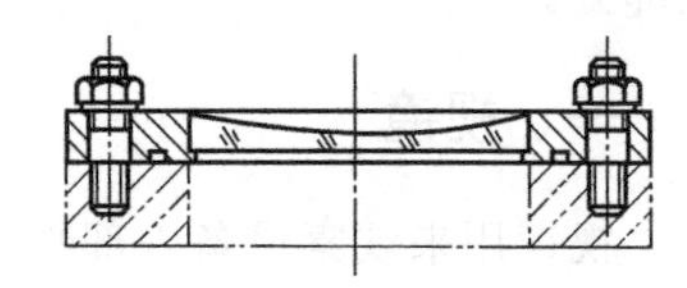

图 5-47 钢和玻璃烧结视镜

2. 视镜的规格

视镜的规格取决于公称直径和公称压力。视镜的公称压力与压力容器的公称压力含义相同，但只有 0.6MPa、1.0MPa、1.6MPa、2.5MPa 四级。视镜的公称直径是指视孔的直径，最多有五个级别，即 50mm、80mm、100mm、125mm、150mm。每种视镜的公称直径大小取决于公称压力的级别，例如，公称压力为 1.0MPa 的带颈视镜，其公称直径有五级，但公称压力为 2.5MPa 的带颈视镜，公称直径只有 50mm 一级。

3. 选型和安装

① 大直径的设备，或易污染的情况，宜选用较大规格的视镜。

② 当需要观察设备内部情况时，应选用带灯视镜或另设一视镜作照明用；用于观察界面不明显的液相分层视镜，应在对角线处设一个照明视镜。

③ 要求清洁、结构轻巧的设备可选用钢和玻璃烧结视镜。

④ 旧设备需增设视镜时，无须重新开孔，可利用原有接口选用组合视镜。

⑤ 视镜因为介质结晶、水汽冷凝等原因而影响观察时，应选用带冲洗口的视镜或装设冲洗装置。

⑥ 视镜玻璃可能因冲击、振动或温度变化有可能发生破裂时，可采用双层安全视镜或带罩视镜。

⑦ 视镜的使用温度为 0～200℃，在不低于视镜所用钢材下限温度前提下也可在低于 0℃下使用，但应装设防霜装置。

二、安全阀

化工设备可能会有一些不可控制的因素使操作压力在极短的时间超过设计压力，为了保证化工设备的安全运行，除了从根本上消除或减少可能引起超压的各种因素外，装设安全泄压装置是一个行之有效的措施。安全阀就是安全泄压装置之一，它常用于处理因物理过程而产生超压，对介质允许有微量泄漏的场合。

1. 安全阀概述

安全阀已广泛用于各类压力容器和设备，是一种自动阀门，它利用介质本身的压力，通过阀瓣的开启来排放额定数量的流体，以防止设备内的压力超过允许值。当压力恢复正常后，阀门自动关闭以阻止介质继续排出。但是由于阀瓣和阀座接触面上的密封性能有时不好，会有不同程度的微量泄漏，而且压紧弹簧有惯性动作，开启和闭合均有滞后现象，对各种腐蚀介质的适应能力差。

安全阀的主要技术术语如下。

整定压力——阀瓣在运行条件下开始升起时介质的压力，也称开启压力。

排放压力——阀瓣达到规定开启高度时介质的压力。

回座压力——排放介质后阀瓣重新与阀座接触，开启高度为零时介质的压力。

背压力——安全阀出口处压力。

开启高度——阀瓣离开关闭位置的实际升程。

2. 安全阀动作原理

安全阀工作的全过程，可分为以下四个阶段，如图 5-48 和图 5-49 所示。

(1) 正常工作阶段

此时阀瓣处于关闭密封状态，由加载机构加上的压紧力与介质压力对阀瓣的作用力之差，应不低于阀口处的密封压力。

(2) 泄漏阶段

当介质压力上升到某一定值时，使阀瓣上的密封力降低，密封口开始泄漏，但阀瓣仍无法开启。

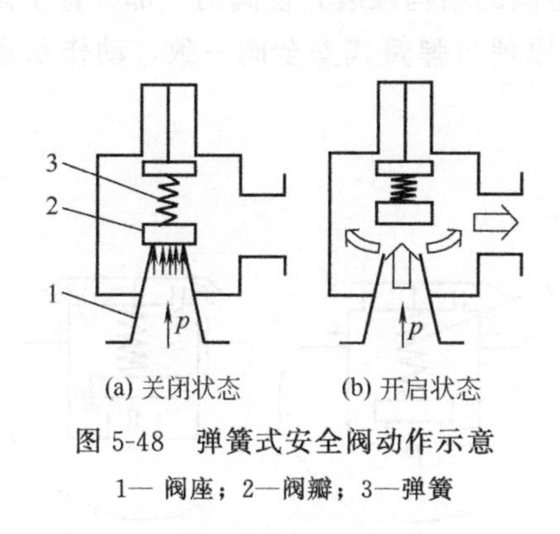

(a) 关闭状态　(b) 开启状态

图 5-48　弹簧式安全阀动作示意

1— 阀座；2—阀瓣；3—弹簧

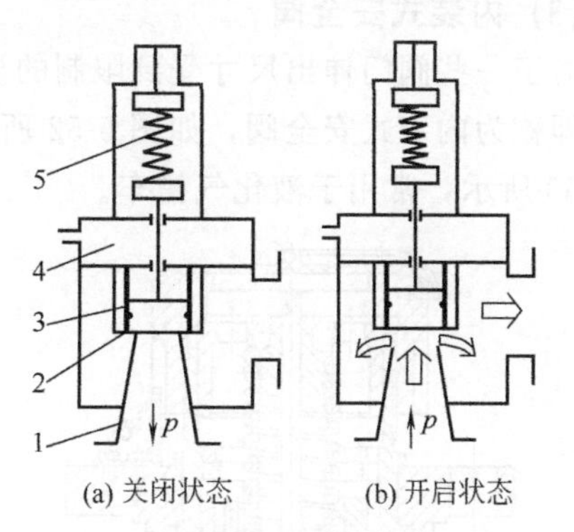

(a) 关闭状态　(b) 开启状态

图 5-49　带散热套安全阀动作示意

1— 阀座；2—阀瓣；3—隔离套；4—散热套；5—弹簧

(3) 开启、泄放阶段

当介质压力继续上升到阀的开启压力时，阀瓣上受到的向上和向下合力为零，内压稍微上升，介质连续排出，安全泄放。

(4) 关闭阶段

随着介质的不断泄放，设备内压下降，降至回座压力时阀瓣闭合，重新达到密封状态。

3. 安全阀结构类型

常用的安全阀有弹簧式安全阀、带散热套安全阀、内装式安全阀、全启式安全阀等多种类型。

(1) 弹簧式安全阀

弹簧式安全阀如图 5-50 所示。弹簧力加载于阀瓣之上，载荷随开启高度而变化，不能迅速开启。其结构比较简单、紧凑，灵敏度较高，对振动不敏感，适用于脉动系统。

(2) 带散热套安全阀

在弹簧与阀瓣之间设置了散热套和隔离套，如图 5-51 所示。它可以降低弹簧室的温度，并防止排放介质直接冲蚀弹簧，适用于高温场合。

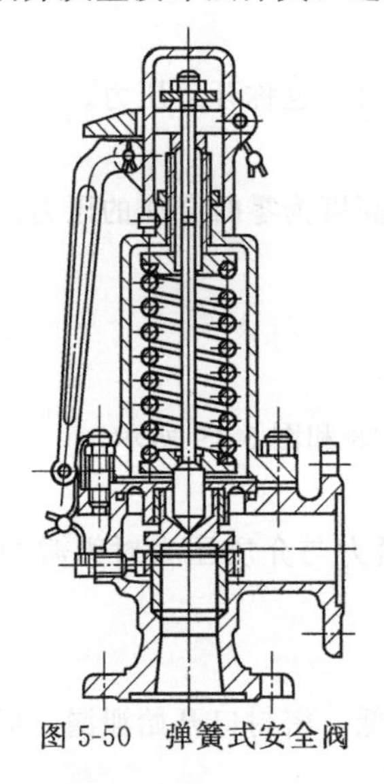

图 5-50　弹簧式安全阀

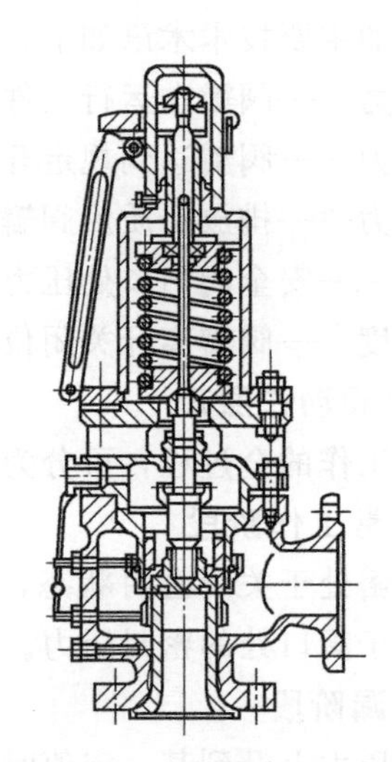

图 5-51　带散热套安全阀

(3) 内装式安全阀

对于一些阀门伸出尺寸受到限制的设备，可以将阀的结构改装，使阀的一部分置于设备内，即称为内装式安全阀，如图 5-52 所示。其工作原理与弹簧式安全阀一致，动作示意如图 5-53 所示，常用于液化气槽车。

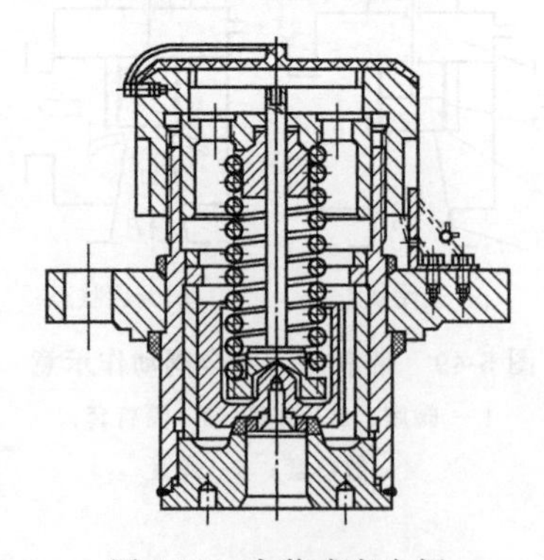

图 5-52　内装式安全阀

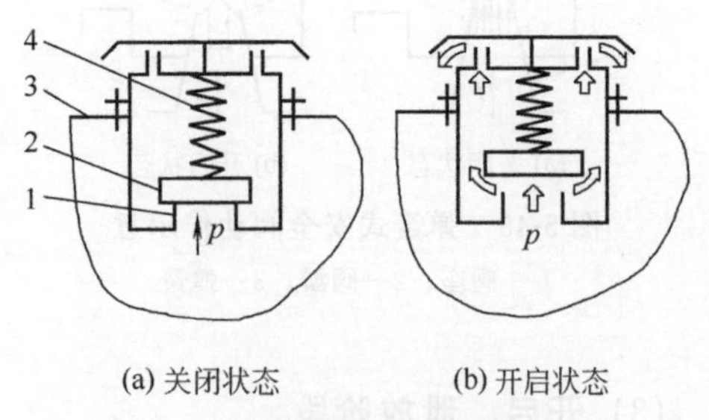

图 5-53　内装式安全阀动作示意

1—阀座；2—阀瓣；3—容器法兰；4—弹簧

(4) 全启式安全阀

全启式安全阀与弹簧式安全阀相似，如图 5-54 所示。它采用喷嘴式阀座，设置了反冲机构，利用反冲机构改变喷出介质的流向，将动量变为巨大的阀盘升力，以保证安全阀快速达到规定的开启高度。利用内设定位和导向机构，以及球面接触，可保证安全阀的密封和准确动作(见图 5-55)。全启示安全阀适用于要求反应迅速的压力容器。

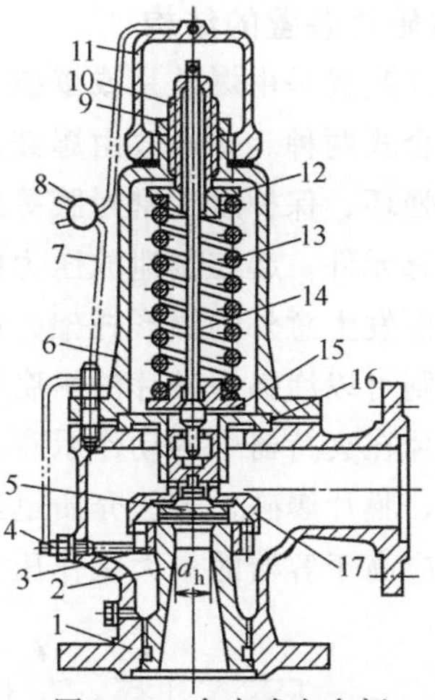

其他结构的安全阀，可参见有关技术资料。

图 5-54　全启式安全阀

1—阀体；2—阀座；3—调节圈；4—定位螺钉；5—阀盘；6—阀盖；7—保险铁丝；8—保险铅封；9—锁紧螺母；10—套筒螺栓；11—安全护罩；12—上弹簧座；13—弹簧；14—阀杆；15—下弹簧座；16—导向套；17—反冲盘

4. 安全阀的调节和日常维护

安全阀在安装前以及在压力容器定期检验时，应进行强度试验、密封试验、校正和调整。

(1) 强度试验

强度试验是验证安全阀是否具有承受工作压力的能力的一种措施。一般试验进口侧的阀体腔，试验压力为安全阀公称压力的 1.5 倍，并保持试验压力 30min 以上。试验介质为水或其他合适的液体。在试验压力下无变形或阀体渗漏等现象，即认为强度试验合格。

(2) 密封试验

密封试验检验密封机构的密封程度。试验介质为常温空气。空气或其他气体用安全阀，试验压力取整定压力的 90%；水蒸气用安全阀试验压力取整定压力的 90%或回座压力最小值中的较小者。试验时，检查其泄漏率是否超过规定值。

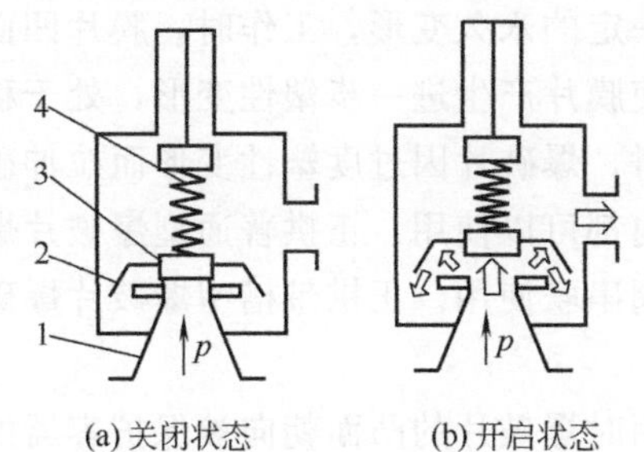

图 5-55　全启式安全阀动作示意

1—阀座；2—反冲机构；3—阀瓣；4—弹簧

(3) 校正

校正是通过调节施加在阀瓣上的载荷来校定阀门的开启压力。对于弹簧式安全阀，就是调整弹簧的压缩量；对于重锤式安全阀，就是调节重锤在杠杆上的位置。安全阀的开启压力应小于压力容器的设计压力，大于工作压力，以防止设备在超压状态下运行，且在正常工作条件下有良好的密封性。因此，安全阀的开启压力为工作压力的 1.1 倍。

(4) 调整

安全阀的调整是调节安全阀的调节圈的位置，使其与阀瓣之间有适当的间隙，使排放压力和回座压力在技术指标范围内。一般要装在压力容器上进行，排放压力过大，则应把调节圈往上调，使它与阀瓣的间隙缩小。如果回座压力小于工作压力，则应增加间隙。

三、爆破片装置

爆破片装置是化工设备中的另一种安全附件，适用于不允许有泄漏的各类介质。爆破片装置除单独使用外，也可以与安全阀串联使用。

1. 爆破片装置的结构

爆破片装置是由爆破片或爆破片组件以及夹持器等装配而成的压力泄放安全装置，有普通式和组合式两种。普通式由爆破片和夹持器装配而成，而组合式由爆破片、夹持器、背压托架、加强环、保护膜、密封膜等组合而成。爆破片是在爆破片装置中，能够因超压而迅速动作的敏感元件，起控制泄放压力的作用，是装置的核心；背压托架是用来防止爆破片因出现背压差而发生意外的拱形托架；加强环放在爆破片边缘，可以增强爆破片的刚度；保护膜和密封膜则可以增强爆破片的耐腐蚀能力和密封性能。

爆破片在夹持器中的动作示意如图 5-56 所示。爆破片在设备处于正常操作时是密封的，一旦超压，膜片爆破，超压介质迅速泄放，直至与环境压力相等，保护设备本身免受损伤。爆破压力应高于容器的最大工作压力，但不得超过容器的设计压力。

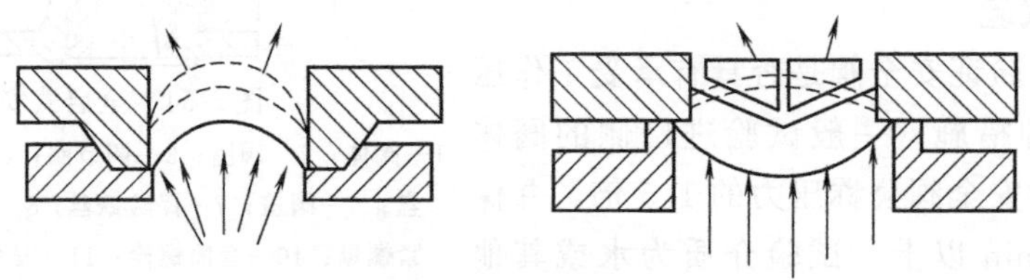

图 5-56 爆破片在夹持器中的动作示意

爆破片所用的材料有纯铝、铜、镍、银等及其合金，奥氏体不锈钢、蒙乃尔合金等金属材料，以及石墨、聚四氟乙烯等非金属材料。

2. 爆破片类型及其适用范围

通常爆破片按外形分为正拱形、反拱形和平板形三类。

正拱形爆破片是由平板膜片预先拱曲成球面，产生一定的永久变形，工作时，膜片凹面一侧朝向高压力侧。正常情况下，承受的介质压力不再使膜片产生进一步塑性变形，处于稳定的弹性状态；当凹面承受的压力过高，达到爆破压力时，爆破片因过度塑性变形而拉伸破裂。该爆破片适用范围较广，在高压、中压、低压范围内都可以使用。正拱普通型爆破片爆破时有碎片，不能用在易燃、易爆场合，亦不能与安全阀串联使用。正拱带槽型爆破片爆破时不产生碎片，上述场合可以使用。

反拱形爆破片是由薄的金属片预先拱曲成球面，使用时爆破片的凸面朝向被保护容器的高压侧，工作时处于低应力水平，当内部超压达到爆破压力时，膜片因弹性失稳而翻转，借助刀刃、颚齿触破或本身自行撕裂，动作灵敏性高。该爆破片适用于中压、低压范围及燃爆工况，对于低压、大直径的压力容器更合适。反拱形爆破片抗背压能力强，耐疲劳，更适用于有真空或负压操作及脉动循环工况，能与安全阀串联使用，但一般不用于纯液相介质泄放的场合。

平板形爆破片正常工作时保持平面形状，当设备内的压力接近爆破压力时，平板拱起，压力再提高，膜片即破裂。平板形爆破片仅适用于低压与超低压工况，爆破时无碎片，可用于燃爆工况，一般不与安全阀串联使用。

3. 爆破片装置的特点

① 爆破片有标定的爆破压力和爆破温度。为了保证压力容器的安全，选择爆破片时，爆破压力和爆破温度必须满足下述条件：爆破压力一般不允许超过压力容器的设计压力，正拱形爆破片的标定爆破压力可达到最高工作压力的 1.5 倍，反拱形爆破片的标定爆破压力达压力容器最高工作压力的 1.2 倍。爆破片的标定温度与材料有关，常用的几种材料的最高使

用温度为：工业纯铝，100℃；工业纯银，120℃；工业纯铜，200℃；工业纯钛，250℃；工业纯镍，400℃；奥氏体不锈钢，400℃；蒙乃尔合金，430℃。

② 爆破片装置有明确的安装方向。爆破片是用夹持器来安装定位的，成套爆破片中，夹持器会与爆破片装配在一起，上标有泄放侧方向，在更换夹持器中的爆裂片时，应保证爆破片铭牌上所标注的泄放侧与夹持器铭牌上标明的一致。爆破片在夹持器中安装正确后，要注意夹持器在夹持法兰中的安装方向，要使夹持器上的箭头方向与泄放时介质的流向一致。

③ 拱形金属膜片很薄，暴露在外，极易受到损伤，安装时要避免用坚硬物件或手直接按压爆破片拱面。

④ 在使用过程中要注意维持爆破压力的恒定。爆破片装置在制造时，爆破片与夹持器间已有密封结构，如果在使用过程中有泄漏，应与制造厂联系，不能自行附加密封垫片，否则会引起爆破压力的较大变化。夹持器也不能进行任何修理，法兰的螺栓要均匀上紧，这些都会影响到爆破压力的变化。

⑤ 爆破片需定期检查及更换。应定期检查爆破片外表面是否有伤痕、腐蚀和明显变形，有无异物黏附等。爆破片一般在使用一年后应予更换。

习题

一、问答题

5-1　标准压力容器法兰及其密封面有哪些形式？如何选用？

5-2　标准管法兰及其密封面有哪些形式？如何选用？

5-3　常用的法兰材料有哪些？法兰的选材原则是什么？

5-4　压力容器的公称直径、压力容器法兰的公称直径和管法兰的公称直径有什么区别？

5-5　什么是应力集中？应力集中有何特点？

5-6　开孔补强的结构有哪些？如何选择标准补强圈？

5-7　压力容器开孔是否有限制？什么条件下可以不另行补强？

5-8　耳式支座有带垫板和不带垫板两种，各使用在什么条件下？

5-9　A型、B型耳式支座有什么区别？A型、B型支承式支座有什么区别？

5-10　支承式支座与裙式支座各使用在什么条件下？

5-11　为什么鞍式支座必须是F型、S型搭配使用？

5-12　如何确定鞍式支座的安装位置？根据是什么？

5-13　裙式支座有哪两种？各用于什么条件？

5-14　人孔和手孔的设置依据是什么？如何选取人孔、手孔的类型？

5-15　视镜有哪些种类？如何选择？

5-16　液面计的选用原则是什么？液面计的公称长度是指哪个尺寸？

5-17　安全阀有哪些类型？各使用于什么条件？

5-18　如何选用爆破片？选用的主要依据是什么？

5-19　安全阀在安装前应如何调试？

二、计算题

5-20　已知某反应器的内径为900mm，塔的下部有一出料管，公称直径100mm，塔的最高操作温度250℃，最高操作压力0.25MPa，筒体及管子的材料为Q235-A。试选择筒节与封头的连接法兰及出料口管法兰，写出法兰标记并画出结构图。

5-21　某塔工作压力2.5MPa，塔内径400mm，塔高18m，塔体用不锈钢制成，中间用法兰连接，连接处温度为－20℃，试确定连接法兰的类型及材质。

5-22 某丙烯塔回流罐，设计压力 2.5MPa，设计温度 50℃，罐的内径 1000mm，法兰材料 Q345R，法兰材料的许用应力为 150MPa，罐身与端盖的许用应力为 170MPa。若罐身和端盖是法兰连接，试选择合适的标准法兰及法兰密封面，并画出结构图。

5-23 一接管公称直径 200mm，材质 Q345R，最高工作压力 3.0MPa，工作温度 250℃，管内介质腐蚀性一般。试确定管法兰及其密封面的形式和连接尺寸。

5-24 有一压力容器，内径 $D_i=3500$mm，工作压力 $p=3$MPa，工作温度 150℃，筒体材质 Q345R，壁厚 38mm。在此容器上开一个 480mm×12mm 的人孔，人孔的外伸长 250mm，内部与器壁平齐，腐蚀裕量取 2mm，开孔未与焊缝相交，若用补强圈补强，确定补强圈的尺寸。

5-25 一列管式换热器，内径 600mm，壳体壁厚 6mm，材质 Q345R，壳程操作压力 1MPa，操作温度 150℃，介质为甲苯，壳体上有一 ϕ76mm×4mm 的平齐式接管，外伸长 150mm。判断是否需要补强？如需补强，补强圈规格为多少？

5-26 有一吸收塔，内径 2800mm，壳体材质 Q345R，工作压力 1.2MPa，工作温度 100℃，选择一合适的人孔及其密封面形式。

5-27 某工厂一卧式润滑油储罐，内径 1800mm，壳体壁厚 12mm，设计压力 1.6MPa，设计温度 25℃，容积 9.9m^3，壳体（包括附件）总重约 30kN，壳体材料 20g，试选用一对标准鞍座，确定鞍座的安装位置并写出鞍座标记。

5-28 某反应釜，操作容积 0.8m^3，筒体内径 1000mm，夹套内径 1100mm，总高约 3.2m，设备质量 1310kg，反应釜内物料密度 1.2kg/m^3，反应时，物料占操作容积的 80%，夹套介质为冷却水，夹套体积为 0.2m^3，若选用耳式支座或支承式支座，分别确定每种支座的尺寸并写出标记。

第六章

换热设备

学习目标

通过本章学习，熟悉各类换热设备的结构特点和适用场合，掌握换热设备的选择原则，并能根据实际生产需要选择合适的换热设备；熟悉管壳式换热设备的相关标准，掌握零部件选型设计的一般步骤；了解换热设备使用过程的常见问题；掌握管壳式换热器日常维护与检修的相关知识与技能。

第一节 换热设备的应用

换热设备是一种实现物料之间热量传递的节能设备，是在化工、石油、轻工、食品、动力、制药、冶金等许多工业部门中广泛应用的一种工艺设备，在炼油、化工装置中换热器占设备数量的40%左右，占总投资的30%～45%。图 6-1 为典型的换热设备。

随着环境保护要求的提高，近年来加氢装置的需求越来越多，如加氢裂化，煤油加氢，汽油、柴油加氢和润滑油加氢等，所需的高温、高压换热设备的数量随之加大，在这些场合，换热设备通常占总投资的50%以上。

图 6-1 换热设备

换热设备也是回收余热、废热，特别是低位热能的有效装置。例如，烟道气（约 200～300℃）、高炉炉气（约 1500℃）、需要冷却的化学反应工艺气（约 300～1000℃）等的余热，通过余热锅炉可生产压力蒸汽，作为供热、供电和动力的辅助能源，从而提高热能的总利用率，降低燃料消耗和电耗，提高工业生产的经济效益。

进入 20 世纪 90 年代以来，随着装置的大型化发展，换热设备也随之大型化。如 66 万吨/年乙烯装置、800 万吨/年常减压装置、350 万吨/年重催装置中的换热设备随之加大。在国外，管壳式换热设备的最大直径已达到 ϕ4650mm，国内已达到 ϕ3200mm，传热面积达到 7000m^2，质量达到 260t。

随着全球水资源日益紧张，空冷式换热设备已在石油、化工、冶金、电力行业得到大量应用。空冷式换热设备利用空气作为冷却介质，替代循环水系统减少对环境的污染，节能效果非常显著。近年来国内在节能、增效等方面改进换热设备的性能，在提高传热效率、减小传热面积、减低压降、提高装置热强度等方面取得了显著的成绩。

为了使换热设备高效经济地运行，更好地服务于生产，一台完善的换热设备，除了要求它满足特定的工艺条件外，还应满足以下基本要求。

① 传热效果好、传热面积大、流体阻力小，合理实现所规定的工艺条件。

② 作为典型的压力容器，换热设备应该保证结构合理，运行安全可靠。

③ 制造、维修方便，操作简单。

④ 成本较低，经济合理。

很显然，在设计和选用换热设备的时候，要同时满足上述要求是很困难的。所以，应根据不同的应用场合，综合评定各种性能指标，以使最终选定的方案达到整体目标最优。

第二节 换热设备分类

由于工业生产目的和要求的不同，换热设备的类型也多种多样，按传热方式不同可划分为直接接触式、蓄热式和间壁式换热设备。

一、直接接触式

如图 6-2 所示，直接接触式换热设备是利用冷、热两种流体直接接触，在相互混合过程中进行换热。这类换热设备又称混合式换热设备，通常做成塔状，如目前工业上广泛使用的冷却塔、气压冷凝器等。为了增加两流体的接触面积，以达到充分换热，在直接接触式换热设备中常放置填料和栅板，有时也可把液体喷成细滴。直接接触式换热设备具有传热效率高、单位体积提供的传热面积大、设备结构简单、价格便宜等优点，仅适用于工艺上允许两种流体混合的场合。

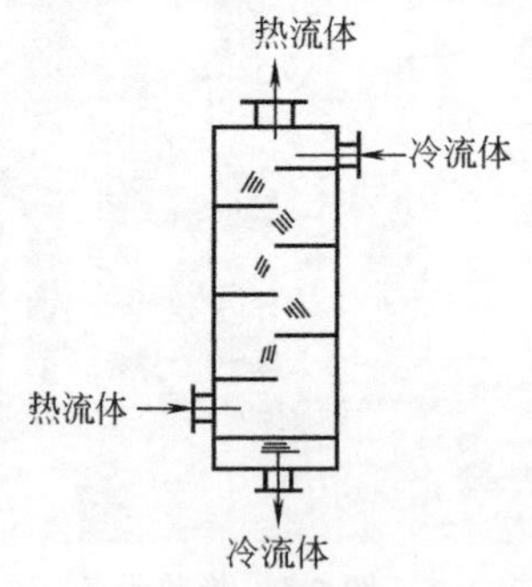

图 6-2 直接接触式换热设备

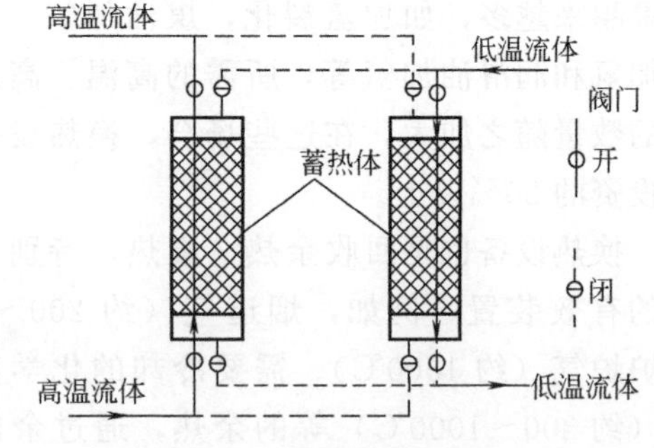

图 6-3 蓄热式换热设备

二、蓄热式

如图 6-3 所示，这类换热设备是让两种温度不同的流体先后交替通过一种固体填料（蓄热体）的表面，热流体通过时，把热量蓄积在填料中，然后让冷流体通过，将热量带走。这样，在填料被加热和冷却的过程中，进行着热流体和冷流体之间的热量传递。在使用这种换热设备时，不可避免地会使两种流体有少量混合，且必然是成对使用，即当一个通过热流体时，另一个则通过冷流体，并靠自动阀进行交替切换，使生产得以连续进行。

蓄热式换热设备结构简单、价格便宜、单位体积传热面积大，故较适合用于气-气热交换的场合，如回转式空气预热器就是一种蓄热式换热设备。

三、间壁式

这类换热设备是利用间壁将冷、热流体隔开，互不接触，热量由热流体通过间壁传递给冷流体。这种换热设备使用最广，常见的有管式和板面式换热设备。

1. 管式换热设备

管式换热设备具有结构坚固、操作弹性大和使用材料范围广等优点，尤其在高温、高压和大型换热设备中占有相当优势。但这类换热设备在换热效率、设备结构的紧凑性和金属消耗量等方面均不如其他新型的换热设备。从结构上看，这类换热设备还可以细分为蛇管式、套管式和列管式等。

(1) 蛇管式换热器

蛇管式换热器是把换热管（金属或非金属）按需要弯曲成所需的形状，如圆盘形、螺旋形和长的蛇形等。它是最早出现的一种换热设备，具有结构简单、制作容易和操作方便等优点。对需要传热面积不大的场合比较适用。同时，因管子能承受高压而不易泄漏，常被高压流体的加热或冷却所采用。按使用状态不同，蛇管式换热设备又可分为如图 6-4 所示的沉浸式蛇管换热器，以及如图 6-5 所示的喷淋式蛇管换热器。

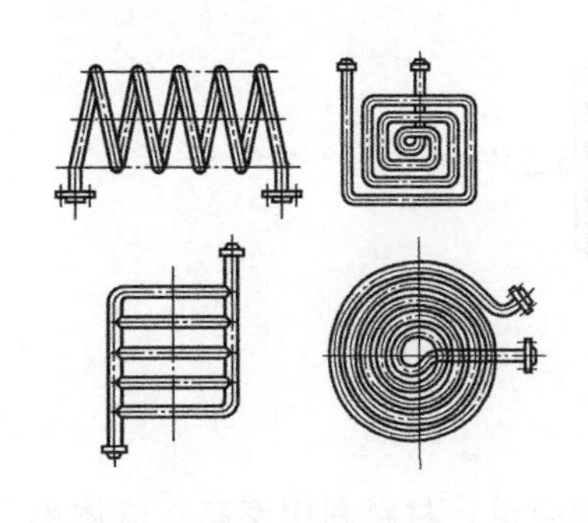

图 6-4 沉浸式蛇管换热器

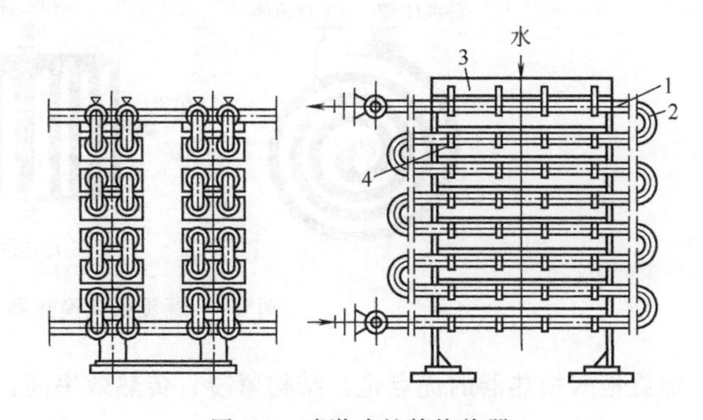

图 6-5 喷淋式蛇管换热器

1—直管；2—U 形管；3—水槽；4—齿

(2) 套管式换热器

套管式换热器是由两种直径不同的管子组装成同心管，两端用 U 形管把它们连接成排，如图 6-6 所示。在进行换热时，一种流体走管内，另一种流体走内外管的间隙，内管的壁面为传热面，一般按逆流方式进行换热。它的优点是结构简单，工作适应范围大，传热面积增减方便，两侧流体均可提高流速，能获得较高的传热系数；缺点是单位传热面的金属消耗量太大，检修、清洗和拆卸都比较麻烦，在可拆连接处容易造成泄漏。该类换热设备通常用于高温、高压、小流量流体和所需传热面积不

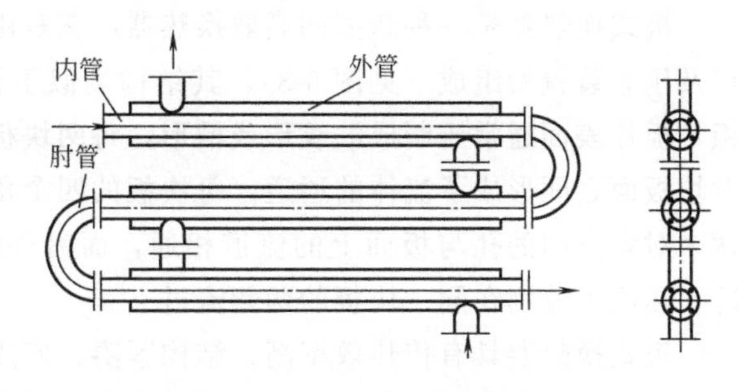

图 6-6 套管式换热器

大的场合。

(3) 列管式换热器

列管式换热器又称为管壳式换热器，是一种通用的标准换热设备。它具有结构简单、坚固耐用、造价低廉、用材广泛、清洗方便、适应性强等优点，在各工业领域得到了最为广泛的应用。

近年来，尽管受到了其他新型换热设备的挑战，但反过来也促进了其自身发展。在换热器向高参数、大型化发展的今天，列管式换热器仍占有十分明显的优势地位。

2. 板面式换热设备

这类换热设备是通过板面进行传热的。按照传热板面的结构形式可分为螺旋板式、板式、板翅式、板壳式和伞板式等。

(1) 螺旋板式换热器

螺旋板式换热器是用焊在中心已分隔挡板上的两块金属薄板在专用卷板机上卷制而成，卷成之后两端用盖板焊死，这样便形成了两条互不相通的螺旋形通道，参与换热的某一种流体由螺旋通道外层的连接管进入，沿着螺旋通道向中心流动，最后由中心室的连接管流出；另一种流体则由中心室另一端的接管进入，沿螺旋通道从中心向外流动，最后由外层连接管流出。两种流体在换热器中以逆流方式流动，如图 6-7 所示。

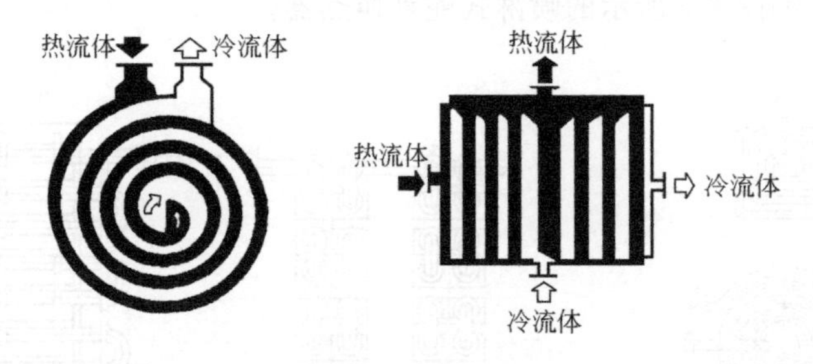

图 6-7 螺旋板式换热器

螺旋板式换热器的优点是：结构紧凑，传热效率高；制造简单；材料利用率高；流体单通道螺旋流动，有自冲刷作用，不易结垢；可呈全逆流流动，传热温差小。螺旋板式换热器适用于液-液、气-液流体换热，对于高黏度流体的加热或冷却及含有固体颗粒的悬浮液的换热，尤为适合。螺旋板式换热器的不足之处是要求焊接质量高，检修比较困难，质量大，刚性差，运输和安装时应特别注意。

(2) 板式换热器

板式换热器是一种新型的高效换热器，它是由一组长方形的薄金属传热板片和密封垫片以及压紧装置所组成（见图 6-8)，其结构类似于板框压滤机。板片为 1～2mm 厚的金属薄板，板片表面通常压制成波纹形或槽形，每两块板的周边安上垫片，通过压紧装置压紧，使两块板面之间形成了流体的通道。每块板的四个角上各开一个通孔，借助于垫片的配合，使两个对角方向的孔与板面上的流道相通，而另外的两个孔与板面上的流道隔开，这样，使冷、热流体分别在同一块板的两侧流过。

板式换热器具有传热效率高、结构紧凑、使用灵活、清洗和维修方便、能精确控制换热温度等优点，应用范围十分广泛。其缺点是密封周边太长，不易密封，渗漏的可能性大；承压能力低；使用温度受密封垫片材料耐温性能的限制，不宜过高；流道狭窄，易堵塞，处理

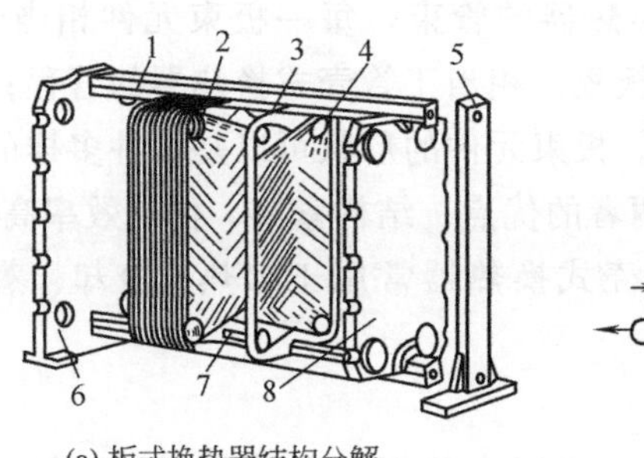

(a) 板式换热器结构分解

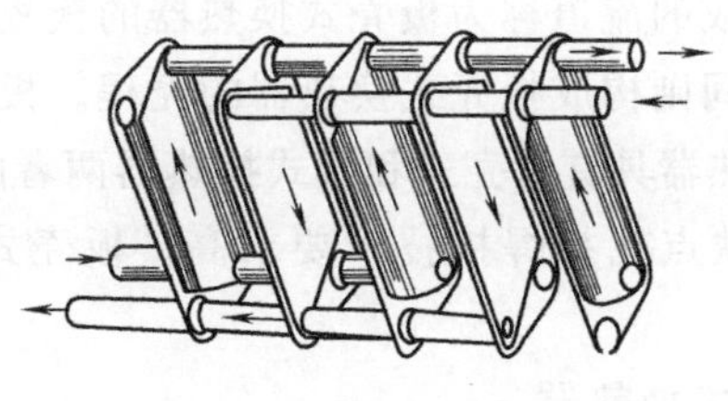

(b) 板式换热器流程

图 6-8　板式换热器

1—上导杆；2—垫片；3—传热板片；4—角孔；5—前支柱；6—固定端板；7—下导杆；8—活动端板

量小；流动阻力大。

(3) 板翅式换热器

板翅式换热器如图 6-9 所示，它是一种新型的高效换热器。这种换热器的基本结构是在两块平行金属板（隔板）之间放置一种波纹状的金属导热翅片，在翅片两侧各安置一块金属平板，两边以侧条密封而组成单元体，对各个单元体进行不同的组合和适当的排列，并用钎焊焊牢，组成板束，把若干板束按需要组装在一起，然后焊在带有流体进、出口的集流箱上，便构成逆流式、错流式、错逆流结合式等多种板翅式换热器。

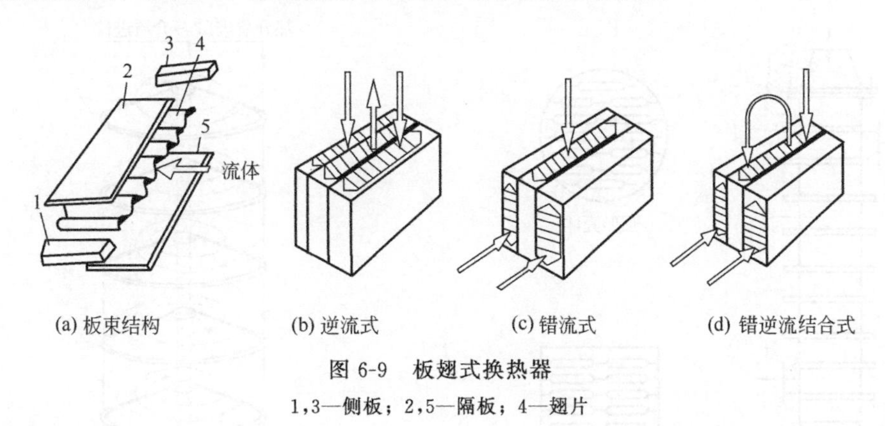

(a) 板束结构　(b) 逆流式　(c) 错流式　(d) 错逆流结合式

图 6-9　板翅式换热器

1,3—侧板；2,5—隔板；4—翅片

板翅式换热器中的基本元件是翅片，冷、热流体分别流过间隔排列的冷流层和热流层而实现热量交换。由于翅片不同几何形状使流体在流道中形成强烈的湍流，使热阻边界层不断破坏，从而有效地降低热阻，提高传热效率。另外，由于翅片焊于隔板之间，起到骨架和支撑作用，使薄板单元件结构有较高的强度和承压能力，能承受高达 5MPa 的压力。

板翅式换热器是一种传热效率较高的换热设备，其传热系数比管壳式换热器大 3～10 倍。板翅式换热器一般用铝合金制造，因此，结构紧凑、轻巧，适应性广，可用作气-气、气-液和液-液的热交换，亦可用作冷凝和蒸发，同时适用于多种不同的流体在同一设备中操作，特别适用于低温或超低温的场合。其主要缺点是流道小、易堵塞、结构复杂、造价高、不易清洗、难以检修等。

(4) 板壳式换热器

板壳式换热器是一种介于管壳式和板式换热器之间的换热器，主要由板束和壳体两部分组成，如图 6-10 所示。板束相当于管壳式换热器的管束，每一板束元件相当于一根管子，由板束元件构成的流道称为板壳式换热器的板程，相当于管壳式换热器的管程；板束与壳体之间的流通空间则构成板壳式换热器的壳程。板束元件的形状可以是多种多样的。

板壳式换热器具有管壳式和板式换热器两者的优点：结构紧凑、传热效率高、压力降小、容易清洗。其缺点就是焊接技术要求高。板壳式换热器常用于加热、冷却、蒸发、冷凝等过程。

(5) 伞板式换热器

伞板式换热器是由板式换热器演变而来，它以伞状板片代替平板片，如图 6-11 所示。伞板式换热器流体出入口和螺旋板式换热器相似，设在换热器的中心和周围上，工作时一种流体由板中心流入，沿螺旋通道流至圆周边排出；另一种流体则由圆周边接管流入，沿螺旋通道流向中心后排出。两种介质在板片的中心与边缘之处是以异性垫片进行密封，使之各不相混，如此两种介质以伞状板片为传热面进行逆流传热。

伞状板片结构稳定，板片间容易密封，传热效率高。但由于设备流道较小，容易堵塞，不宜处理较脏的介质。伞板式换热器适合于液-液、液-蒸汽的热交换，常用于处理量小、工作压力和温度较低的场合。

3. 其他类型换热设备

这类换热设备一般是为满足特殊工艺要求设计的，具有特殊结构，并使用特殊材料制造，如石墨换热器、聚四氟乙烯换热器和热管换热器等。

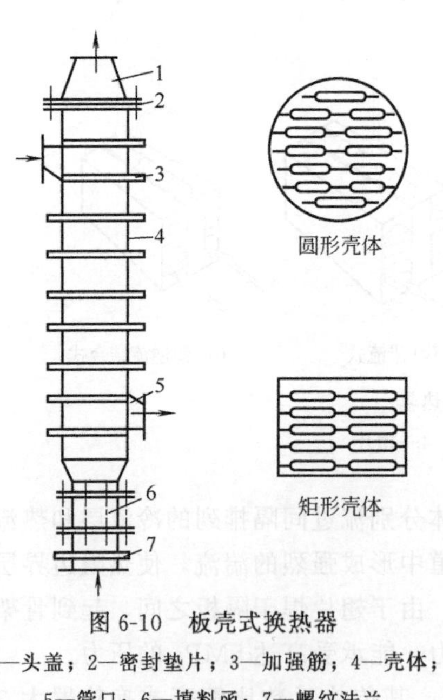

图 6-10 板壳式换热器

1—头盖；2—密封垫片；3—加强筋；4—壳体；5—管口；6—填料函；7—螺纹法兰

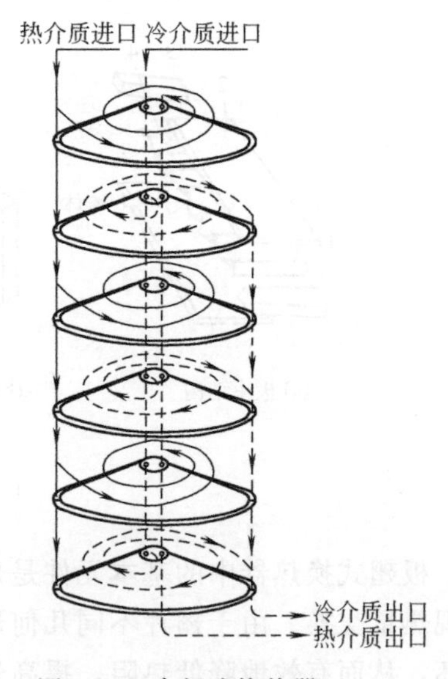

图 6-11 伞板式换热器

(1) 石墨换热器

它是一种用不渗透性石墨制造的换热设备，如图 6-12 所示。由于石墨的线胀系数小，热导率高，不易结垢，所以传热性能好。同时，石墨具有良好的物理性能和化学稳定性，除了强氧化性酸以外，几乎可以处理一切酸、碱、无机盐溶液和有机物，适用于腐蚀性强的场合。但由于石墨的抗拉和抗弯强度较低，易脆裂，在结构设计中应尽量采用实体块，以避免石墨件受拉伸和弯曲。同时，应在受压缩的条件下装配石墨件，以充分发挥它抗压强度高的特点。此外，换热器的通道走向必须符合石墨的各向异性所带来的最佳导热方向。根据这些情况，石墨换热器有管壳式、孔式和板式等多种。

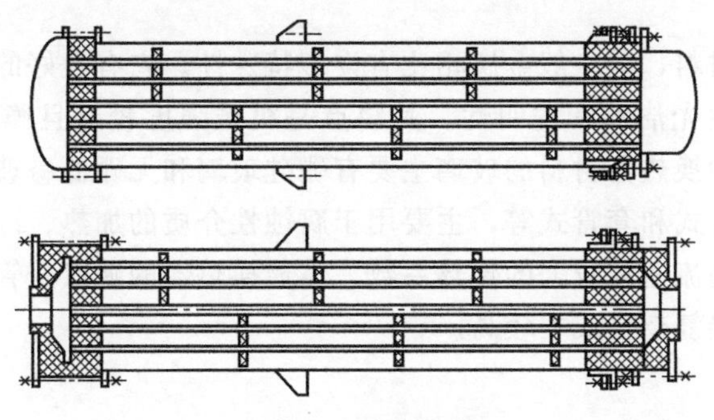

图 6-12　石墨换热器

(2) 聚四氟乙烯换热器

它是最近十余年所发展起来的一种新型耐腐蚀的换热设备。由于聚四氟乙烯耐腐蚀、不生锈，能制成小口径薄壁软管，因而可使换热设备具有结构紧凑、耐腐蚀等优点。其主要缺点是机械强度和导热性能较差，故使用温度一般不超过 150℃，使用压力不超过 1.5MPa。其主要的结构形式有管壳式和沉浸式两种。

(3) 热管换热器

这是由一种被称为热管的新型换热元件组合而成的换热装置。热管换热器结构如图6-13 (a) 所示，热管的工作原理如图 6-13 (b) 所示，它由管壳、封头、管芯、工质等组成。管内有工质，工质被吸附在多孔的毛细吸液芯内，一般为气、液两相共存，并处于饱和状态。对应于某一个环境温度，管内有一个与之相应的饱和蒸气压力。热管与外部热源相接触的一端，称为蒸发段；与被加热体相接触的一端，称为冷凝段。热管从外部热源吸热，蒸发段吸液芯中工质蒸发，局部空间的蒸气压力升高，管子两端形成压差，蒸气在压差作用下被驱送到冷凝段，其热量通过热管表面传输给被加热体，热管内工质冷凝后又返回蒸发段，形成一个闭式循环。热管的管条一般由导热性能好、耐压、耐热应力、防腐的不锈钢、铜、铅、镍、铌、钽、玻璃、陶瓷等材料构成。热管既可组装成换热设备使用，也可单独使用。

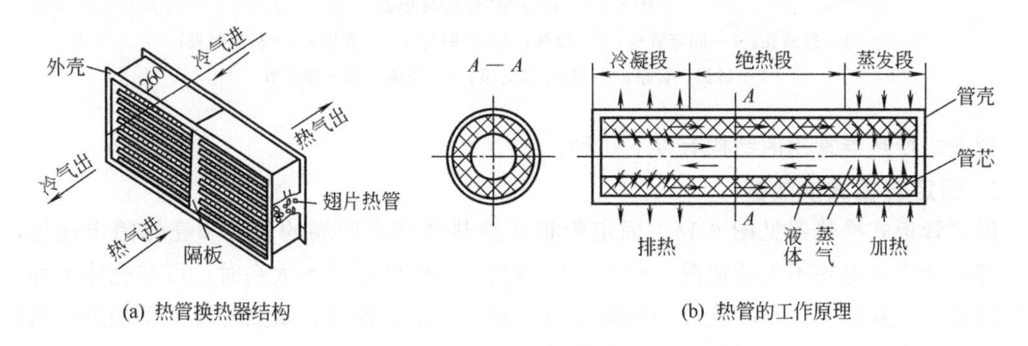

(a) 热管换热器结构　　(b) 热管的工作原理

图 6-13　热管换热器

热管换热设备具有传热能力大，结构简单，工作可靠，不需要输送泵和密封、润滑部件等诸多优点，特别适用于工业尾气余热回收。虽然热管是为了解决宇航中的问题而发展起来的，但现在早已突破了宇航的范畴，扩大到电子电工、机械、化工、轻工等生产领域，甚至是生活领域。特别是在能源问题成为国际问题的今天，热管在能源开发和节能技术中必将有更广阔的前景。

（4）玻璃换热器

玻璃作为换热器材料，与一般金属相比有许多特殊性。它有良好的抗化学腐蚀性，相当高的耐热性，高度表面光洁性和透明性。其缺点是机械强度较差且脆，抗弯曲和冲击性能差，导热性能差。作为换热器材料的玻璃主要有硼硅玻璃和无硼低碱玻璃。玻璃换热设备有盘管式、喷淋式、列管式和套管式等，主要用于腐蚀性介质的加热、冷却或冷凝，当处理量不大时，可以获得较高流速和较大的传热系数。玻璃换热器的缺点是管子的抗振能力低，玻璃管和金属管板的连接复杂且成本较高。

第三节　管壳式换热器分类

管壳式换热器，主要由壳体、管束、管板、折流挡板、管箱、封头等部件组成。管束两端固定在管板上，管板连同管束都固定在壳体上，封头、壳体上装有流体的进出口接管。实际操作时，一种流体在管束及与其相通管箱内流动，其所经过的路程称为管程；另一种流体在管束与壳体的间隙中流动，其所经过路程称为壳程。为了提高壳程流体的流速，可在壳体内装设一定数目与管束相垂直的折流挡板，这样既提高壳程流体的流速，又迫使壳程流体遵循规定的路径流过，多次地错流流过管束，有利于提高传热效果。

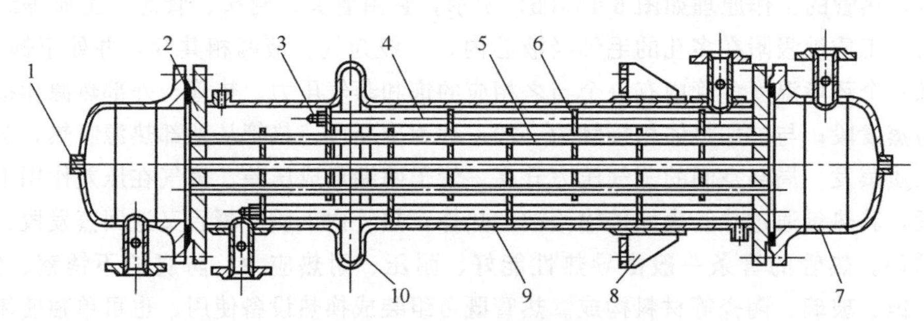

图 6-14　固定管板式换热器

1—排液孔；2—固定管板；3—拉杆；4—定距管；5—管束；6—折流挡板；7—封头、管箱；8—悬挂式支座；9—壳体；10—膨胀节

管壳式换热器常用的结构有以下几种。

1. 固定管板式换热器

固定管板式换热器见图 6-14。固定管板式换热器管束两端的管板和壳体固定连接，仅用于管束和壳体温差不大的情况。对于温度差稍大而壳体受压不太高时，可在壳体上加上热补偿结构——膨胀节。它的优点是结构简单、紧凑，造价便宜，缺点是管外不能进行机械清洗。因此，壳体流体应用不易生污垢的清洁流体。

由于管束和管板与外壳的连接均为刚性，而管内、管外是两种不同温度的流体，因此，当两流体温度差较大（大于 50℃）时产生温差应力，以致管子扭弯或从管板上松脱，甚至损坏整个换热器，故应考虑设置热补偿结构——膨胀节。

当管子和壳体的壁温差大于 70℃和壳程压力超过 0.6MPa 时，由于补偿圈过厚，难以伸缩，失去温差的补偿作用，应考虑采用其他结构的换热器。

2. 浮头式换热器

浮头式换热器如图 6-15 所示。其特点是管束的一端管板与壳体连接，另一端管板与壳体不连接，受热或受冷时，可以沿管长方向自由伸缩，称为浮头。浮头有内浮头或外浮头之分，其结构复杂，金属材料多，制造成本高，但整个管束可以从壳体内拆卸出来，便于检修和清洗。它适用于管壁和壳壁温差大，管束空间需要经常清洗的场合。它可在高温、高压下工作，一般温度低于 450℃，压力低于 6.4MPa。

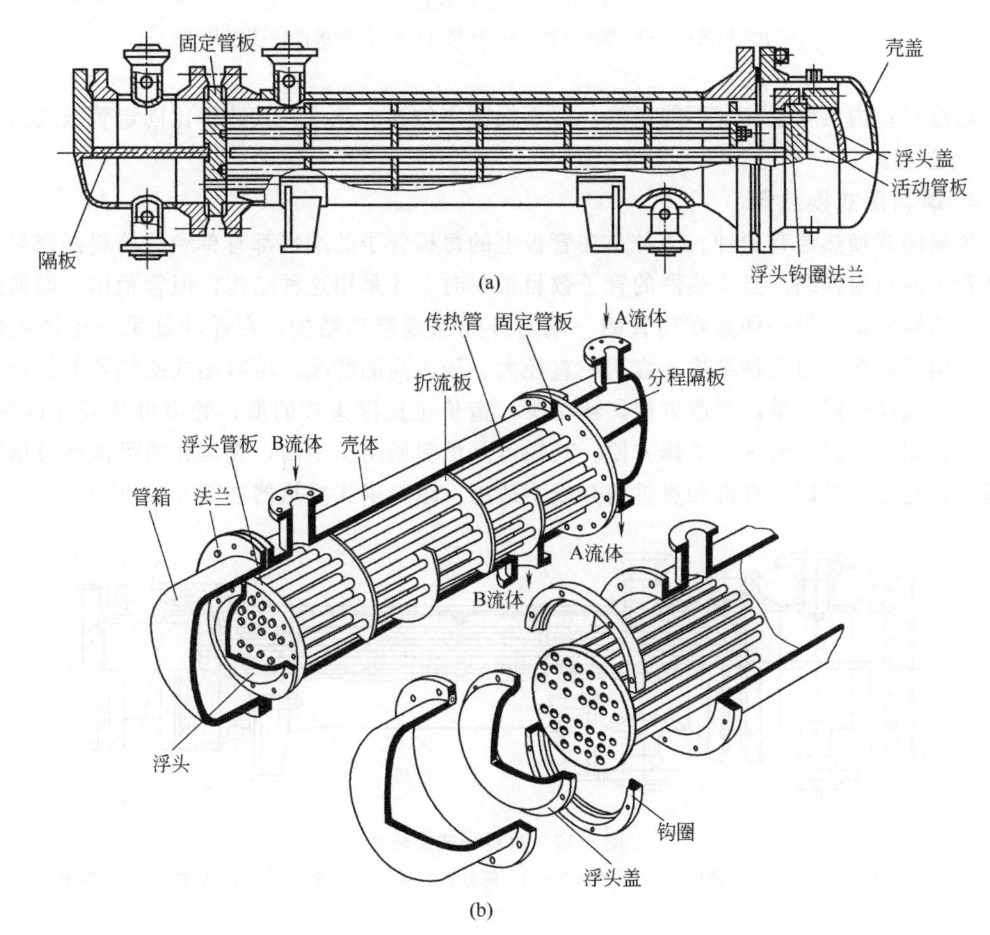

图 6-15 浮头式换热器

3. U 形管式换热器

U 形管式换热器如图 6-16 所示。换热器中的每根管子都弯制成 U 形，进口、出口分别安装在同一管板的两侧，再将该侧管箱用隔板分成两室，由于只有一块管板，管子在受热或冷却时，可以自由伸缩。其结构简单，能耐高温、耐高压，可用于温差变化很大、高温或高压的场合，一般适用于温度低于 500℃，压力低于 10MPa 的场合。但管束不易清洗，拆换管子也比较困难，因此要求通过管内的流体应尽量洁净。

由于换热器管子需要有一定的弯曲半径，故管板的利用率较低；管束最内层管间距大，

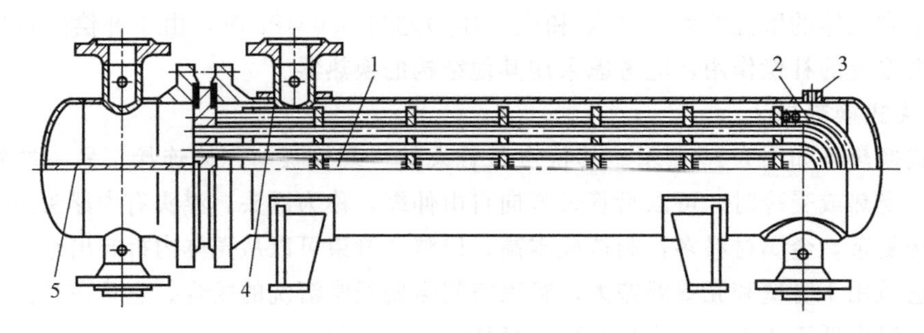

图 6-16 U 形管式换热器

1—中间挡板；2—U 形换热管；3—排气口；4—防冲板；5—分程隔板

壳程易短路；内层管子坏了不能更换，因而报废率较高。此外，其造价比固定管板式换热器高 10%左右。

4. 填料函式换热器

填料函式换热器有两种。一种是在管板上的每根管子的端部都有单独的填料函密封，以保证管子的自由伸缩。当换热器的管子数目很少时，才采用这种结构，但管距比一般换热器要大，结构复杂。另一种是在列管的一端与外壳做成浮动结构，在浮动处采用整体填料密封，结构较简单，但此种结构不宜用在直径大、压力高的情况。填料函式换热器的优点是结构较浮头式换热器简单，制造方便，耗材少，造价也比浮头式的低；管束可从壳体内抽出，管内、管间均能进行清洗，维修方便。其缺点是填料函耐压不高，壳程介质可能通过填料函外漏，对易燃、易爆、有毒和贵重的介质不适用。填料函式换热器如图 6-17 所示。

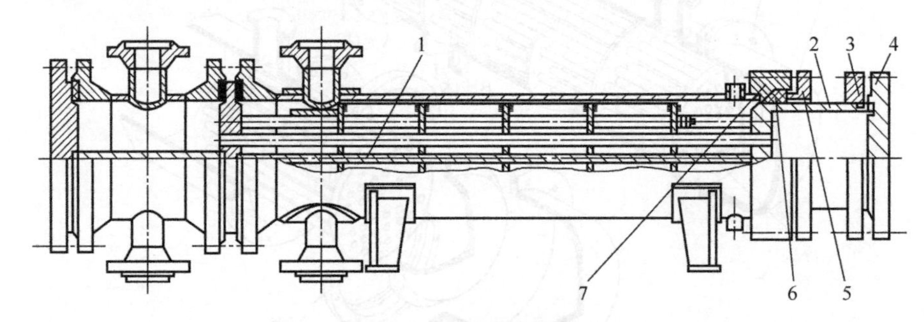

图 6-17 填料函式换热器

1—纵向隔板；2—浮动管板；3—活套法兰；4—部分剪切环；5—填料压盖；6—填料；7—填料函

5. 釜式重沸器

釜式重沸器如图 6-18 所示。这种换热器的管束可以为浮头式、U 形管式和固定管板式结构。在结构上与其他换热器不同之处在于壳体上设置一个蒸发空间，蒸发空间的大小由产汽量和所要求的蒸汽品质决定，产汽量大、蒸汽品质要求高则蒸发空间大，否则可以小些。这种换热器与浮头式、U 形管式换热器一样，清洗维修方便，可处理不清洁、易结垢的介质，并能承受高温、高压。

高效重沸器与釜式重沸器的不同之处在于它的换热管采用了 T 形翅片管（见图 6-19）。T 形翅片管强化了沸腾传热，这种管子被誉为最佳传热元件之一，它的给热系数比光管提高 3.3～10 倍以上，总传热系数提高 40%以上，节约设备质量 25%。高效重沸器与釜式重沸器相比，具有抗垢性能好、低温差推动力大的特点。其缺点是不适宜有湿硫化氢的场合，同时造价高出10%～15%。

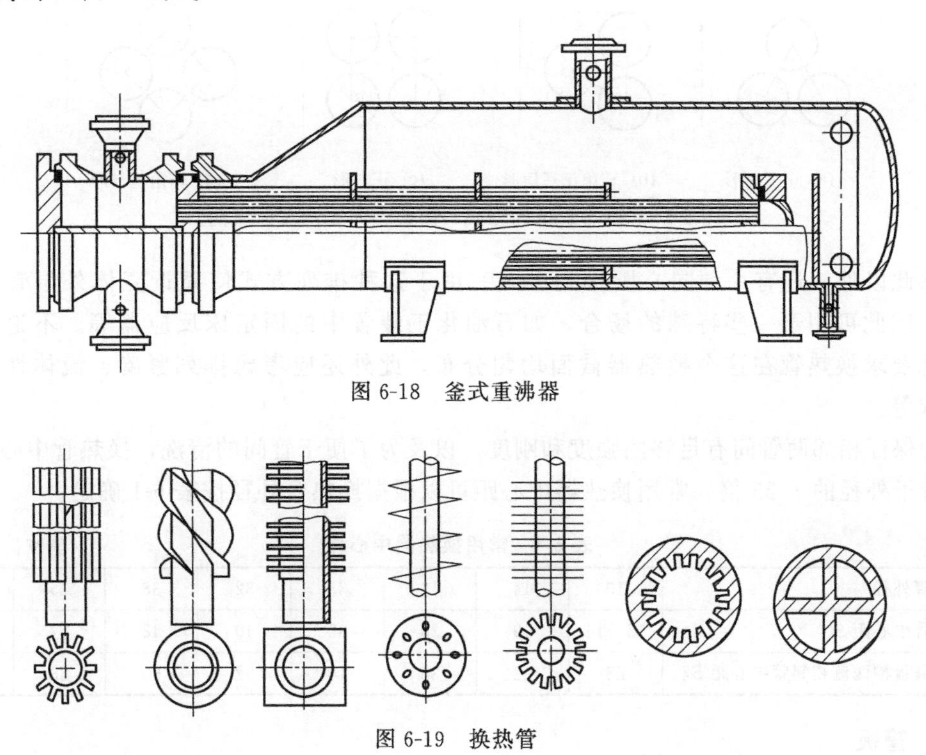

图6-18 釜式重沸器

图6-19 换热管

第四节 管壳式换热器主要结构

一、换热管与管板的连接结构

1. 换热管的选择和排列

换热管一般采用无缝钢管，为了强化传热，也可采用如图6-19所示的翅片管、螺纹管、螺旋槽管等其他形式。换热管材料主要是根据工艺条件和介质腐蚀性来选择，常用的金属材料有碳素钢、不锈钢、铜和铝等，非金属材料有石墨、陶瓷、聚四氟乙烯等。

换热管的尺寸一般用外径与壁厚表示，常用碳素钢、低合金钢钢管的规格有ϕ19mm×2mm、ϕ25mm×2.5mm和ϕ38mm×2.5mm，不锈钢管规格为ϕ25mm×2mm和ϕ38mm×2.5mm。标准管长为1.5m、2.0m、3.0m、4.5m、6.0m、9.0m等。管子的数量、长度和直径是根据换热器的传热面积而定，所选的直径和长度应符合规格。为了提高管程的传热效率，通常要求管内的流体呈湍流流动（一般液体流速为0.3～2m/s，气体流速为8～25m/s)，故一般要求管径要小。对于黏度大或污浊流体，为了方便清洗，可采用直径较大的管子。

换热管在管板上的排列方式主要有正三角形、转角正三角形、正方形和转角正方形四种，如图6-20所示。正三角形排列用得最为普遍，因为它可以在同样的管板面积上排列最多的管数，但管外不易清洗。为便于管外清洗，可以采用正方形或转角正方形排列的管束。

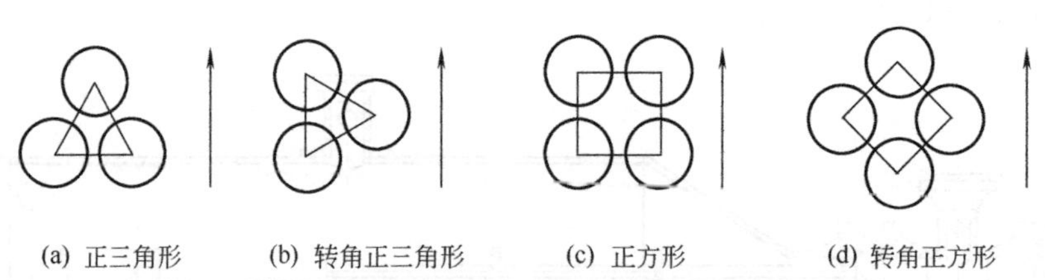

图 6-20 换热管排列方式（箭头方向表示流体流向）

除此以外，还有一种同心圆排列方式。由于这种排列方式使靠近壳体外层管子排列均匀，因此可用于一些特殊的场合，如石油化工装置中的固定床反应器等。不论何种排列，都要求换热管在这个换热器截面均匀分布，此外还应考虑排列紧凑、流体性质、制造要求等。

为保证相邻两管间有足够的强度和刚度，以及为了便于管间的清洗，换热管中心距应不小于管子外径的 1.25 倍，常用换热器中心距可以根据换热管外径按表 6-1 确定。

表 6-1 常用换热器中心距 单位：mm

换热管外径	10	14	19	25	32	38	45	57
换热管中心距 S	13～14	19	25	32	40	48	57	72
分程隔板槽两侧相邻管中心距 S_n	28	32	38	44	52	60	68	80

2. 管板

管板是换热器中较重要的受力元件之一，基本结构如图 6-21 所示。管板主要用来连接换热管，同时将管程和壳程分隔，避免管程和壳程冷热流体相混合。

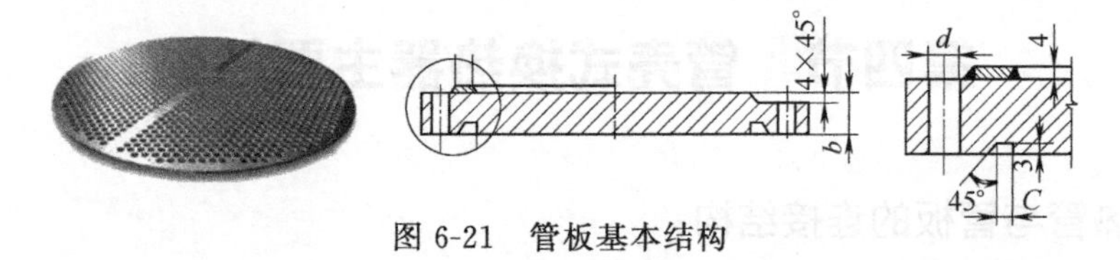

图 6-21 管板基本结构

根据换热器的不同类型，管板的结构也各不相同，主要可分为平板式、浮头式、U 形式、双管板和高温高压换热器管板，其中最常用的是平板式，其上规则排列着许多的管孔。管板的主要尺寸是管板的厚度 b。

管板常用的材料有低碳钢、普通低合金钢、不锈钢、合金钢和复合钢板等。工程设计中为了节省耐腐蚀材料，常采用不锈复合钢板，复合钢板可直接轧制或堆焊一覆盖层，其中基层为碳钢或普通低合金钢，用以承受机械载荷，而复层为不锈钢，用于抵抗介质的腐蚀。

3. 换热管与管板连接

工程实践表明，换热器在使用过程中，经常出现管板和管子连接处的泄漏现象，影响工艺操作的正常进行，甚至迫使工厂停工。一旦有爆炸性、放射性或腐蚀性的物质泄漏，不仅损失产品和热量，而且还会危及人身及设备的安全。因此，换热管和管板的连接结构是否合理，是否能保证良好的紧密性也就显得非常重要。

换热管和管板常用的连接方法主要有强度胀接、强度焊接和胀焊结合等。

(1) 强度胀接

强度胀接是利用胀管器进行的，其基本原理是迫使换热管扩张产生塑性变形，与管板贴合。胀接时首先挤压伸入管板孔中的管子端部，使管端产生塑性变形，同时使管板孔产生弹性变形，这时管端直径增大，紧贴于管板孔。当取出胀管器后，管板孔弹性收缩，使管子与管板间产生一定的挤压力而紧紧贴合在一起，从而达到管子与管板连接的目的。图 6-22 为胀管前后示意图。

为了提高胀管的质量，管端材料的硬度应比管板低，但在有应力腐蚀的情况下，不应用管端局部退火的方式来降低换热管的硬度。

管孔有光孔和带环形槽两种，结构如图 6-23 所示。管孔结构形式和胀接强度有关。当采用光孔结构时，只能承受较小的拉脱力，管径不大于 14mm，且管壳程应为非易燃和无毒的介质。采用管孔开槽，则是为了提高抗拉脱力及增强密封性。其结构是在管孔中开设一个或两个环形槽，如图 6-23（b）、（c）所示。管板中开槽数与管板厚度有关，当管板厚度小于 25mm 时采用单槽，当厚度大于 25mm 时采用双槽，环形槽深度 $K=0.5\sim0.8$mm，其主要尺寸见表 6-2。

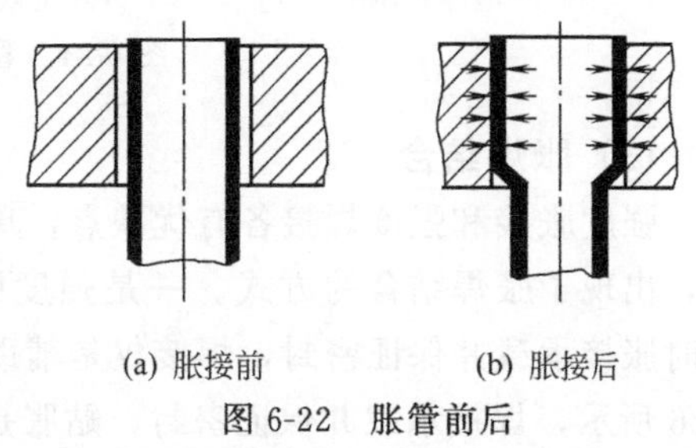
(a) 胀接前　　(b) 胀接后

图 6-22　胀管前后

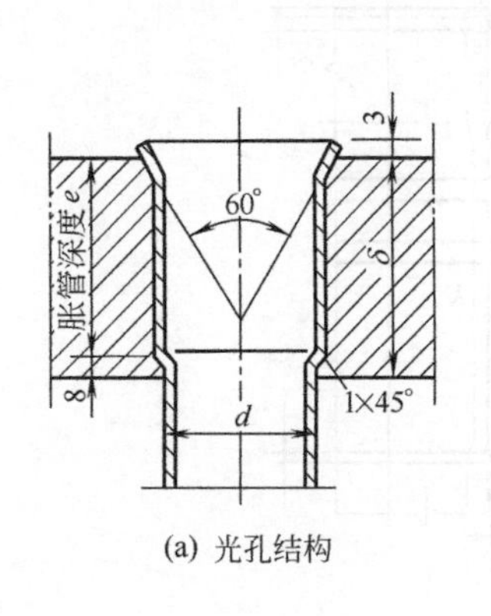

(a) 光孔结构

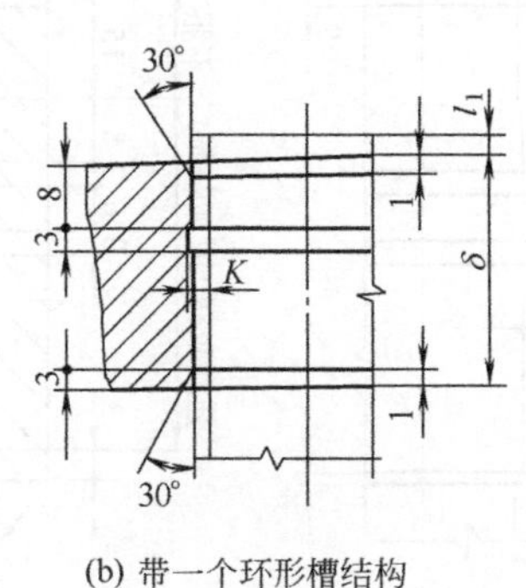

(b) 带一个环形槽结构（用于δ≤25mm）

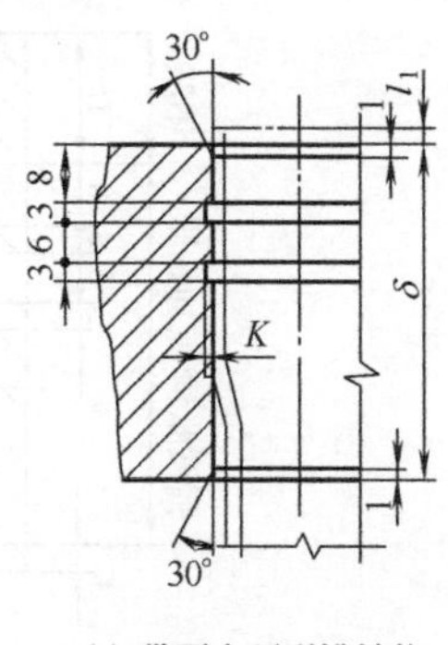

(c) 带两个环形槽结构（用于δ>25mm）

图 6-23　胀接管孔结构

表 6-2　强度胀接结构尺寸　　单位：mm

换热管外径 d	14	19	25	32	38	45	57
伸出长度 l_1	3+2			4+2		5+2	
槽深 K	不开槽	0.5		0.6		0.8	

强度胀接适用于设计压力小于或等于 4MPa，设计温度小于或等于 300℃，操作中应无剧烈的振动，无过大的温度变化，以及无严重的应力腐蚀。

（2）强度焊接

当温度高于 300℃或压力高于 4MPa 时一般采用强度焊接。管子与管板强度焊接结构如图 6-24 所示。强度焊接的优点是加工简单，连接强度高，在高温高压下也能保证连接处的密封性和抗拉脱能力，但管子焊接处有泄漏时只能采用补焊或利用专门工具拆卸后方能更换。因此，强度焊接常用于要求接头严密不漏、管间距太小或薄管板结构中无法胀接的地方，不适用于有较大振动及有间隙腐蚀的场合。

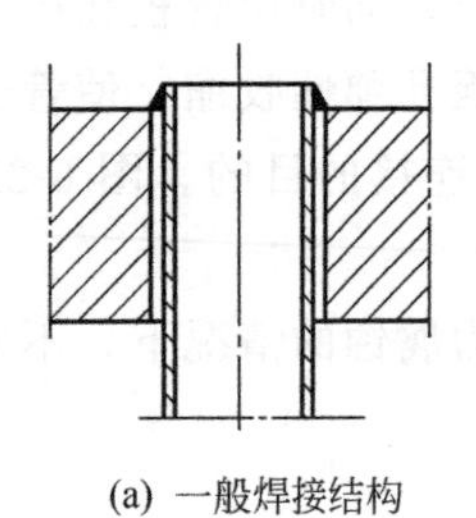

(a) 一般焊接结构

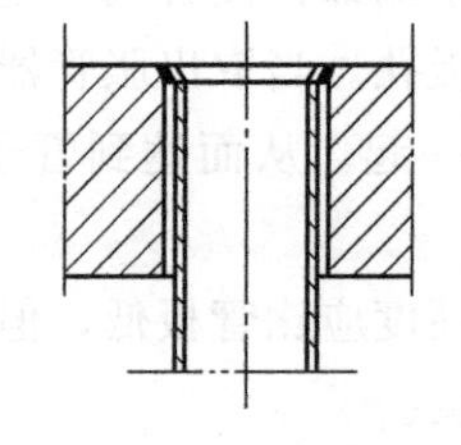

(b) 立式换热器焊接结构

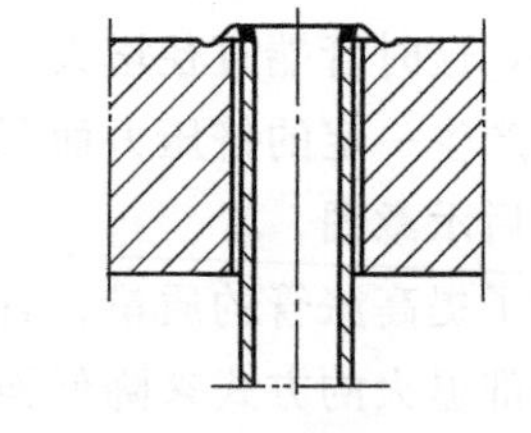

(c) 不锈钢板和换热管焊接结构

图 6-24 管子与管板强度焊接结构

(3) 胀焊结合

强度胀接和强度焊接各有优缺点，单独采用胀接或单独采用焊接均有一定的局限性，为此，出现了胀焊结合的方式。一是强度胀接加密封焊，其结构形式及尺寸如图 6-25 所示，此时胀接承载并保证密封，焊接仅是辅助性防漏；二是强度焊接加贴胀，其结构及尺寸如图 6-26 所示，焊接承载并保证密封，贴胀是为了消除间隙。

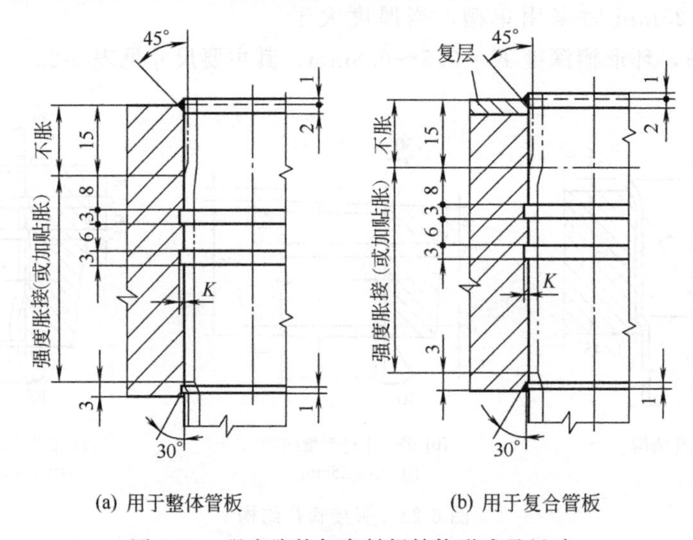

(a) 用于整体管板 (b) 用于复合管板

图 6-25 强度胀接加密封焊结构形式及尺寸

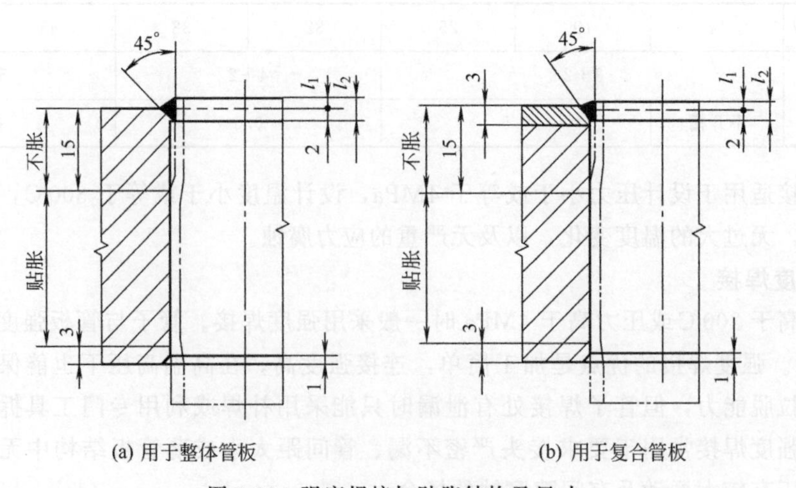

(a) 用于整体管板 (b) 用于复合管板

图 6-26 强度焊接加贴胀结构及尺寸

采用胀焊结合结构可以消除间隙，提高使用寿命，适用于密封性能要求较高、承受疲劳或振动载荷、有间隙腐蚀的场合。至于胀、焊的先后顺序虽无统一规定，但一般认为先焊后胀为宜。因为胀管时需要用润滑油，胀后难以清洗，再行焊接时焊缝中的油污在高温下生成气体从焊缝中逸出，导致焊缝产生气孔，严重影响焊缝的质量。

二、壳体与管板的连接

管板和壳体的连接方式与换热器的类型有关，即在浮头式、U形管式和填料函式换热器中固定端管板一般采用可拆连接结构，即管板本身不直接与壳体焊接，而是把管板夹持在壳体法兰和管箱法兰之间进行固定，以便抽出管束进行维护和清洗，如图 6-27（a）所示。而在固定管板式换热器中，管板和壳体的连接均采用不可拆焊接结构，如图 6-27（b）所示。

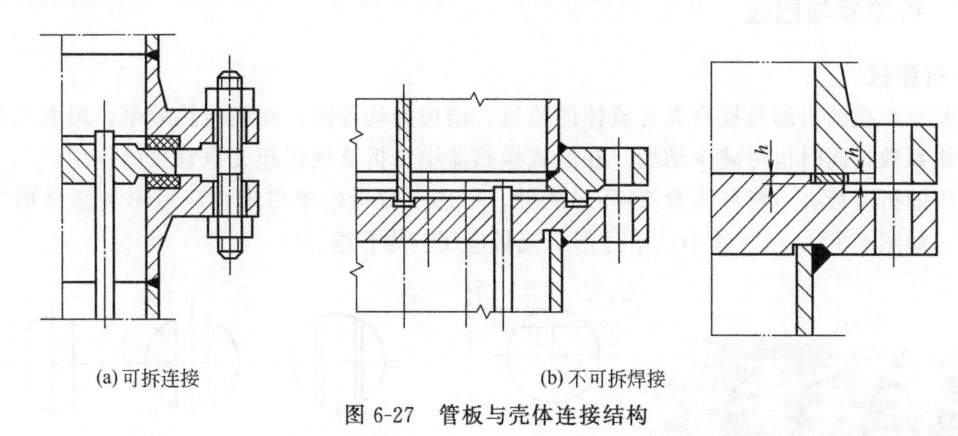

图 6-27　管板与壳体连接结构

当管板延长兼作法兰时，由于管板较厚，壳体壁较薄，为了保证必要的焊接强度，常采用如图 6-28 所示的几种焊接结构。当公称压力小于 15.7MPa 时，采用如图 6-28（a）、(b) 所示结构，当壳壁厚小于 10mm 时，采用图 6-28（a）所示结构；当壳壁厚大于或等于 10mm 时，采用图 6-28（b）所示结构。图 6-28（c）所示结构由于加有衬环，且将角焊改为对焊，提高了焊接质量，故可用于公称压力大于 15.7MPa 的场合。图 6-28（d）所示结构没有加衬环，是一种单面焊的对焊结构，因此，必须在保证焊透时才可用于公称压力大于 15.7MPa 的场合。

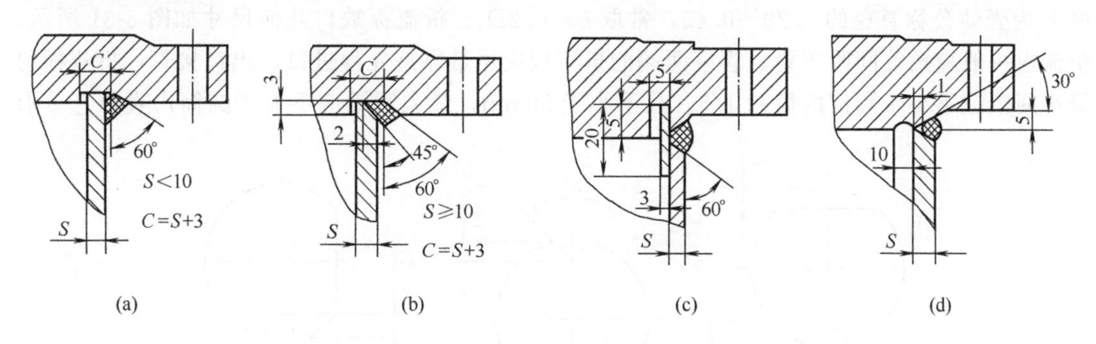

图 6-28　管板与壳体的焊接结构（管板兼作法兰）

在图 6-28 所示结构中，管板均兼作法兰用，这种结构应用较广。但有时也可不兼作法兰，而是将管板直接焊在壳体内，如图 6-29 所示。

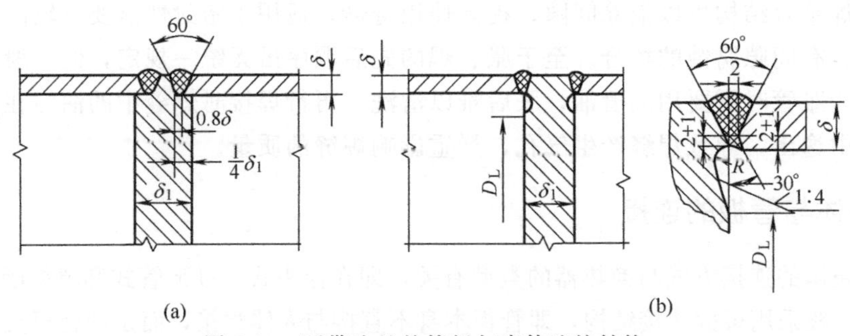

图 6-29 不带法兰的管板与壳体连接结构

三、折流板与挡板

1. 折流板

安装折流板的目的是提高壳程流体的流速，增加湍动程度，提高传热效率，增大壳程流体的传热系数，同时也可减少结垢。在卧式换热器中，折流板还起支撑管束的作用。

常用的折流板有弓形和圆盘-圆环形两种。弓形折流板的单弓形、双弓形和三弓形三种较常用，如图 6-30 所示。其中，单弓形折流板应用较为普遍。

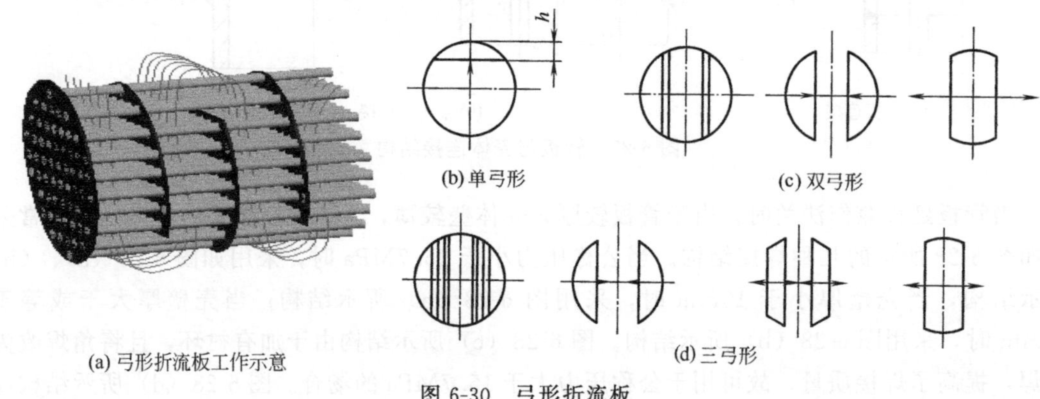

图 6-30 弓形折流板

折流板弓形缺口高度应使流体通过缺口时与横向流过管束时的流速相近，一般取缺口高度 h 为壳体公称直径的 0.20～0.45，常取 $h=0.2D_i$。折流板缺口几何尺寸如图 6-31 所示。折流板一般应按等间距布置，管束两端的折流板应尽量靠近壳程进口、出口接管，折流板的最小间距应不小于圆筒内径的 1/5，且不小于 50mm，最大间距应不大于圆筒内直径。弓形

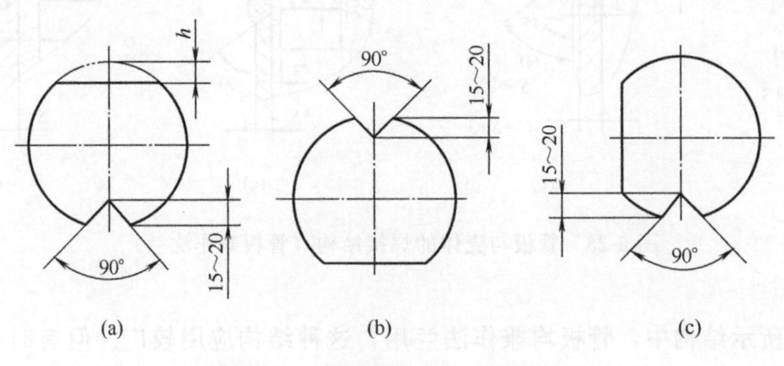

图 6-31 折流板缺口几何尺寸

折流板的布置也很重要，当卧式换热器的壳程输送单相清洁流体时，折流板的缺口应水平上下布置；当气体中含有少量的液体时，则应在缺口朝上的折流板的最低处开通液口，如图6-31（a）所示；当若液体中含有少量气体时，则应在缺口朝下的折流板的最高处开通气口，如图6-31（b）所示；当壳体介质为气相、液相共存或液体中含有固体物料时，折流板应垂直左右分布，并在折流板的最低处开通液口，如图6-31（c）所示。

圆盘-圆环形折流板由于结构比较复杂，不便于清洗，一般用于压力较高和物料清洁的场合，其结构如图6-32所示。

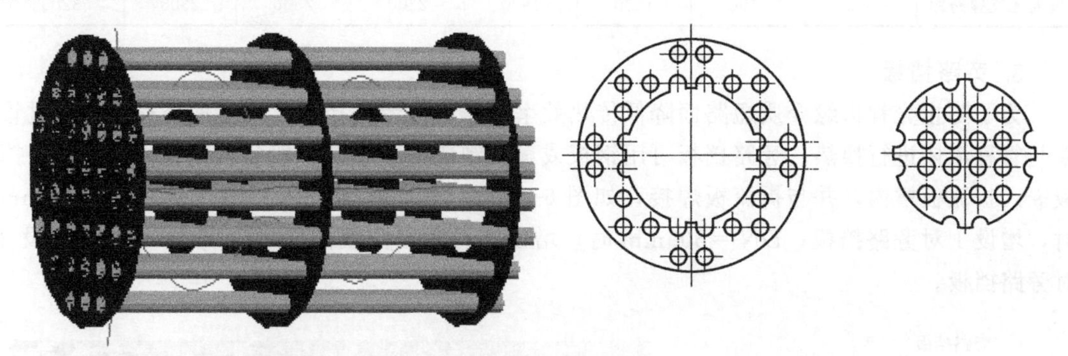

(a) 圆盘-圆环形折流板工作示意　　(b) 圆盘-圆环形折流板结构

图6-32　圆盘-圆环形折流板

折流板是通过拉杆和定距管固定。拉杆和定距管结构如图6-33所示。拉杆一端的螺纹拧入管板，折流板用定距管定位，最后一块折流板靠拉杆端螺母固定。也有采用螺纹与焊接相结合连接或全焊接连接的结构（见图6-34）。

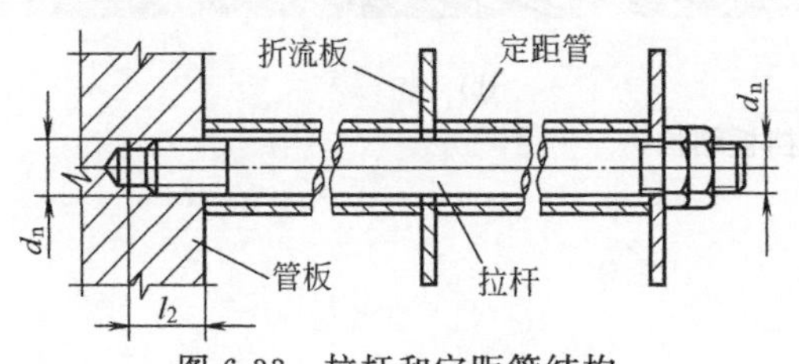

图6-33　拉杆和定距管结构

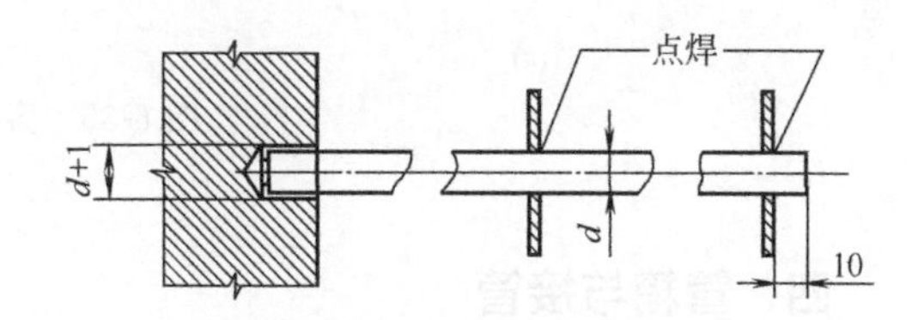

图6-34　拉杆与折流板点焊固定

拉杆的直径一般不得小于10mm，数量不得少于4根。拉杆直径和数量分别见表6-3和表6-4。

表6-3　拉杆直径　单位：mm

换热管外径	10	14	19	25	32	38	45	57
拉杆直径	10	12	12	16	16	16	16	16

表6-4　拉杆数量　单位：mm

公称直径 / 拉杆直径	DN<400	400≤DN<700	700≤DN<900	900≤DN<1300	1300≤DN<1500	1500≤DN<1800	1800≤DN≤2000
10	4	6	10	12	16	18	24
12	4	4	8	10	12	14	18
16	4	4	6	6	8	10	12

2. 支持板

折流板在换热器中既可以起到折流作用，又可以起到支持作用。但是，当工艺上要求无折流板，且换热管的无支撑跨距超过表 6-5 规定时，应该考虑增设一定数量的支持板，以防止管子产生过大的挠度。支持板的形状和尺寸可按折流板来处理。

表 6-5 最大无支撑跨距　　单位：mm

换热管的外径	10	14	19	25	32	38	45	57
最大无支撑跨距	800	1100	1500	1900	2200	2500	2800	3200

3. 旁路挡板

为了防止壳程边缘介质短路而降低传热效率，需增设旁路挡板，以迫使壳程流体通过管束与管程流体进行换热。旁路挡板可用钢板或扁钢制成，其厚度一般与折流板相同。旁路挡板嵌入折流板槽内，并与折流板焊接，如图 6-35 所示。通常当壳体公称直径 $DN \leqslant 500$mm 时，增设 1 对旁路挡板；$DN = 500$mm 时，增设 2 对旁路挡板；$DN \geqslant 1000$mm 时，增设 3 对旁路挡板。

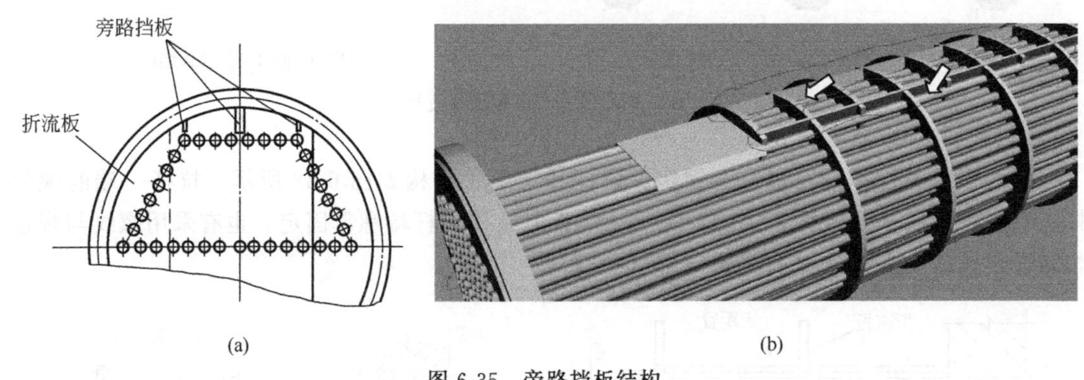

(a)　(b)

图 6-35 旁路挡板结构

四、管箱与接管

1. 管箱

换热器管内流体进出的空间称为管箱。它的作用是使管程的流体均匀地分配与集中，在多管程换热器中，管箱还起着分隔管程、改变流向的作用。由于清洗、检修管子时需拆下管箱，因此管箱结构应便于装拆。

管箱的结构与换热器是否需要清洗和是否需要分程等因素有关。图 6-36（a）所示管箱是双程带流体进、出口管的结构，在检查及清洗管子时，必须将连接管道一起拆下，很不方便，适用于较清洁的介质情况。图 6-36（b）所示管箱端部装有箱盖，在检查及清洗管子时，只需将箱盖拆除后（无须拆除连接管）即可，但其缺点是需要增加一对法兰连接，用材较多。图 6-36（c）所示是将管箱与管板焊成一体，从结构上看，可以完全避免在管板密封处的泄漏，但管箱不能单独拆下，抢修、清理不方便，所以在实际生产中很少采用。图6-36（d）所示为一种多程隔板的安置方式。

2. 接管

接管或接口的一般要求是：接管应与壳体内表面平齐；接管应尽量沿壳体的径向或轴向

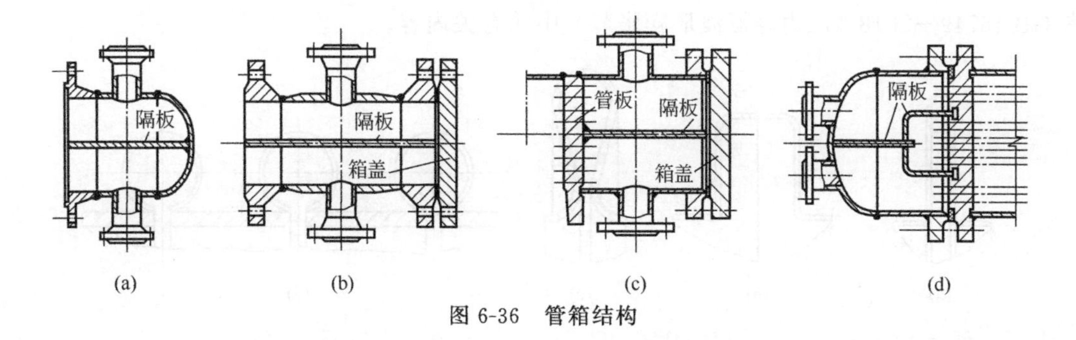

图 6-36　管箱结构

设置；接管与外部管线可采用焊接连接；设计温度高于或等于 300℃时，必须采用整体法兰。对于不能利用接管进行放气和排液的换热器，应在管程和壳程的最高点设置放气口和最低点设置排液口，其最小公称直径为 20mm。

液体进出口接管的大小，可先根据流体的体积流量和按表 6-6 选定的适宜流速计算出接管内直径，然后按标准管径系列尺寸圆整并进行选用。此外，根据圆整确定的管内直径校核管内的实际流速是否仍在适宜的流速范围内。

另外，接管的结构设计还应符合 GB/T 150—2011 有关规定。

表 6-6　不同流体适宜的流速范围

流体的类别及情况	适宜流速范围/(m/s)	流体的类别及情况	适宜流速范围/(m/s)
自来水(3×10^5MPa 左右)	1～1.5	低压蒸汽	12～15
水及低黏度液体(10^5～10^6Pa)	1.5～3.0	高压蒸汽	15～20
高黏度液体	0.5～1.0	一般空气(常压)	10～20
饱和蒸汽	20～40	自流液体(冷凝水等)	0.5
过热蒸汽	30～50	真空操作下气体	<10

五、膨胀节

在固定管板式换热器中，管束和壳体是刚性连接的，由于管内、管外是两种不同温度的流体，当管壁和壳壁之间因温度不同引起变形量不相等时，便会在管板、管束和壳体系统中产生附加应力，由于这一应力是管壁和壳壁的温度差引起的，称为温差应力。当管程和壳程温差较大时，在管子和壳体上将产生很大的轴向应力，以致管子扭弯或从管板上松脱，严重时使结构产生塑性变形或产生严重的应力腐蚀，甚至损坏整个换热器。而膨胀节是一种能自由伸缩的弹性补偿元件，由于它的轴向柔度大，当管子和壳体壁温不同产生膨胀差时，可以通过膨胀节来变形协调，从而大大减小温差应力。膨胀节的壁厚越薄，柔度越好，补偿能力越大，但从强度要求出发则不能太薄，应综合考虑。

膨胀节通常焊接在外壳的适当部位，结构形式多种多样，常见的有鼓形、Ω 形、U 形、平板形和 Q 形等几种，如图 6-37 所示。图 6-37（a）、（b）所示两种结构简单，制造方便，但它们的刚度较大，补偿能力小，不常采用。图 6-37（c）、（d）所示为 Ω 形膨胀节，适用于直径大、压力高的换热器。图 6-37（e）所示为 U 形膨胀节，U 形膨胀节结构简单，补偿能力大，价格便宜，所以应用最为普遍，目前 U 形膨胀节已有标准可供选用。若需要较大补偿量时，还可采用多波 U 形膨胀节，如图 6-37（f）所示。有关膨胀节的选型和计算可参考 GB 16749—2018《压力容器波形膨胀节》中的有关内容。

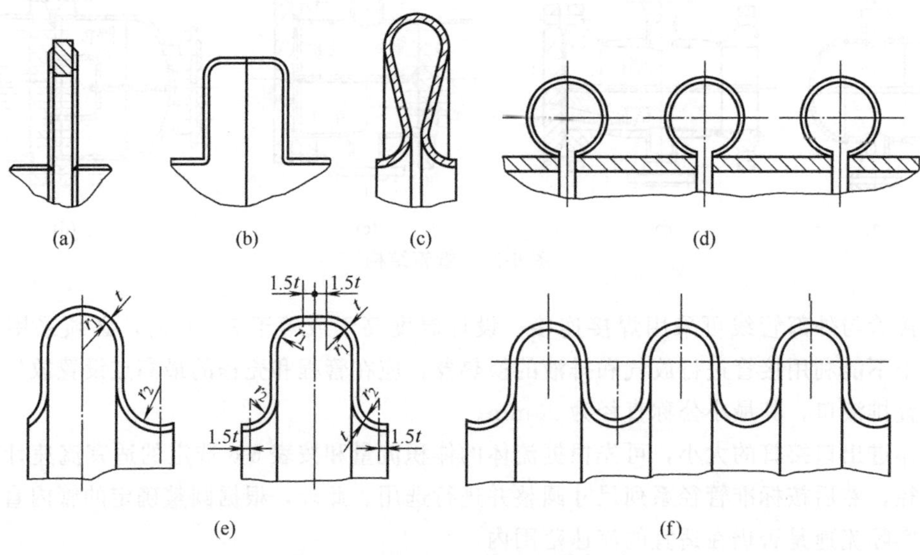

图 6-37 膨胀节的不同结构形式

第五节 管壳式换热器标准及其选用

一、管壳式换热器标准简介

为了适应生产发展的需要，中国对使用较多的换热器实行了标准化。可选用的标准有 JB/T 4714《浮头式换热器和冷凝器 型式与基本参数》、JB/T 4715《固定管板式换热器 型式与基本参数》、JB/T 4716《立式热虹吸式重沸器 型式与基本参数》、JB/T 4717《U 型管式换热器 型式与基本参数》等。

GB 151—1999《管壳式换热器》是中国颁布的第一部非直接受火钢制管壳式换热器的国家标准，适用的换热器形式有固定管板式、浮头式、U 形管式和填料函式。现行标准为 GB/T 151—2014《热交换器》，这些换热器的设计、制造、检验和验收都必须遵循这一规定。

除了结构设计外，管壳式换热器强度计算的主要内容包括管板、壳体、管子对管板的焊口或胀后强度，以及 U 形膨胀节的强度校核等，其中管板计算和膨胀节的强度校核是标准的主要内容。

二、换热设备的选用

换热设备的形式多种多样，每种结构形式都有其本身的特点和工作特性，只有熟悉和掌握这些特点，并根据生产工艺的具体情况，才能进行合理的选型和正确设计。在换热设备的选用过程中需要考虑的因素较多，但主要有以下几点。

1. 考虑流体的性质

(1) 分析流体特殊的化学性质

流体特殊的化学性质包括流体的腐蚀性、热敏性等。以冷却湿氯气为例，湿氯气的强腐蚀性决定了设备必须选用聚四氟乙烯等耐腐蚀材料，限制了可能采用的结构范围。又如用 98%的浓硫酸来吸收 SO_3 以制取发烟硫酸时的冷却器，便可考虑用耐高温、耐腐蚀的石英玻璃喷淋换热器。对于易结垢的流体，应选用易清洁的换热器，如板式或管壳式换热器。

(2) 分析介质的工况

介质的工况包括工艺条件所要求的工作压力、进出口温度和流量等参数。以乙烯装置中氮气、空气和乙烯冷却器的选用为例，考虑到以上气体的冷却均是在超低温场合下进行［氮气（－185℃）、空气（－177℃）和乙烯（－130～150℃）］，因此首先考虑在低温和超低温场合使用的板翅式换热器。而对于在高温工况下使用的换热器则首先考虑具有特殊结构的管壳式换热器，如 650～900℃乙烯裂解气系统、680～1100℃化肥合成气系统。

随着生活水平的提高，牛奶、果汁用量越来越大，通常在进行蒸发处理的时候既要达到浓缩的目的，又要保证蛋白质的营养，可以选用有较大蒸发空间且适用于较小温差场合的板式换热器。

(3) 考虑重要的物理性质

重要物理性质包括流体的种类、热导率和黏度等。若冷热流体均为液体，一般采用两侧都是光滑表面的间壁作为换热面较合适。螺旋板式和板式换热器的传热壁为两侧光滑的板，且两侧流道基本相同，适用于两侧流体性质、流量接近的情况，但由于结构上的原因，仅适用于工作压力和压差较小的场合。管壳式和套管式换热器大多也是以光壁作传热壁面，更适宜于高温、高压场合。小流量宜用套管式，大流量宜用管壳式。管壳式换热器易于制造，选材范围广，因此它在液-液换热器中是最主要的且应用最广的。

2. 考虑传热速率

一台理想的换热设备应传热效果好，传热面积大，流体阻力小，合理实现所规定的工艺条件。从传热速率表达式 $Q=KA\Delta t$ 中可以看出，增大传热面积或平均温度差，以及增大传热系数都可以达到强化传热的目的。

为了增大换热面积，可采用小直径的换热管和扩展表面换热面等方法。管径越小，耐压越高，在同样金属质量下，表面积越大。扩展表面换热面是从改进设备的结构入手，增加单位体积的传热面。如新型的螺旋板式、板式和板翅式等换热器都是利用扩展换热面来强化传热的，因此它们都具有传热效率高的优点。

增大冷热流体的平均温度差，可以增大传热速率，这种情况在生产中应用比较常见。如冷热流体在进出口温度一定的情况下，采用逆流操作等。

对于管壳式换热器而言，为了提高壳程的传热系数，除了可以改变管子形状或在管子外增加翅片（如采用螺纹管和外翅片管）外，还可以适当设置壳程挡板或管束支撑结构，以减少或消除壳程流动与传热的死区，使换热面积得到充分利用。对于间壁两侧传热系数相差较大的场合，如石油化工生产中的管式炉的加热管以及暖气片和空气冷却器等，在给热系数较小的一侧增加翅片，不仅增大了传热面积，而且强化了气体流动的湍流强度，提高了传热系数，从而使传热速率显著提高。

对于气-气换热器，大多采用两侧都有翅片的换热面，以扩大传热面，缩小换热器的体积。常用的这类换热器有管式换热器和板翅式换热器等。如果气-气泄漏不是重要问题，也可采用蓄热式换热器。对于气-液换热器，由于气体侧的给热系数大大低于液体侧，因此，气体侧常用带翅片的换热面，液体侧则多为光壁。

3. 考虑质量和尺寸

在移动装置和一些特殊应用的场合，对于换热器的尺寸、质量和体积的限制常常是选型中考虑的重要因素。这些不仅限制换热器本身，而且涉及维修所需的空间。为了适应这些要求，在满足工艺要求的情况下，需要考虑采用较紧凑的换热器。

4. 考虑污垢及清洗

如果换热器中工作的流体较脏易结垢，在此情况下，需要考虑结垢的影响以及清洗的可能性。

5. 考虑投资和运行费用

在选用换热器时，还应考虑材料的价格、制造成本、动力消耗费用、维修费用和使用寿命等因素，力求使换热器在整个使用寿命期内经济地运行。如果换热器中工作的流体较脏，就容易结垢。在此情况下，必须同时考虑结垢的影响及清洗工作可能带来的成本。

下面以管壳式换热器的选用为例，介绍换热设备选用的基本过程。

(1) 根据介质工况初步确定换热器类型

列出基本数据，包括冷热流体的流量、进出口温度、定性温度下的基本物性参数、操作压力、腐蚀性、悬浮物含量等。

根据腐蚀性确定换热器的材料（金属或非金属），根据悬浮物含量确定清洗的难易程度，根据工作压力、温度和流量选择合适的换热器类型。

确定流体在空间的流动方式，计算平均温度差，同时确定是否需要温差补偿。

(2) 根据工艺条件确定具体结构和结构参数

由工作介质初选传热系数，通过热量衡算初步确定换热器的换热面积，由换热面积选定标准型号。对于已有国家标准系列的换热器，如浮头式、固定管板式、立式热虹吸式重沸器、U形管式换热器等，只需按照相应标准系列选用即可。

确定主要结构尺寸，其中包括换热面的选择，管子形状、管子布置、直径大小，以及折流板的形状、大小和间距等。将主要工艺参数和结构参数列表，画出换热器的结构示意图。

(3) 核定主要参数，并在满足基本要求的前提下比较综合性能

根据流量和管子直径核算流速；按照实际工况核算传热系数；校核传热面积和系统压力降。

通常换热器的选型计算往往需要重复多次，从而得出一组结果。然后再按工程应用的基本原则，根据工艺要求、设备尺寸、经济性等多方面因素全面权衡，最后确定设备选用的最优方案。

第六节 换热器的维护

一、维护要点

1. 日常检查

日常检查的目的是及时发现换热设备存在的问题和隐患，采用正确的预防和处理措施，避免设备事故的发生。日常维护要点有：

① 认真检查设备运行参数，严禁超温、超压，确保进出口温度、压力及流量控制在操

作指标内，防止急剧变化。

② 严格遵守安全操作规程，定时对换热设备进行巡回检查，包括各连接部件紧固螺栓是否齐全、可靠，有无泄漏；检查安全附件是否良好；判断设备是否存在异常声响；检查换热器的振动情况、基础支座稳固情况，发现缺陷及时消除。

③ 检查保温是否完整，无保温的设备局部有无明显的变形。

④ 勤打扫，保持设备及环境的整洁，做到无污垢、无垃圾。

⑤ 定期刷漆防腐。

2. 定期检查

定期检查内容见表 6-7。

表 6-7　定期检查内容

检查项目	检查内容	检查周期/月	检查方法
壳体封头	测定壁厚	6～12	超声波
内部构件	腐蚀情况	6～12	①流体腐蚀性检测器 ②pH 值测定 ③液体金属含量分析
壳程、管程	污垢堆积	3～6	①运行状态判断 ②物料分析
压力表、安全阀等	准确性、灵敏度、可靠性	6～12	①按计量检验标准规定 ②按工艺操作规定校验

二、常见故障及处理

常见故障及处理方法见表 6-8。

表 6-8　常见故障及处理方法

序号	故障现象	故障原因	处理方法
1	两种介质互串(内漏)	①换热管腐蚀穿孔、开裂 ②换热管与管板胀口(焊口)裂开，浮头式浮头法兰密封漏	①更换或堵死漏管 ②重胀(补焊)或堵死，紧固螺栓或更换密封垫片
2	法兰处密封泄漏	①垫圈承压不足，腐蚀变质 ②螺栓强度不足，松动或腐蚀 ③法兰刚性不足，密封面缺陷 ④法兰不平行，中心偏差 ⑤高温、高压下，密封结构选择不当	①紧固螺栓、更换垫圈 ②重新研究确定螺栓材质，紧固螺栓或更换螺栓 ③更换法兰或处理缺陷 ④重新组对或更换法兰 ⑤重新研究确定法兰、垫圈、螺栓等的结构和材质
3	传热效果差	①换热管结垢 ②水质污度大，油污与微生物多 ③超过清洗间隔期	①清洗除垢 ②加强过滤、净化介质 ③定期清洗换热设备及过滤器
4	阻力降超过允许值	①过滤器失效 ②压力表失灵 ③壳体、管内外结垢	①清扫或更换过滤器 ②修理校验或更换压力表 ③用手工或化学方法清洗
5	振动严重	①因介质频率引起的共振 ②外部管道振动引起的共振	①改变流速或改变管束固有频率 ②加固管道，减小振动

三、完好标准

1. 零部件

① 换热器的零部件及附件完整齐全，壳体、封头等的冲蚀、腐蚀在允许范围内，管束的堵管数不超过管束总数的10%，隔板、折流板等无严重的扭曲变形。

② 仪表及各种安全装置齐全、完整、灵敏、准确。

③ 基础完好，无倾斜、下沉、裂纹等现象；防腐、保温设施完整有效，符合技术要求。

④ 各连接螺栓、地脚螺栓紧固整齐，无锈蚀，符合技术要求。

⑤ 管道、部件、阀门、管架等安装合理、牢固完整、标志分明、符合要求。

⑥ 换热器壳程、管程及外管焊接质量均符合技术要求。

2. 运行性能

① 换热器各部位温度、压力、流量等参数符合技术要求。

② 设备各部位阀门开关正常。

③ 换热器效率达到铭牌标示效率。

3. 技术资料

① 设备档案、出厂质量证明书、检修及验收记录齐全。

② 技术资料齐全、准确；运行时间和累计运行时间有统计记录。

③ 操作规程、维护检修规程齐全。

4. 设备及环境

① 设备及环境整齐清洁，无污垢、垃圾。

② 设备胀口、焊口、管口、法兰、阀门等密封面完好，泄漏率在允许范围内。

第七节 换热器的检修

一、施工要点

以浮头式换热器为例，说明一般的检修过程。

1. 检修前的准备

① 根据设备运行技术状况和监测记录，制订详尽的检修技术方案。

② 备齐图纸及有关的技术资料。

③ 备齐检修所需要的零配件。

④ 确定检修所需要的工种及人数。

⑤ 主要机具、施工用料运抵现场。

⑥ 对起吊设施进行检查，应符合安全规定。

⑦ 按规定程序办理审批好施工作业票。

⑧ 确认换热器内介质置换、清扫干净，符合安全检修条件。

2. 检修现场的前期处置

① 搭设脚手架。

② 换热器法兰部位的保温、管箱上的保温、管道法兰的保温拆除。

③ 加盲板：松开管线上的螺栓到能进入盲板的程度；拆掉上面的一半螺栓；加入盲板并对正；穿入其他的螺栓，并对称紧固。

3. 相关的连接拆除、换热器解体

① 拆卸设备进出口管线的仪表附件连接件。

② 拆除换热器进出口阀门：选定吊装及固定倒链锚固点；将换热器进出口管线进行固定；用力矩扳手拆卸管箱与阀门、阀门与管线连接法兰螺栓；法兰螺栓拆卸时应对称分两轮进行，首轮松开1/4～1/2圈；将阀门吊至平台或地面进行存放；连接管箱接管法兰的管线应离开管箱接管法兰约50mm；拆出的部件整齐摆放，敞开的管口及时用塑料膜封闭保护。

③ 拆卸管箱：对称拆卸管箱法兰螺栓；拆至剩四条螺栓为止，即上部螺栓两条，左右定位螺栓各一条，其他螺栓应抽出；用倒链吊住管箱；继续拆卸剩余的四条螺栓，卸一条抽一条，以避免磕伤槽面；将卸下的管箱放在不妨碍工作的空地上。

④ 拆卸大小浮头：对称拆卸浮头法兰螺栓；拆至剩四条螺栓为止，即上部螺栓两条，左右定位螺栓各一条，其他螺栓应抽出；用倒链吊住大浮头；继续拆卸剩余的四条螺栓，将卸下的物件放在不妨碍工作的空地上。

图6-38 换热器管束检查

⑤ 抽出芯子：先将固定管板和壳体法兰离开一小段距离，离开时，要注意芯子与壳体的间隙均匀，不许强力抽芯；利用抽芯机缓慢抽出芯子；芯子抽出后吊装运输到空地上，用道木垫好芯子；吊装过程中所使用的吊索必须为尼龙绳。

4. 换热器清洗及修前检查

① 对换热器壳体采用机械或人工方式清洗；在专用检修场地对管束、管箱、大浮头、小浮头进行检修清洗。清洗时，必须严格防止含油污水外流，造成二次污染。

② 检查管束畅通情况，换热器管束检查见图6-38。

③ 检查壳体、管束及内构件，包括腐蚀、裂纹、变形、鼓包、壁厚减薄宏观检查等，必要时委托进行超声波或射线探伤，重点检查以下部位：焊缝及热影响区；内隔板根部、接管根部；封头；法兰密封；管板。

④ 检查基础有无下沉、倾斜、破损、裂纹，地脚螺栓、垫铁有无松动、损坏。

⑤ 检查换热器所有螺栓腐蚀程度；检查换热器所有螺栓疲劳程度；检查螺栓、螺帽丝扣磨损程度；经确认不满足使用要求的螺栓报废、更新。

5. 缺陷的修复

(1) 换热器管束缺陷修复

① 管束经清洗、试压发现泄漏的，原则上进行盲头封堵，堵头材料选用与管板相同材质。

② 堵头经锤击夯实后，选用与堵头相同材质的焊条和管板或管束进行焊接。

③ 堵管数一般不超过其总数的10%，否则更换管子。

④ 管束防冲板、折流板、拉杆等腐蚀、磨损，按原设计标准进行整改。

(2) 换热器密封面缺陷修复

换热器密封面划伤或损坏时，选用相同焊材修补、研磨。

(3) 换热器壳体、管箱、浮头缺陷修复

换热器壳体、管箱、浮头表面划伤或损坏时，选用相同焊材修补、研磨。

换热器检修设备见图6-39。

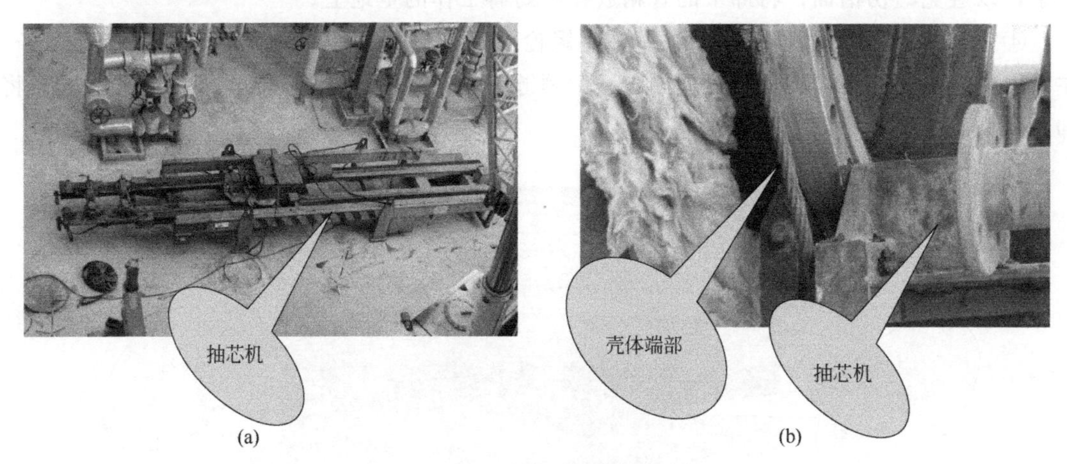

图6-39　换热器检修设备

6. 换热器各部件回装及试压

(1) 换热器管束回装

① 检查新换热器管束是否与壳程配套（如为旧管束，可略过）。

② 刮掉芯子和壳体密封面上的旧垫片（如为新管束，可略过）。

③ 利用吊车和抽芯机将芯子放在壳体法兰处。

④ 将新垫片套入U形管，在芯子进入壳体的过程中，不断移动垫片，使U形管板回到密封状态。

⑤ 当管束完全进入壳程后，用4条螺栓带住，上边2条，左右各1条；将抽芯机与壳程连接螺栓拆除，使用吊车将抽芯机吊离。

(2) 换热器管箱、浮头回装

① 检查法兰密封面，应无裂纹、划痕等影响密封的缺陷。

② 检查垫片，应无裂纹、划痕、夹渣等影响密封的缺陷。

③ 按照作业要求将管箱归位，并加密封垫片。

④ 换垫片时要将垫片加正，螺栓对角把紧，确认不偏口、不张口后带满螺栓。

⑤ 确认螺栓两端均匀，每组螺栓高出螺帽3扣左右，螺栓端面必须相对齐整。

⑥ 按三轮紧固法对螺栓进行紧固，保证螺栓预紧力达到要求。

(3) 管程试压

① 加装临时盲板。

② 将管程注满水。

③ 对称紧固螺栓。

④ 试压时压力缓慢上升至规定压力，恒压时间不短于 20min。

⑤ 检查管箱垫和内垫有无泄漏现象。

(4) 壳程试压

① 加装临时盲板。

② 将壳程注满水。

③ 对称紧固螺栓。

④ 试压时压力缓慢上升至规定压力，恒压时间不短于 20min。

⑤ 检查大浮头及管壳程连接密封面有无泄漏现象。

7. 附属管线、保温的恢复

① 将检修合格的阀门、短节按原设计吊装就位。

② 所有的阀门、短节必须先组对换热器法兰端接口。组对完毕后，首先必须对换热器端检修紧固，紧固程序按规定执行。

③ 换热器进出口管线仪表附件回装：检修前拆除的仪表附件，在检修后按原方位回装。

④ 保温修复：将检修拆除的保温恢复原状；将因水、油污染的保温检修更换；将保温铁皮外表油污清理干净。

⑤ 拆除脚手架，如其他作业需要保留，可不拆除。

二、检验与验收

1. 检验

换热器制造和维修后要按 JB 4730 对焊接接头进行射线、超声波、磁粉或渗透检验，合格后还要进行压力试验。

① 固定管板换热器的压力试验顺序：先进行壳程试压，同时检查换热器与管板连接接头，接着再进行管程试压。

② U 形管式换热器、釜式重沸器（U 形管束）及填料函式换热器压力试验顺序：先用试验压力进行壳程试验，同时检查接头，再进行管程试压。

③ 浮头式换热器、釜式重沸器（浮头式管束）压力试验顺序：先用试验压环和浮头专用试压工具进行管头试压，对釜式重沸器还应配备管头试压专用壳体；接着进行管程试压，最后进行壳程试压。

④ 当管程试验压力高于壳程试验压力肘，接头试压应按图样规定，或根据制造、维修方与使用厂家双方商定的方法进行。

2. 验收

全部试压合格后，连接进出口管道与阀门，装上各种现场表计，若设备连续运行 24h 未发现任何问题，并根据各现场记录数据进行核算，满足生产需要，即可交付用户。

在办理移交时，应将设备的安装与检修记录和有关技术资料一并交付使用单位，存入设备管理档案。具体的验收手续及内容，按制造和维修单位与用户的合同要求进行。

习 题

6-1 换热设备的应用场合和基本要求是什么?

6-2 换热设备有哪些类型?各适用于什么场合?

6-3 间壁式换热设备有哪几种主要形式?各有什么特点?

6-4 管壳式换热设备有哪几种主要形式?各有什么特点?适用于哪些场合?

6-5 板面式换热设备有哪几种主要形式?各有什么特点?

6-6 固定管板式换热器由哪些主要部件组成?各有何作用?

6-7 换热管与管板有哪几种连接方式?各有哪些特点?

6-8 什么是温差应力?常用的温差应力补偿装置有哪些?各有何特点?

6-9 折流板的作用是什么?有哪些常见形式?如何安装固定?

6-10 中国制定了哪些换热设备的标准?其标准代号是什么?如何进行选择?

6-11 换热器在使用过程中容易出现哪些问题?如何防止?

6-12 某合成氨车间要用一台换热设备来完成用冷水冷却体积流量为 $6000m^3/h$ 的变换气的任务,已知变换气的进口温度为144.5℃,出口温度为57℃,密度为 $0.925kg/m^3$,黏度 μ 为0.0155Pa·s,热导率 λ 为0.058W/(m·K),比热容 C_p 为1.9kJ/(kg·K),冷却水全年最高温度为30℃,试选择合适的换热设备。

6-13 换热器常见故障有哪些?

6-14 换热器日常检查主要内容有哪些?

6-15 简述法兰处密封泄漏的主要原因及处理方法。

6-16 换热器管束缺陷修复内容及方法有哪些?

第七章

塔设备

学习目标

通过本章学习，了解塔设备的作用和基本要求；熟悉不同类型塔设备的基本结构、主要特性和适用场合；了解塔设备及主要零部件选用的基本思路；掌握塔设备日常维护与检修的相关知识与技能。

第一节　塔设备的应用

一、塔设备的应用

塔设备（图 7-1）是石油、化工、医药、轻工等生产中的重要设备之一。在塔设备内可进行气-液或液-液间的传质过程，如精馏、吸收、解吸、萃取等单元操作。塔设备的操作性能，对整个装置的产品产量、质量、成本、能耗以及环境保护等方面都有重大影响。塔设备种类繁多，用途广泛。

图 7-1　塔设备

塔设备一般外形庞大，设备直径可达十几米，高度可达几十米，金属质量可达几百吨，钢材消耗量大。以年产 60 万～120 万吨的催化裂化装置为例，塔设备所用钢材量占耗用钢材总量的 48.9%。在石油炼制厂（炼油厂）和化工生产装置中，塔设备的投资费用约占整个工艺设备费用的 25%。随着石油、化工等行业的迅速发展，塔设备的设计和研究越来越受到人们的关注。

目前炼油厂中应用最多的塔设备是各种分馏塔，也称精馏塔。如：常减压装置中的常压分馏塔，减压分馏塔可将原油分馏成汽油、煤油、柴油和润滑油等；铂重整装置中的分馏塔，可将苯类混合物分馏为苯、甲苯、二甲苯等；烷基化装置中的丙烷分馏塔可将液态烃分馏为丙烷-丙烯、异丁烷等馏分；分子筛脱蜡装置中的分馏塔可将附蜡分馏为轻脱附蜡、重脱蜡及柴油组分等。

由于传质过程的种类不同和工艺条件的差异，为了使塔设备能更有效、更经济地运行，除了要求它满足特定的工艺条件（如压力、温度、耐蚀性）外，还应考虑以下基本要求。

(1) 生产能力要大

生产能力大即气液处理量大。对于结构大小一定的塔，生产能力越大，分离和吸收效率就越高。因此，在塔的结构上要保证两相充分的接触时间和接触面积以及两相的通量。

(2) 效率要高

效率高即用较低的塔在较短的时间内能获得质量优、成本低、产量高的产品。

(3) 操作要稳定，操作弹性要大

当气液负荷产生波动时，设备仍能正常有效地运行，在考虑塔的结构时要尽量减少雾沫夹带量、泄漏量和减小液泛的可能性。

(4) 阻力要小

要尽量减少塔在操作过程中的动力和热量消耗。如流体通过设备时阻力小，流体的压降小则可降低能耗，从而减少塔设备的操作费用。

(5) 结构简单

塔设备应易于加工制造，便于安装，维修方便，其投资及操作费用低。

(6) 选材要合理

塔设备的选材要综合考虑介质特性、操作条件和经济性等方面的要求。

(7) 安全可靠

要确保塔设备各受力构件均有足够的刚度、强度和稳定性，满足生产正常要求。

实际上，任何一台好的塔设备均难以同时满足以上各项要求，因此，在设计和选用时要根据各自的工艺条件，抓住主要矛盾进行综合权衡，以确保实现最大的经济效益。

二、塔设备的分类和结构

目前，塔设备的种类很多，为了便于比较和选型，需要对塔设备进行分类，常见的分类方法如下。

① 按操作压力可分为常压塔、加压塔及减压塔等。

② 按内件结构可分为填料塔、板式塔和转盘塔等。

③ 按用途和在工艺中的作用可分为精馏塔、吸收塔、萃取塔、反应塔、干燥塔等。

图 7-2 为石油分馏塔示意图，图 7-3 为精馏塔示意图。

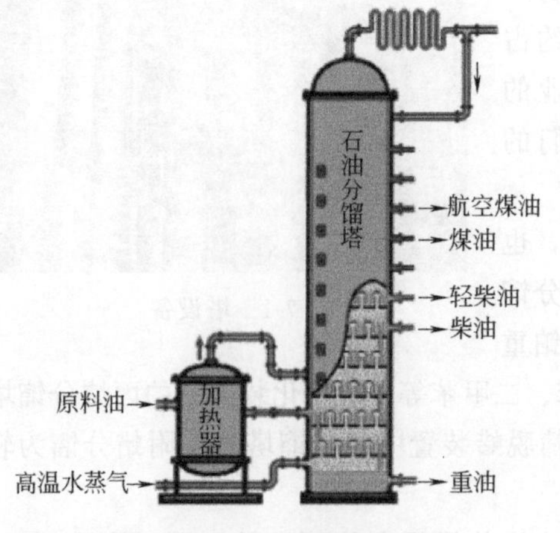

图 7-2 石油分馏塔示意图

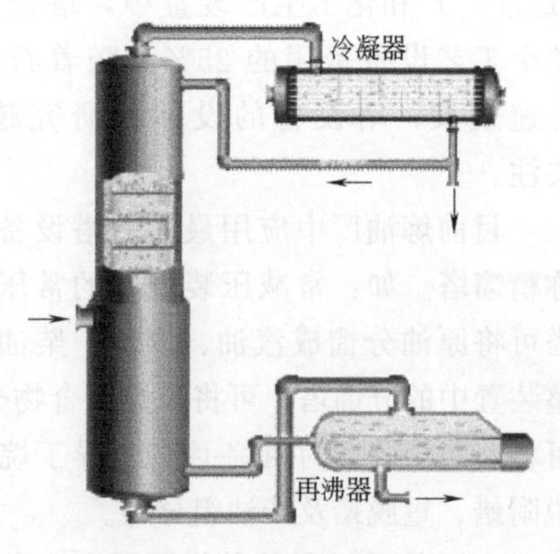

图 7-3 精馏塔示意图

本章将主要讨论目前工业上应用最广泛的填料塔及板式塔。无论是填料塔，还是板式塔，其主要结构都包括塔体、端盖、支座、接管、物料进出口、塔内附件和塔外附件等，如图 7-4、图 7-5 所示。

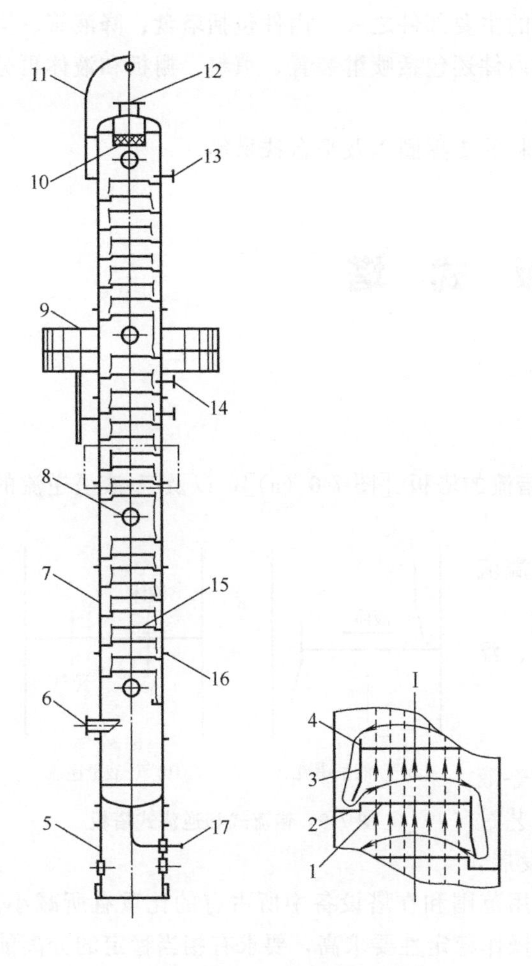

图 7-4　板式塔总体结构

1—塔盘板；2—受液盘；3—降液板；4—溢流堰；5—裙座；6—气体进口；7—塔体；8—人孔；9—扶梯平台；10—除沫器；11—吊柱；12—气体出口；13—回流管；14—进料管；15—塔盘；16—保温圈；17—出料管

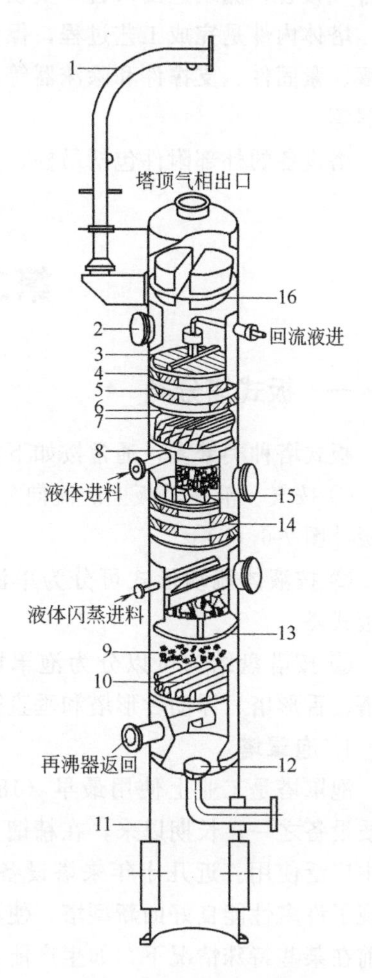

图 7-5　填料塔总体结构

1—吊柱；2—人孔；3—液体分布器；4—床层定位器；5—规整填料；6—填料支托栅板；7—液体收集器；8—集液器；9—散管填料；10—填料支托装置；11—支座；12—除沫器；13—槽式液体再分布器；14—规整填料；15—盘式液体再分布器；16—防涡流器

塔体是塔设备的外壳，用钢板卷制而成，其直径随处理量及操作条件而定。常见的塔体由等直径、等厚度的圆筒和上下封头组成。对于大型塔设备，为了节省材料也可采用不等直径、不等厚度及等直径、不等厚度的塔体。塔体的壳壁厚度除了满足工艺条件下的强度要求外，还应考虑风力、地震、偏心载荷所引起的强度和刚度，以及水压试验、吊装、运输、开停工的情况下塔体的强度及稳定性要求。

塔设备的端盖多为标准椭圆形，用钢板压制焊接而成。减压塔为了承受较高的外部压力，多采用半球形端盖。

塔体支座是支撑塔体并与基础连接的部件，塔体常采用裙座支撑。

接管用以连接工艺管线，使之与相关设备连成封闭的系统。接管包括物料进出口接管，进排气接管，侧线进出口管，安装检修用人孔、手孔接管，各种化工仪表接管等。

塔体内件是完成工艺过程，保证产品质量的主要部件之一。内件包括塔盘、降液管、溢流堰、紧固件、支撑件和除沫器等。填料塔的内件还包括喷淋装置、填料、栅板和液体再分配器等。

塔设备的外部附件包括吊柱、支撑保温材料的支撑圈以及平台扶梯等。

第二节　板　式　塔

一、板式塔分类

板式塔种类繁多，通常按如下方法分类。

① 按气、液在塔板上的流向分为气-液呈错流的塔板［图 7-6 (a)］，以及气-液呈逆流的塔板［图 7-6 (b)］。

② 按液体流动形式可分为单溢流型和双溢流型板式塔。

③ 按塔盘结构可以分为泡罩塔、筛板塔、浮阀塔、舌形塔、浮动舌形塔和垂直筛板塔等。

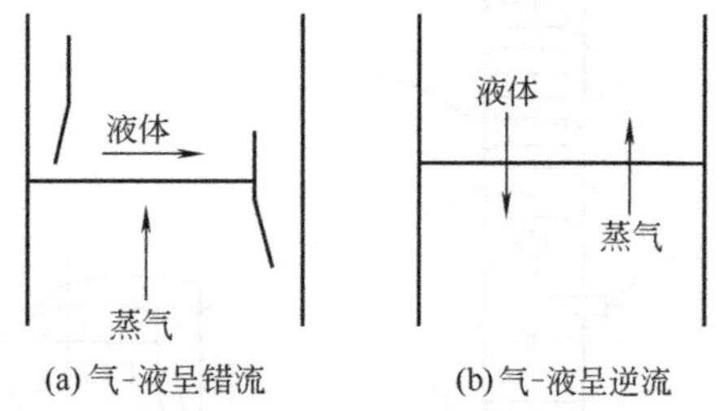

图 7-6　错流式和逆流式塔板

1. 泡罩塔

泡罩塔是工业上使用最早（1813 年）的气-液传质设备之一，长期以来，在精馏、吸收等工艺过程中广泛使用。近几十年来塔设备有了很大发展，出现了许多性能良好的新型塔，使泡罩塔的应用范围和在塔设备中所占有的比重有所减小。目前在某些特殊情况下，如生产能力变化大，操作稳定性要求高，要求有相当稳定的分离能力等时，仍然可考虑使用泡罩塔。

泡罩塔工作的主要内部件是由泡罩、升气管、降液管（溢流管）和溢流堰等构成。泡罩塔的气液接触元件是泡罩，泡罩有圆形和条形两大类，但应用最广泛的是圆形泡罩（见图 7-7)。圆形泡罩的直径有 ϕ80mm、ϕ100mm 和 ϕ150mm 三种。泡罩在塔盘上通常采用等边三角形排列，中心距一般为泡罩直径的 1.25～1.5 倍。两泡罩外线的距离保持 25～75mm 左右，以保持良好的鼓泡效果。

如图 7-8 所示，泡罩塔在操作时，液体由上层塔板通过左侧降液管经下部 A 处流入塔盘，然后横向流过塔盘上布置泡罩的区段 BC，此区域为塔盘上有效的气液接触区，CD 段用于初步分离液体中夹带的气泡，然后液体越过溢流堰流入右侧的降液管，在降液管里停留 3～5s。在溢流堰上的液层高度称为堰上液层高度，液体流入降液管内后经静置分离。气体上升返回塔盘，清液则流入下层塔板。气体由下层塔盘上升进入泡罩的升气管内，经过升气管与泡罩间的环形通道，穿过泡罩的齿缝分散到泡罩间的液层中去。气体从齿缝中流出时，形成气泡，搅动了塔盘上的液体，并在液面上形成泡沫层。气泡离开液面时破裂而形成带有液滴的气体，小液滴相互碰撞形成大液滴而降落，回到液层中。如上所述，气体从下层塔盘进入上层塔盘的液层并继续上升的过程中，与液体充分接触进行传热与传质。

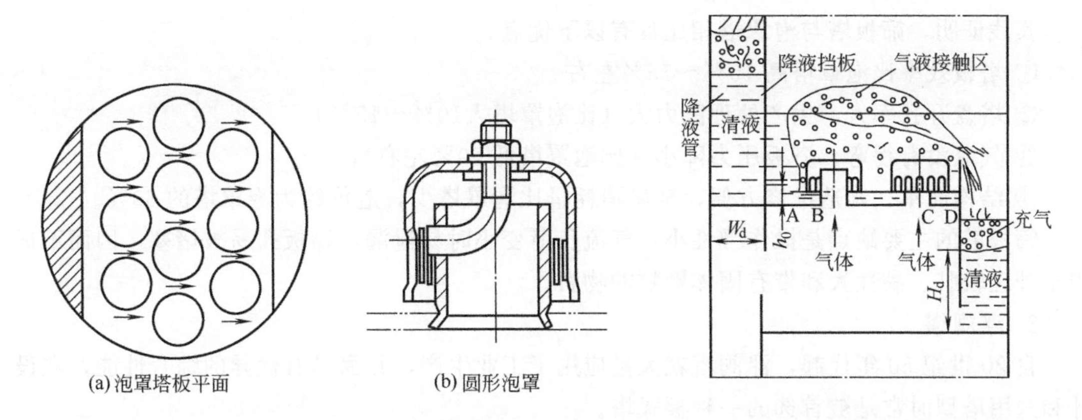

图 7-7　泡罩塔板平面及圆形泡罩　　　图 7-8　泡罩塔盘上气液接触状况

在泡罩塔板上由于有升气管，即使在很低的气速下操作，也不至于产生严重的漏液现象。当气液负荷有较大波动时，仍能保持稳定操作，塔板效率不变，即操作弹性较大。塔板不易堵塞，适用于处理各种物料。其缺点是结构复杂、造价高，气体流径曲折，塔板压降大，生产能力及板效率较低。

2. 筛板塔

筛板塔也是应用较早的塔型之一。自 20 世纪 50 年代起，人们对筛板的效率、流体力学等性能进行了深入研究，并经过大量的生产实践，获得了丰富的使用经验，使筛板塔成为应用较广的一种塔设备。

筛板塔塔盘分为筛孔区、无孔区、溢流堰及降液管等部分。筛板塔盘上有筛孔，工业塔的筛孔直径为 3～8mm，按正三角形排列，孔间距与孔径之比为 2.5～5。近年来，发展了大孔筛板，孔径为 20～25mm，国内化工厂应用较多，炼油厂应用较少。

筛板塔的气液接触元件是筛板塔盘，塔板上的气体和液体的接触状况与泡罩塔类似，如图 7-9 所示。液体从上层塔盘的降液管流下，横向流过塔盘，越过溢流堰经溢流管流入下一层塔盘，塔盘上依靠溢流堰的高度保持其液层高度。气体自下而上穿过筛孔时，被分散成气泡，在穿越塔盘上液层时，进行气体和液体之间的传热与传质。

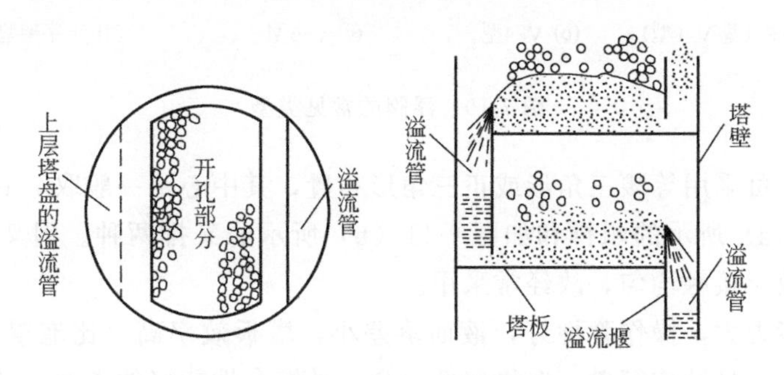

图 7-9　筛板塔结构及气液接触状况

溢流堰高度决定了塔盘上液层深度，溢流堰高，则气流接触时间长，板效率高，但是，当溢流堰太高时，塔板压降增大；当气流量太小时，筛板容易漏液，在液相负荷小时，筛板的安装高度可适当降低，以保证气液接触均匀。常压操作时，溢流堰的高度可为 25～50m，减压蒸馏时，高度可取 10～15m。

实践证明，筛板塔与泡罩塔相比具有以下优点。

① 塔板效率比泡罩塔高 10%～15%左右。

② 塔盘开孔率大，生产处理能力大（比泡罩塔大10%～15%）。

③ 气流没有拐弯，塔板压力降小（比泡罩塔低 30%左右）。

④ 结构简单，制造维修方便，金属消耗量比泡罩塔少，造价约为泡罩塔的 60%。

筛板塔的主要缺点是操作弹性小，气流负荷变小时易泄漏，筛板孔易被堵塞，因而不适用于处理较脏、黏性大和带有固体颗粒的物料。

3. 浮阀塔

自 20 世纪 50 年代起，浮阀塔就大量应用于工业生产，并因具有优异的综合性能，在设计和选用塔型时常是被首选的一种板式塔。

浮阀是浮阀塔的气液传质元件，浮阀塔塔盘上开有若干个标准孔径为 ϕ39mm 的阀孔，孔中安装了可在适当范围内上下浮动的阀片(称为浮阀)。浮阀塔操作时，蒸气自阀孔上升，顶开阀片，穿过环形缝隙，以水平方向吹入液层，形成泡沫。浮阀能够随着气速的增减在相当宽的气速范围内自由调节、升降，因而可适应较大的气相负荷的变化。

浮阀大体可以分为盘型浮阀和条状浮阀两类，最常用的是盘型浮阀，结构如图 7-10 所示。在四种盘型浮阀中，国内应用最为普遍的是 F-1 型浮阀。F-1 型浮阀分为轻型和重型两种，轻型阀采用 1.5mm 钢板冲压而成而成，质量约为 25g；重型阀采用 2mm 钢板冲压而成，质量约为 33g。由于轻型阀漏液较大，除真空操作选用外，一般用重型阀。浮阀的阀片和三个阀腿是用钢板整体冲压而成的，当把三条阀腿装入塔板的阀孔后，用工具将阀腿扭转 90°，浮阀就会被限制在阀孔内只能上下运动而不能脱离塔板。另外，阀片的周边还冲有三个下弯的小定距片。当浮阀关闭阀孔时，它能保证浮阀与塔板之间保留一小的间隙，一般为 2.5mm。同时，小定距片还能保证阀片停留在塔板上与其他点接触，避免阀片粘在塔板上而无法上浮。

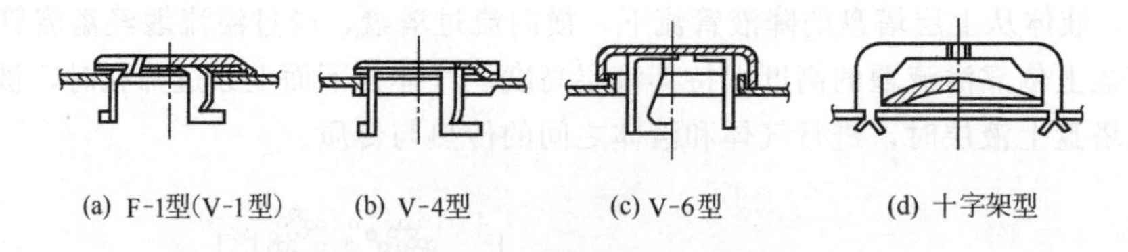

(a) F-1型(V-1型)　(b) V-4型　(c) V-6型　(d) 十字架型

图 7-10 浮阀的常见类型

阀孔在塔盘上可采用等腰三角形或正三角形布置，其中心距一般取 75mm。三角形分布又分为如图 7-11 (a) 所示的顺排和如图 7-11 (b) 所示的叉排两种。因叉排时液面落差较小，气流鼓泡与液层接触均匀，故经常采用。

浮阀塔生产能力大，操作弹性好，液面落差小，塔板效率高（比泡罩塔高 15%左右)，流体压降和阻力小，且结构简单，造价较低，是一种综合性能好的塔型，已在生产中得到广泛应用。

4. 舌形塔

舌形塔属于喷射型塔，于 20 世纪 60 年代开始应用。舌形塔盘的结构如图 7-12 所示。

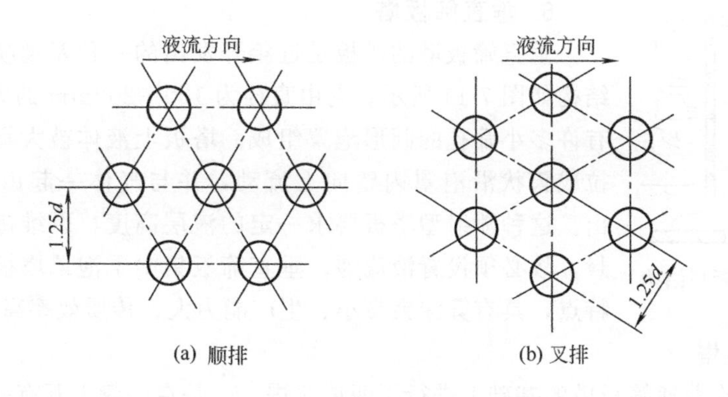

图 7-11　阀孔的排列方式

其上有许多舌形孔，舌片与板面成一定角度，向塔板的溢流出口侧张开。操作时，上升气流穿过舌孔后，以较高的速度（20～30m/s）沿舌片的张角向斜上方喷出。从上层塔板降液管流出的液体，流过每排舌孔时，被喷出的气流强烈扰动而形成泡沫体，并有部分液滴被斜向喷射到液层上方，喷射的液流冲至降液管上方的塔壁后流入降液管中，流到下一层塔板。

舌片与板面成一定角度，有 18°、20°、25°三种，常用的为 20°，舌片尺寸有 50mm×50mm 和 25mm×25mm 两种。舌孔按正三角形排列，塔板上的液流出口不设溢流堰，只保留降液管，降液管截面积要比一般塔板设计得大些。

舌形塔盘具有结构简单、安装维修方便、处理能力大、压降小的优点。其缺点是操作弹性小、塔板效率低，因而应用受到一定限制。

5. 浮动舌形塔

浮动舌形塔的塔板是综合浮阀和固定舌形塔板的优点而提出的一种新型喷射式塔，即将固定舌形板的舌片改成浮动舌片，如图 7-13 所示。其一端可以浮动，最大张角约 20°，舌片厚度一般为 1.5mm，质量约为 20g。

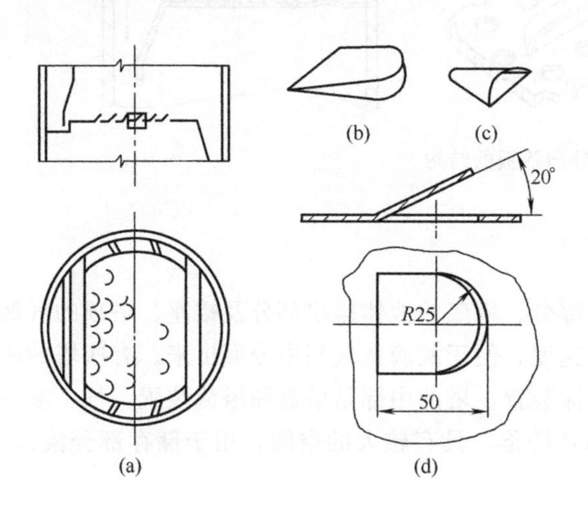

图 7-12　舌形塔盘的结构

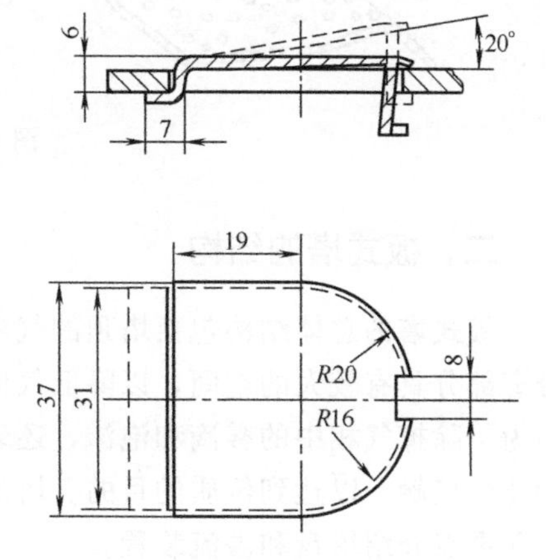

图 7-13　浮动舌形塔的舌片

浮动舌形塔既具有舌形塔压降低、生产处理量大、雾沫夹带小的优点，又具有浮阀效率高、稳定性及操作弹性大的优点，但浮动舌片易损坏。

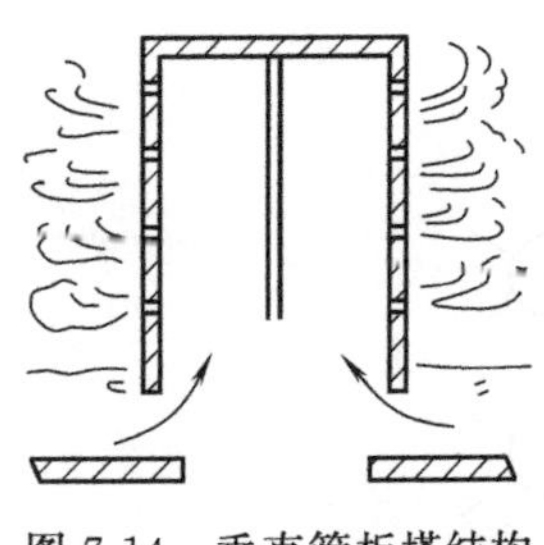

图 7-14 垂直筛板塔结构

6. 垂直筛板塔

垂直筛板塔的塔板是近年开发出的一种新型喷射型塔板，其结构如图 7-14 所示。它由直径为 100～200mm 的大筛孔和侧壁开有许多小筛孔的圆形泡罩组成。塔板上液体被大筛孔上升的气体拉成膜状沿泡罩内壁向上流动，并与气体一起由小筛孔水平喷出。这种喷射型塔板要求一定的液层高度，以维持泡罩底部的液封，故必须设置液流堰。垂直筛板集中了泡罩塔板、筛孔塔板的特点，具有雾沫夹带小、生产能力大、传质效率高等优点。

7. 导向筛板塔

导向筛板塔在普通筛板塔的基础上进行了两项改进：一是在塔盘上开有一定数量的导向孔，通过导向孔的气流对液流有一定的推动作用，有利于推进液体并减小液面梯度；二是在塔板的液体入口处增设了鼓泡促进结构，也称鼓泡促进器，有利于液体刚进入塔板就迅速鼓泡，达到良好的气液接触，以提高塔板的利用率，使液层减薄，压降减小。

导向筛板的结构如图 7-15 所示。图中可见导向孔和鼓泡促进器的结构，导向孔的形状类似百叶窗，在板面上冲压而凸出，开口为细长的矩形缝，缝长有 12mm、24mm 和 36mm 三种。导向孔的开孔率一般取 10%～20%，可视物料性质而定。导向孔开缝高度，常为 1～3mm。鼓泡促进器是在塔板入口处形成一凸出部分，凸出高度一般取 3～5mm，斜面的正切一般在 0.1～0.3，斜面上通常仅开有筛孔，而不开导向孔。筛孔的中心线与斜面垂直。

与普通筛板塔相比，使用这种塔盘，压降可下降 15%，板效率提高 13%左右，可用于减压蒸馏和大型分离装置。

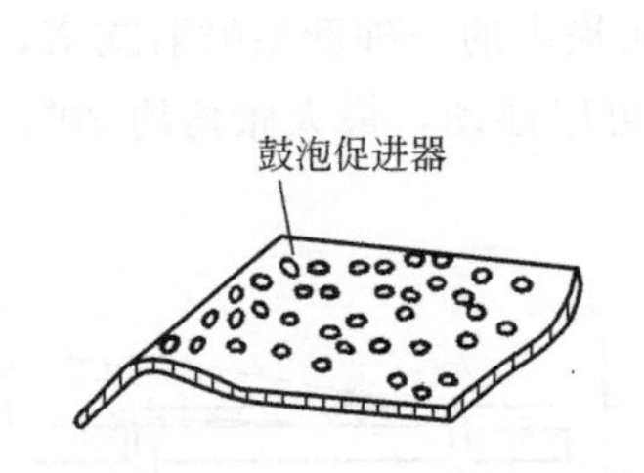

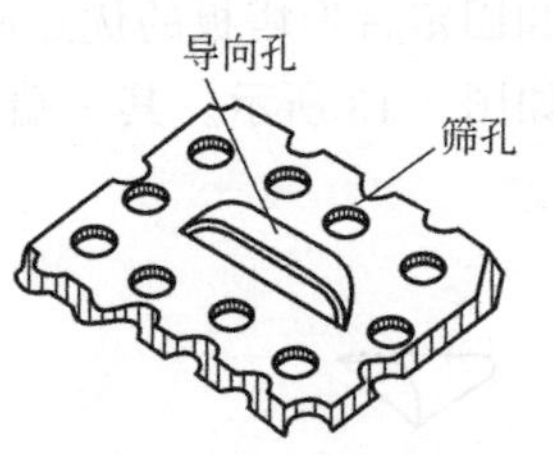

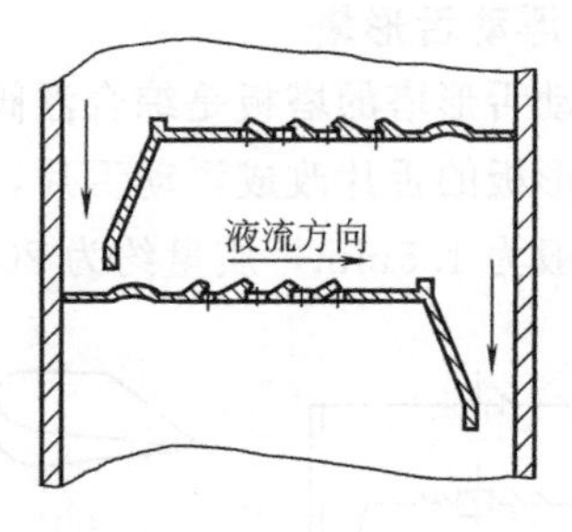

图 7-15 导向筛板的结构

二、板式塔的结构

板式塔的总体结构包括塔顶的气液分离部分、塔底的液体排出部分及裙座。塔顶的气液分离部分具有较大的空间，以降低气体上升速度，便于液滴从气相中分离出来。有些塔的塔顶为了除掉气相中的雾滴和泡沫，还装有除沫装置。塔的中部是塔盘和溢流装置，气、液两相充分接触，以达到传质的目的。塔的底部是塔釜，具有较大的空间，用于储存部分液体。下面重点介绍塔盘和溢流装置。

(一) 塔盘

板式塔的塔盘可分为溢流式和穿流式两类，如图 7-16 所示。溢流式塔盘上有降液管，塔盘上的液层高度可通过调节溢流堰高度来改变，因此，操作弹性较大并且能保持一定的效率。穿流式塔盘上的气体和液体同时穿过孔道流动，因而处理能力大，压力降较小，但塔盘效率及操作弹性较小。本节仅介绍溢流式塔盘的结构。

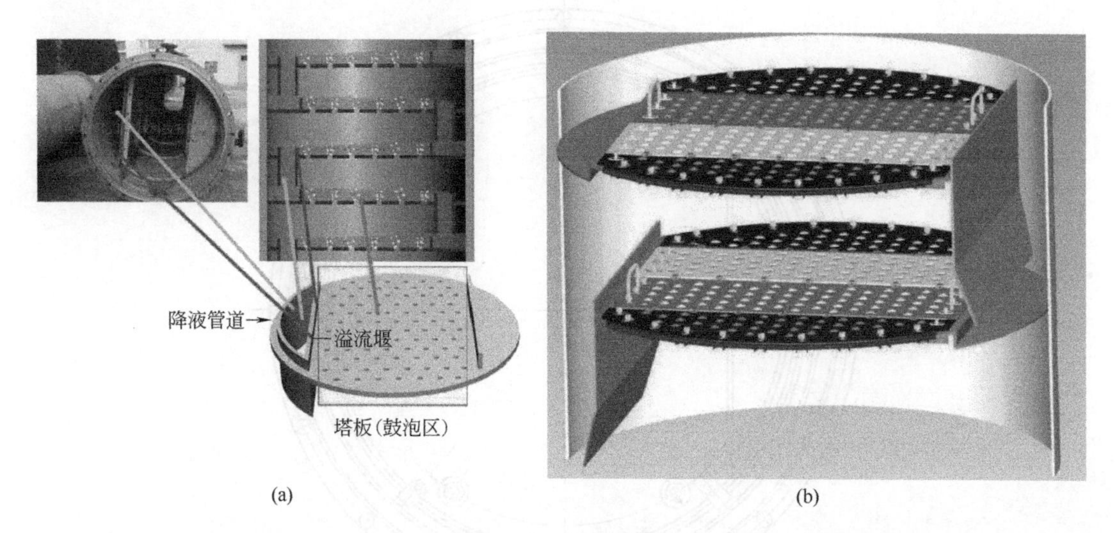

图 7-16　塔盘结构

溢流式塔盘由塔板、降液管、受液盘、溢流堰和气液接触元件等部件组成。根据塔盘的结构，可分为整块式和分块式两种。当塔的直径 300mm≤DN≤800mm 时，采用整块式塔盘；当塔径 DN≥900mm 时，因人可进入塔内安装、检修，可采用分块式塔盘。而塔径在 800～900mm 之间时，整块式、分块式均可采用，视具体情况而定。

1. 整块式塔盘

整块式塔盘整个塔由若干个塔节组成，每个塔节中安装若干层塔板，塔节之间用法兰和螺栓连接。整块式塔盘分为定距管式和重叠式两类。

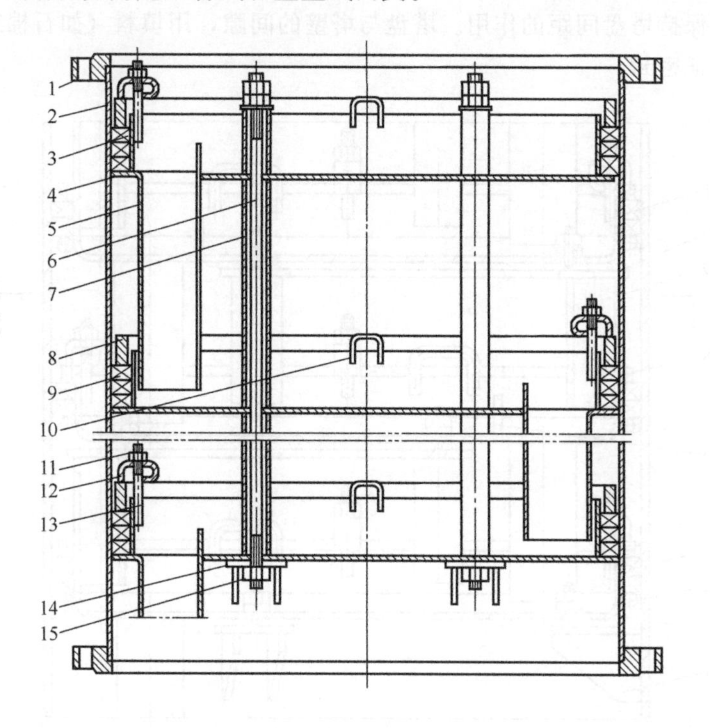

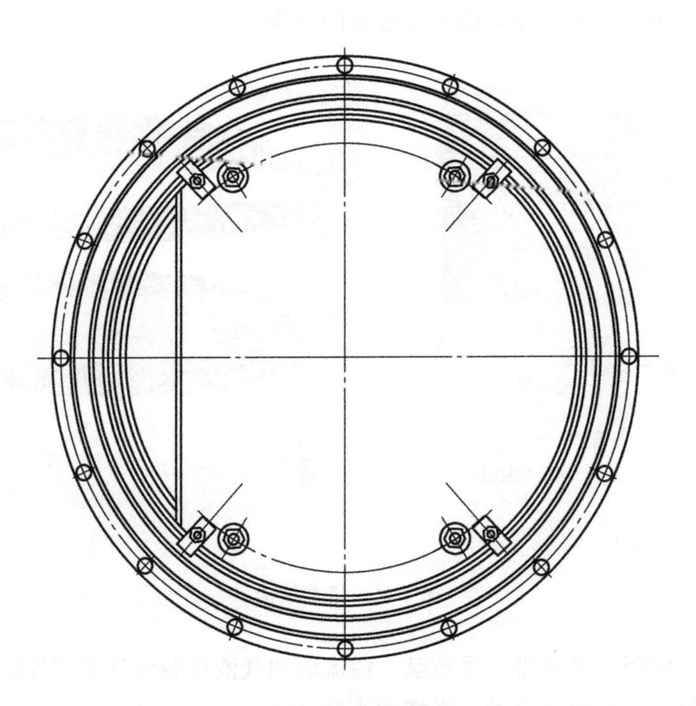

图 7-17 定距管式塔盘结构

1—法兰；2—塔体；3—塔盘圈；4—塔盘板；5—降液管；6—拉杆；7—定距管；8—压圈；9—石棉绳；10—吊环；11，15—螺母；12—压板；13—螺柱；14—支座

(1) 定距管式塔盘

定距管式塔盘结构如图 7-17 所示，塔盘由拉杆和定距管固定在塔节内的支座上。定距管起支撑塔盘并保持塔盘间距的作用。塔盘与塔壁的间隙，用填料（如石棉绳）密封，并用压圈压紧，以保证密封。

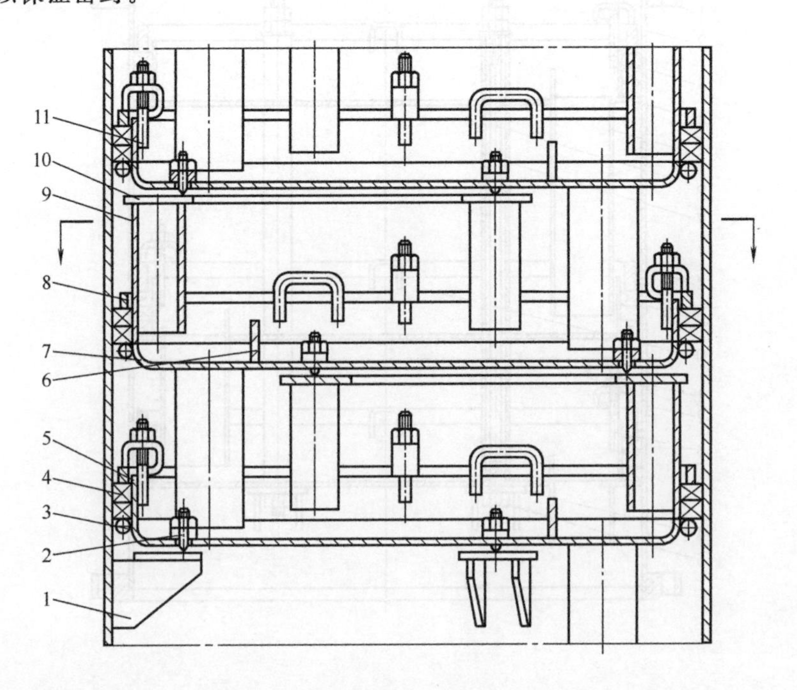

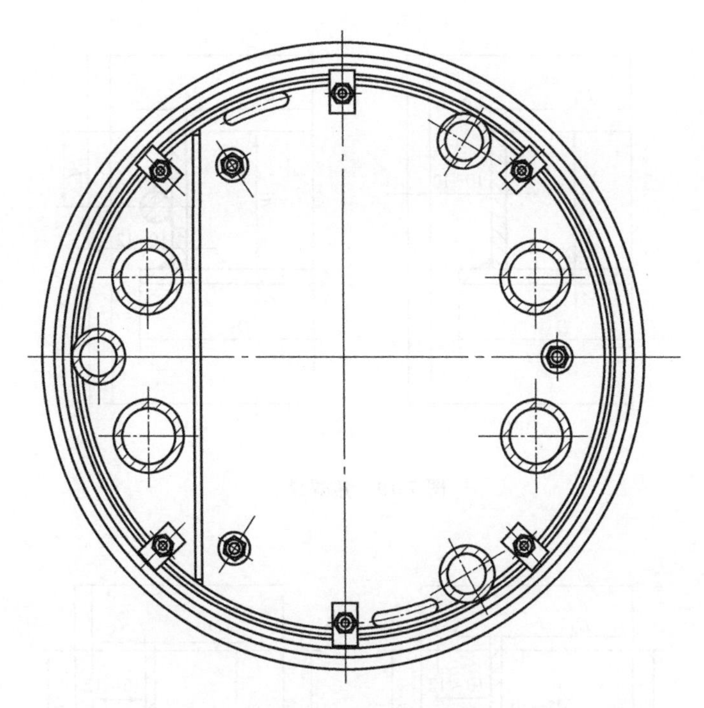

图 7-18 重叠式塔盘结构

1—支座；2—调节螺栓；3—圆钢圈；4—密封；5—塔盘圈；6—溢流堰；7—塔盘板；8—压圈；9—支柱；10—支撑板；11—压紧装置

对于定距管式塔盘，塔节高度随塔径而定。当塔径 DN=300～500mm 时，只能伸入手臂安装，塔节长度 L=800～1000mm；当塔径 DN=500～800mm 时，塔节长度 L=1200～1500mm；当塔径 DN≥800mm 时，人可进塔内安装，塔节长度 L=2500～3000mm；每个塔节安装的塔盘数一般不超过 5～6 层，以免受拉杆长度所限，出现安装困难，故单个塔节长度不应超过 3000mm。

塔盘板的厚度根据介质的腐蚀性和塔盘的刚度决定。对碳钢，塔盘板厚度可取 3～5mm。对不锈钢，塔盘板厚可取 2～3mm。

(2) 重叠式塔盘

重叠式塔盘结构如图 7-18 所示，在每一塔节的下部焊有一组支座，底层塔盘支撑在支座上，然后依次装入上一层塔盘，塔盘间距由其下方的支柱保证，并可用三只调节螺钉来调节塔盘的水平度。塔盘与塔壁之间的缝隙用填料密封，并拧紧螺母，压紧压板及压圈。

无论是定距管式塔盘还是重叠式塔盘，其安装结构有角焊结构与翻边结构两种。角焊结构如图 7-19 所示。这种结构是将塔盘圈角焊于塔盘板上。角焊缝为单面焊，焊缝可在塔盘的外侧，也可在内侧。当塔盘圈较低时，采用如图 7-19（a）所示的结构，而塔盘圈较高时，则采用如图 7-19（b）所示的结构。角焊结构简单，制造方便，但在制造时要求采取有效措施减小因焊接变形而引起的塔板不平整。

翻边结构如图 7-20 所示，这种结构的塔盘圈直接取塔板翻边而形成，因此，可避免焊接变形。如果直边较短，则可整体冲压成形，如图 7-20（a）所示。反之，可将塔盘圈与塔盘翻边对接焊而成，如图 7-20（b）所示。

确定整块式塔盘的结构尺寸时，塔盘圈高度 h_1 一般可取 70mm，但不得低于溢流堰的

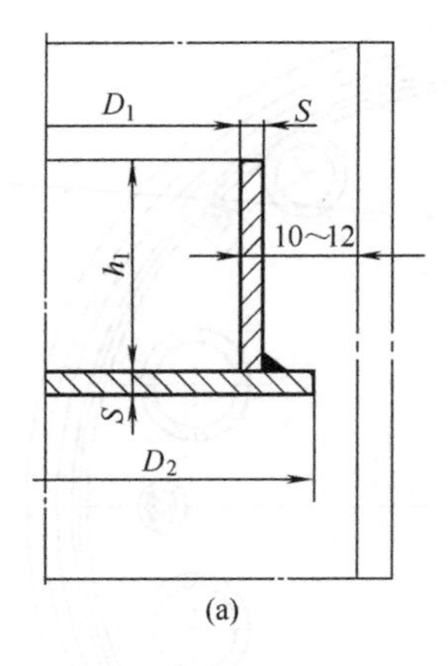

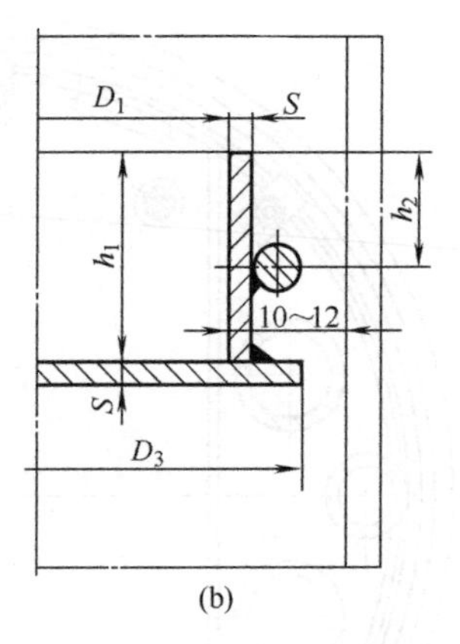

图 7-19 角焊结构

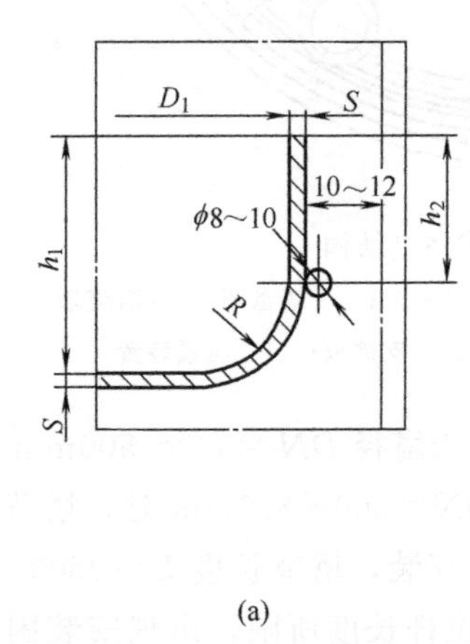

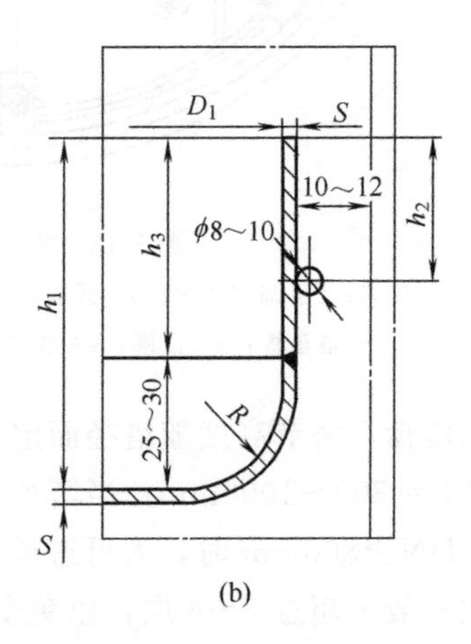

图 7-20 翻边结构

高度。塔圈上密封用的填料支撑圈用 ϕ8～10mm 的圆钢弯制并焊于塔盘圈上。塔盘圈外表面与塔内壁面的间隙一般为 10～12mm。圆钢填料支撑圈距塔盘圈顶面的距离 h_2 一般可取 30～40mm，视需要的填料层数而定。

整块式塔盘与塔内壁环隙的密封采用软填料密封，软填料可以采用石棉线聚四氟乙烯纤维编织填料，如图 7-21 所示。

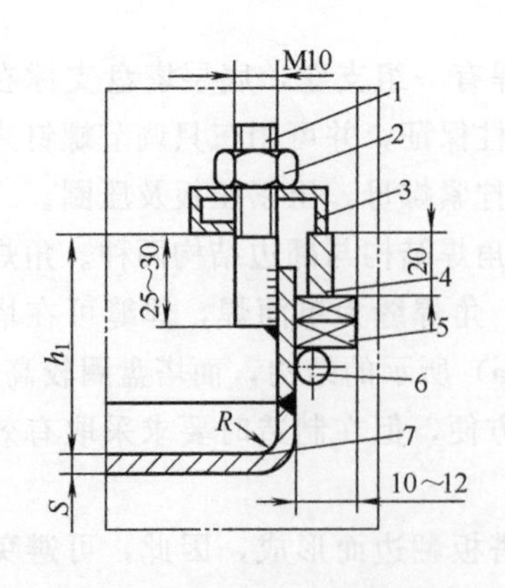

图 7-21 整块式塔盘的密封结构

1—螺栓；2—螺母；3—压板；4—压圈；5—填料；6—圆钢圈；7—塔盘

2. 分块式塔盘

对于直径较大的板式塔，为了便于制造、安装、检修，将塔盘进行分块。分块式塔盘可以通过人孔送入塔内，装在焊于塔体内壁的塔盘支撑件上。分块式塔盘的塔体，通常为整体焊制圆筒，不分塔节。

对塔盘进行分块，应遵循结构简单，刚性足够，装拆方便，便于制造、安装和检修等原则。分块的塔盘板多采用自身梁式或槽式，结构如图 7-22～图 7-24 所示。这两种结构具有以下一些特点。

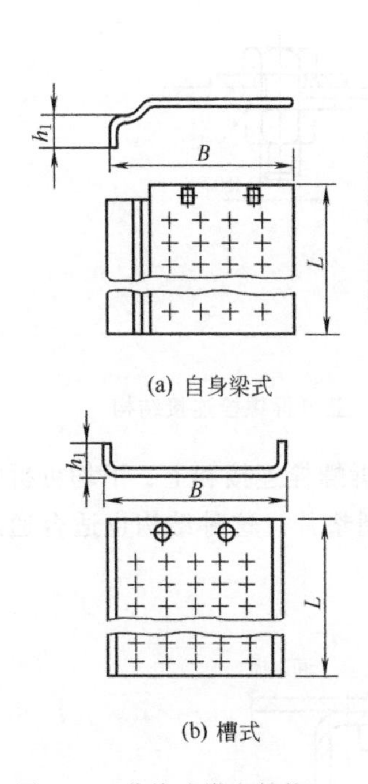

图 7-22 分块式塔盘结构（一）

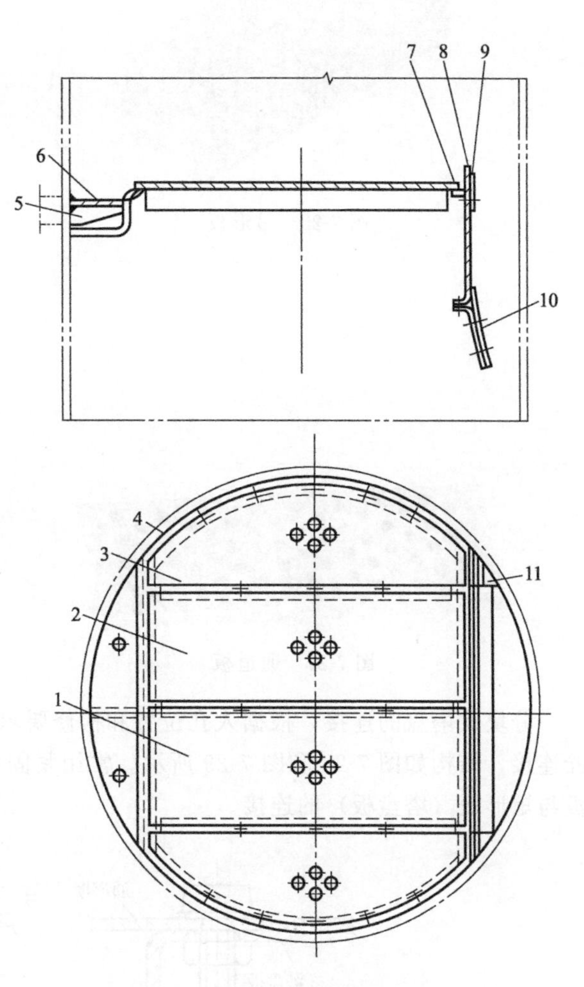

图 7-23 分块式塔盘结构（二）

1—通道板；2—矩形板；3—弓形板；4—支持圈；5—筋板；6—受液盘；7—支持板；8—固定降液管；9—可调堰板；10—可拆折流板；11—连接板

(1) 结构简单，装拆方便

由于将塔盘板冲压折边，使其具有足够刚性，这样不但简化了塔盘的结构，而且可以少耗钢材。

(2) 制造方便，模具简单

塔盘板根据装配位置和作用不同，分为弓形板（图 7-25）、矩形板（图 7-26）和通道板（图 7-27）。两块弓形板靠近塔壁，通道板设置在塔盘中间，便于安装和维修，其他的为矩形板。

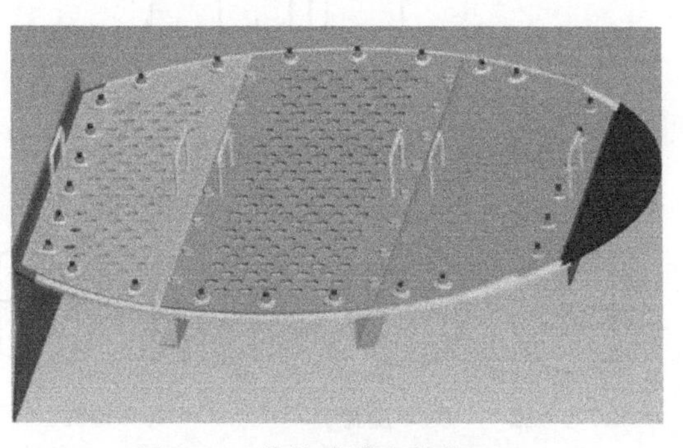

图 7-24 分块式塔盘结构（三）

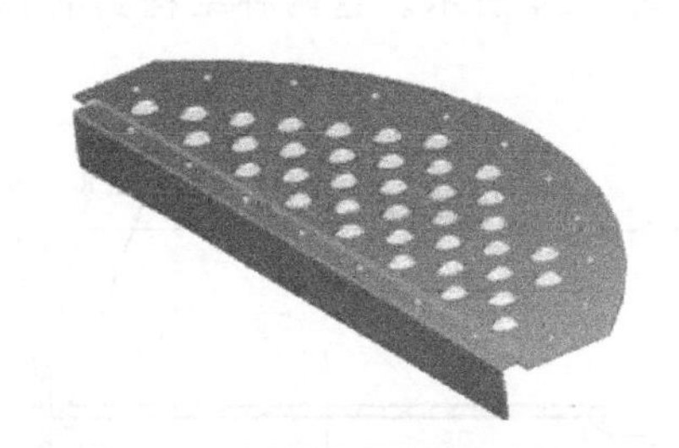

图 7-25 弓形板

图 7-26 矩形板

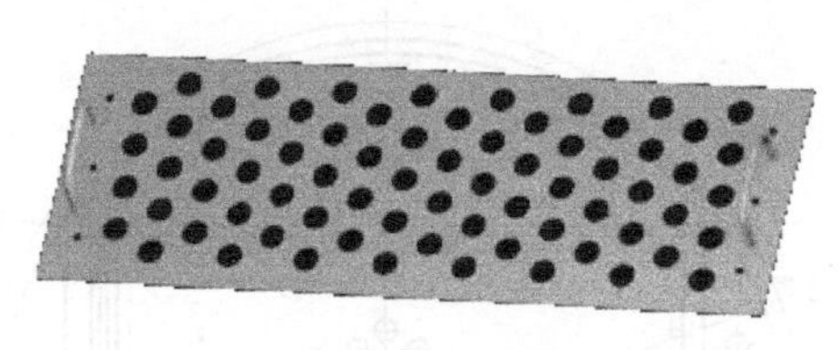

图 7-27 通道板

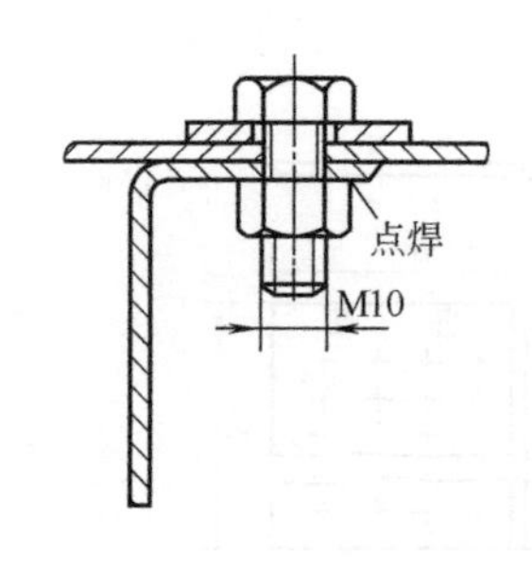

图 7-28 上可拆螺栓连接结构

分块式塔盘的连接，根据人孔位置和检修要求，分为上可拆螺栓连接和上、下均可拆螺栓连接，结构如图 7-28 和图 7-29 所示。常用紧固件是螺栓椭圆垫片。这种结构也适合通道板与矩形板（塔盘板）的连接。

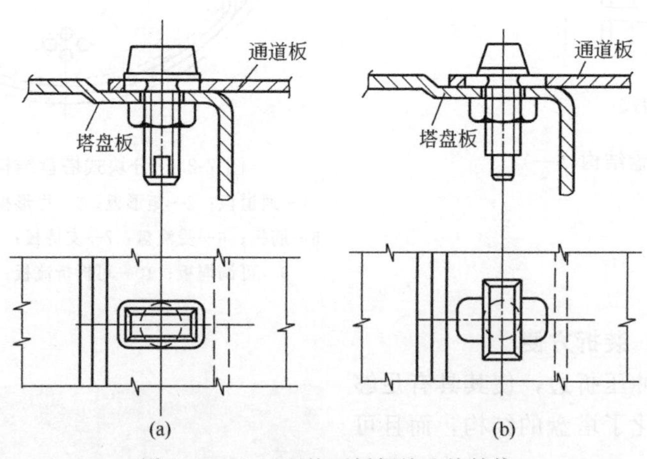

图 7-29 上、下均可拆螺栓连接结构

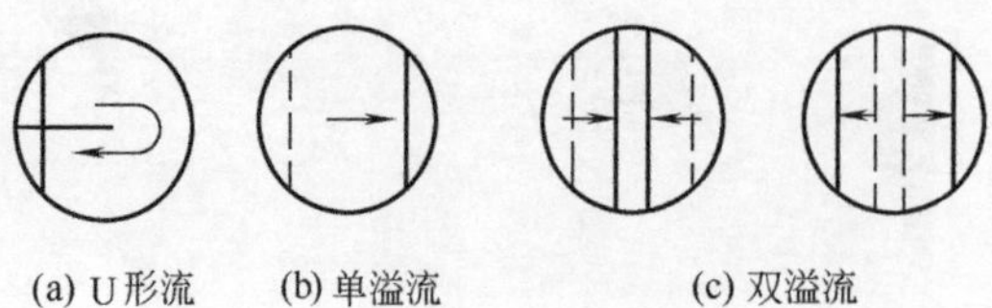

图 7-30 塔板上液体的流动

（二）溢流装置

根据液体的回流量和气液比，液体在塔板上的流动常采取三种不同形式。当回流量较小、塔径也较小时，为了增大气液在塔板上的接触时间，常采取 U 形流，如图 7-30（a）所示；当回流量稍大，而塔径较小时，则采用单溢流，如图 7-30（b）所示；当回流量较大，塔径也较大时，为了减小塔盘上液体的停留时间，常采用双溢流，如图7-30（c）所示。

板式塔内溢流装置包括溢流堰（见图 7-31）、降液管（溢流管）和受液盘等。溢流堰的高度 h_w 和长度 L_w 取决于回流量的多少和塔盘上的液层高度的大小。当回流量较大时，溢流堰的高度应低些，长度应大些。这样，可以减少溢流堰以上的回流液层高度，降低气体通过液层时的塔板压力降。根据溢流堰在塔盘上的位置可分为进口堰和出口堰。进口堰的作用是保证降液管的液封，使液体均匀流入下一层塔盘，并减少液流沿水平方向的冲击。出口堰的作用是保持塔盘上液层的高度。

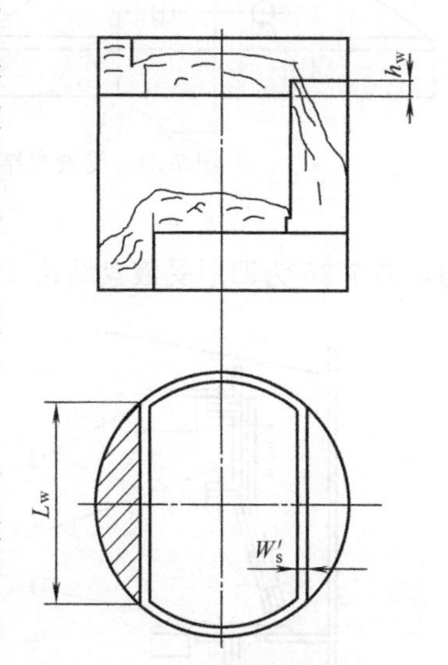

图 7-31　溢流堰结构

降液管的形式和大小也与回流量有关，同时还取决于液体在降液管内的停留时间，为了更好地分离气泡，一般取液体在降液管内的停留时间为 2～5s，由此而决定降液管的尺寸。常采用的降液管有圆形的和弓形的，如图 7-32 和图 7-33 所示。

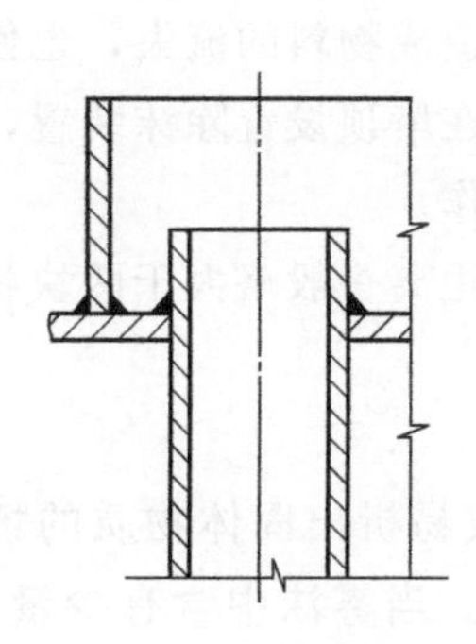
图 7-32　圆形降液管结构

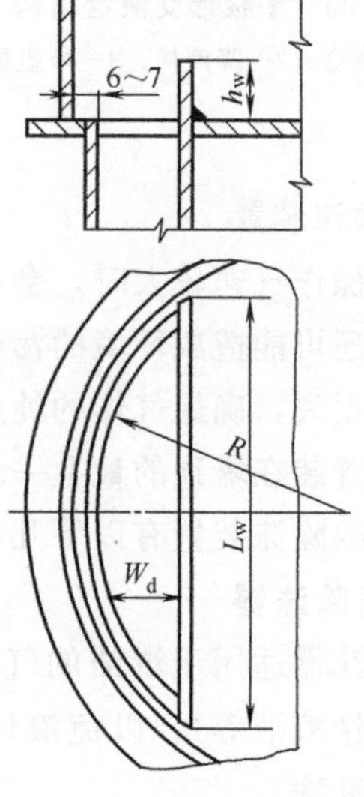

图 7-33　弓形降液管结构

降液管底缘距受液盘的高度一般应以使液体流出降液管后，其径向截面积和溢流管的横截面积相等为原则。这样，当液体的流动方向由轴向改变为径向时，流速便不致发生变化。但降液管的底缘距受液盘的高度一定要小于塔板上液层的高度，即底缘一定要在液面之下，否则上升气体很可能由降液管上升，走短路而不通过塔盘。

有些塔为了增加塔盘的有效面积而不设受液盘，降液管高度则可以减小，但在降液管底缘必须设液封槽。液封槽的底上开有直径 8mm 的泪孔，其目的是在停车检修时，将槽内残存液体由泪孔排尽。

受液盘有平板形和凹形两种结构形式，一般多采用凹形。因为凹形受液盘不仅可以缓冲降液管流下的液体冲击，减少因冲击而造成的液体飞溅，而且当回流量很小时也具有较好的

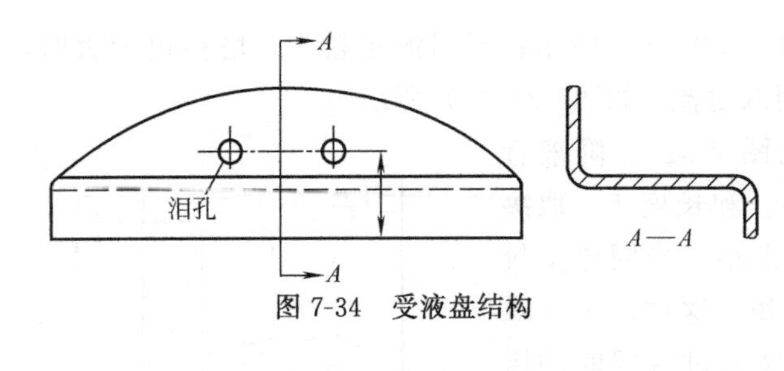

图 7-34　受液盘结构

液封作用，同时能使回流液均匀地流入塔盘的鼓泡区。凹形受液盘的深度设计也不一致，一般在 50～150mm，其结构可参考图7-34。此外，在凹形受液盘上也要开有 2～3 个泪孔，在检修前停止操作后，可在半小时内使凹形受液盘里的液体流净。图 7-35 为平板形受液盘结构，图 7-36 为凹形受液盘结构。

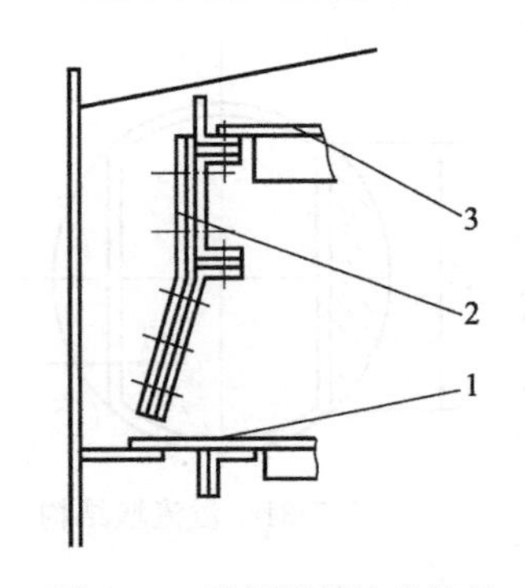

图 7-35　平板形受液盘结构

1—受液盘；2—降液板；3—塔盘板

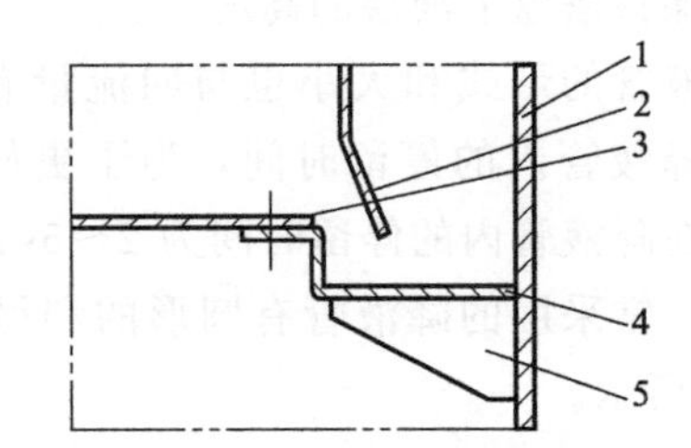

图 7-36　凹形受液盘结构

1—塔壁；2—降液板；3—塔盘板；4—受液盘；5—筋板

(三) 除沫装置

在塔内操作气速较大时，会出现塔顶雾沫夹带，这不但造成物料的流失，也使塔的效率降低，同时还可能造成环境的污染。为了避免这种情况，需在塔顶设置除沫装置，从而减少液体的夹带损失，确保气体的纯度，保证后续设备的正常操作。

除沫装置装在塔顶的最上一块塔盘之上，与塔盘之间的距离一般略大于两块相邻塔盘的间距。常用的除沫装置有以下几种。

1. 丝网除沫器

丝网除沫器适用于清洁的气体，不宜用于液滴中含有或易析出固体物质的场合（如碱液、碳酸氢钠溶液等），以免液体蒸发后留下固体堵塞丝网。当雾沫中含有少量悬浮物时，应注意经常冲洗。

丝网除沫器的网块结构有盘形和条形两种。盘形结构采用波纹形丝网缠绕至所需要的直径。网块的厚度等于丝网的宽度。条形网块结构是采用波纹形丝网一层层平铺至所需的厚度，然后上、下各放置一块隔栅板，再使用定距杆使其连成一整体。图 7-37 (a) 所示为用于小径塔的缩径型丝网除沫器，这种结构的丝网块直径小于设备内直径，需要另加一圆筒短节（升气管）以安放网块。图 7-37 (b) 所示为可用于大直径塔设备的全径型丝网除沫器，丝网与上、下栅板分块制作，每一块应能通过人孔在塔内安装。

丝网除沫器具有比表面积大、质量小、空隙率大以及使用方便等优点，特别是它具有除沫效率高、压力降小的特点。

2. 折流板除沫器

折流板除沫器如图 7-38 所示。除沫器的折流板常用∟50×50×3 的角钢制成，结构简

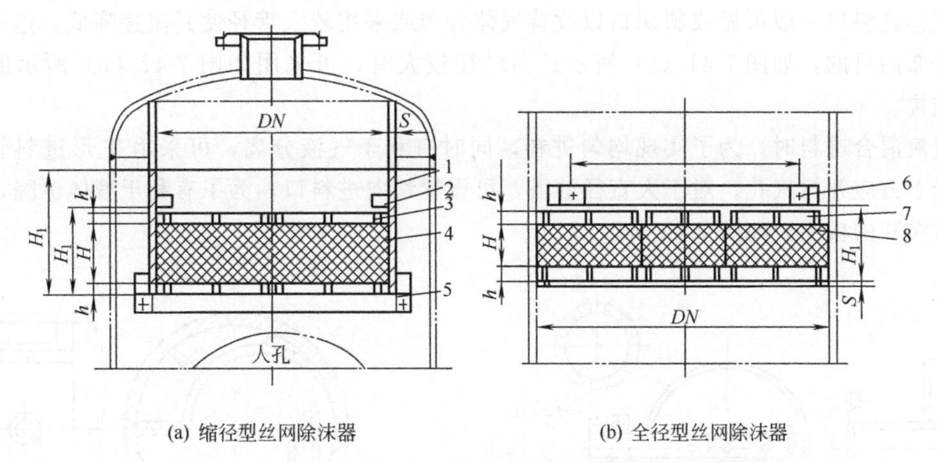

(a) 缩径型丝网除沫器 (b) 全径型丝网除沫器

图 7-37 丝网除沫器

1—升气管；2—挡板；3，7—格栅；4—丝网；5—梁；6—压条；8—丝网

单，但金属消耗量大，造价高。若增加折流次数，能有较好的分离效果。

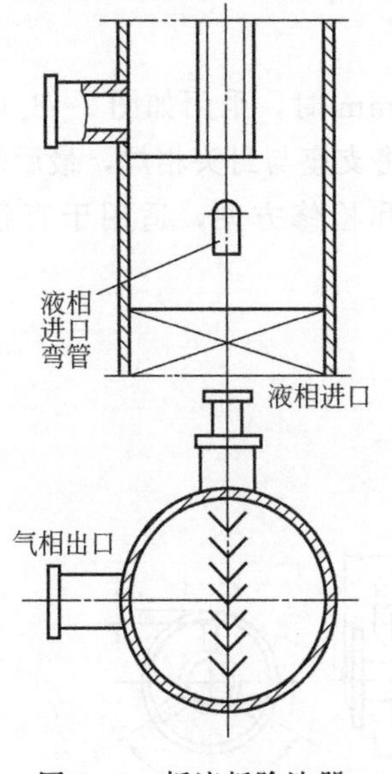

图 7-38 折流板除沫器

3. 离心分离除沫器

离心分离除沫器如图 7-39 所示，一般用金属制成，通常用于含有较大液滴或颗粒的气液分离，除沫效率较丝网除沫器低。

(四) 进出口管结构

1. 进料管

液体进料管的形式很多，常见的有直管和弯管两种，如图 7-40 所示。为了使液体均匀通过塔板，减少进料波动带来的影响，通常在加料板上设进口堰。

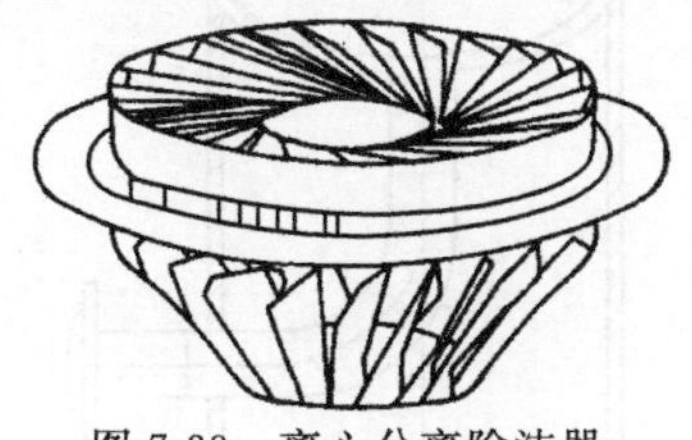

图 7-39 离心分离除沫器

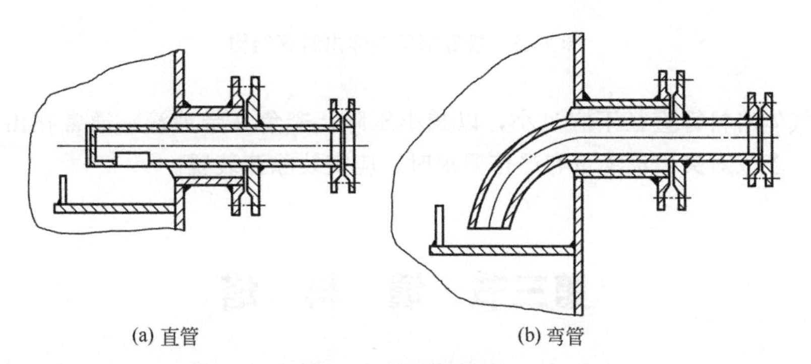

(a) 直管 (b) 弯管

图 7-40 液体进料管

气体进料口一般可做成斜切口以改善气体分布或采用较大管径使其流速降低，达到气体均匀分布的目的，如图 7-41（a）所示；当塔径较大时，可采用如图 7-41（b）所示的较复杂的结构。

气液混合进料时，为了实现均匀进料，同时有利于气液分离，可采用 T 形进料管，但在支管上方应开排气孔。对于大直径的塔，可设置切向进料口，为了有利于液体沉降，挡板应做成缓和的坡度，如图 7-42 所示。

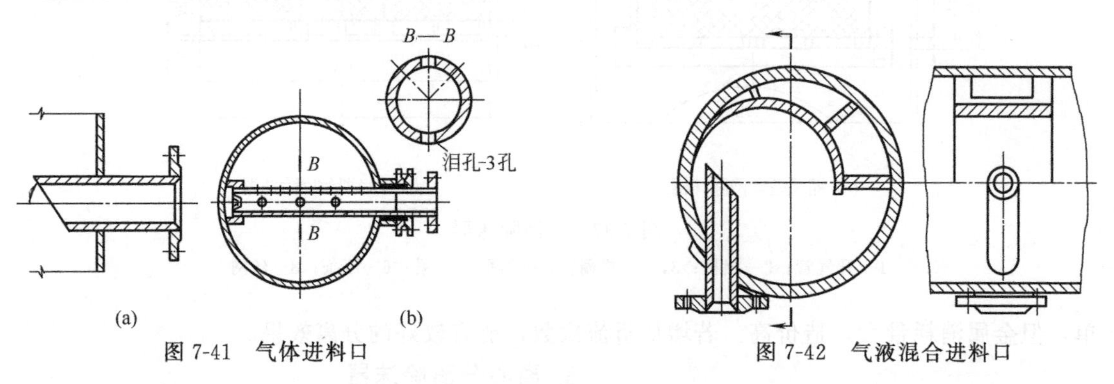

图 7-41　气体进料口　　　　图 7-42　气液混合进料口

2. 出料口

塔底部的液体出料管结构如图 7-43 所示。塔径小于 800mm 时，采用如图 7-43（a）所示的结构。为了便于安装，先将弯管段焊在塔底封头上，再将支座与封头相焊，最后焊接法兰短节。图 7-43（b）中，支座上焊有引出管，以使安装和检修方便，适用于直径大于 800mm 的塔。

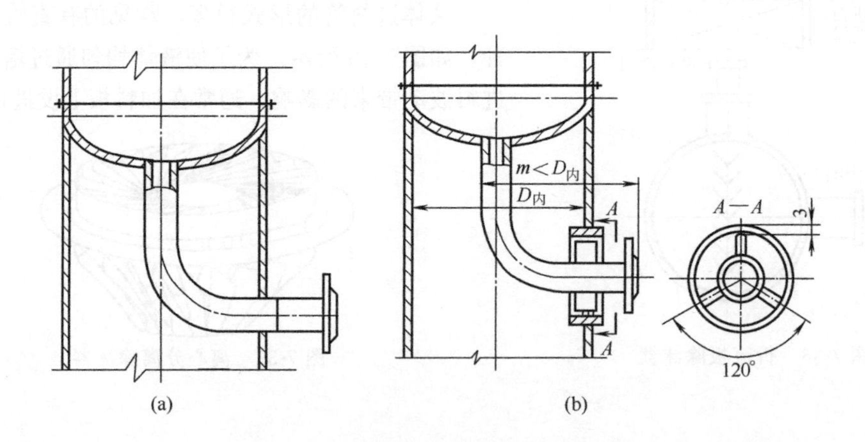

图 7-43　塔底部的液体出料管结构

塔顶部气体出料管直径不宜过小，以减小压降，避免夹带液滴。通常在出口处装设挡板。当液滴较多或对夹带液滴量有严格要求时，应安装除沫装置。

第三节　填　料　塔

填料塔的基本特点是结构简单、压力降小、传质效率高、便于采用耐腐蚀材料制造等。

对于热敏性和容易发泡的物料，更显出其优越性。近年来，随着高效新型填料和其他高性能塔内件的开发，以及人们对填料流体力学及传质机理的深入研究，使填料塔技术得到了迅速发展，在增加产量、提高产品质量、节能等方面取得了巨大的成效，在某些场合，甚至取代了传统的板式塔。随着塔设备的大型化，今后需要进一步研究新型、高性能的填料及其他新型塔内件，如气体及液体再分布器的研究。

一、填料塔的总体结构

填料塔由塔体、喷淋装置、填料、液体再分布器、填料支撑装置、支座以及进出口等部件组成，如图 7-44 所示。

液体自塔上进入，通过液体气体喷淋装置均匀淋洒在塔截面上，气体由塔底进入塔内，通过填料缝隙中的自由空间上升，从塔上部排出，气液两相在填料塔内呈逆流充分接触，从而达到传热和传质的目的。各层之间设置液体再分布器的目的是将液体重新均匀分布于塔截面上，以防止壁流和锥区的产生。栅板和支撑圈的作用是支撑填料重力。在每一层填料的上面都设有填料保护栅板，以防止液泛引起填料层跳动和破坏填料。为了便于取出填料，在填料支撑栅板处设有填料卸出孔。对于塔体，在适当的位置还设有人孔。

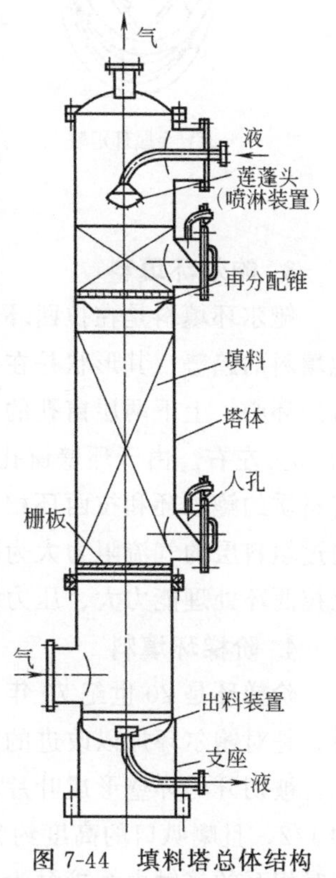

图 7-44　填料塔总体结构

二、填料塔主要零部件

(一) 填料

填料是填料塔气液接触的元件，是塔内的核心内件。填料性能的优劣直接决定了填料塔的操作性能和传质效率。

填料的种类很多，通常按制作填料的材料是实体还是网体而将填料分为实体填料和网体填料两大类，如图 7-45 所示。实体填料可由陶瓷、金属或塑料等制成，如拉西环、鲍尔环、阶梯环、弧鞍形和矩鞍形填料等；网体填料则由金属网制成，如 θ 形网环、鞍形网填料等。

1. 拉西环填料

1914 年拉西（F. Rasching）发明了具有固定几何形状的拉西环瓷制填料。常用的拉西环为外径与高度相等的空心圆柱体，结构如图 7-45（a）所示，其大小一般在 6～150mm 之间。拉西环的材质常用陶瓷，在特殊情况下还可用金属、塑料及石墨等材质。其壁厚在满足机械强度要求时，可尽量薄。

拉西环的特点是形状简单、制造容易、价格较廉、使用经验丰富，主要缺点在于：液体的沟流及壁流现象较严重，因而效率随塔径及层高的增加显著下降；对气速的变化也较敏感，操作弹性范围较窄；气体阻力较高，通量较低。

2. θ 环和十字环填料

θ 环及十字环填料是在拉西环内分别增加一竖直隔板及十字隔板而形成的，如图 7-45（b）、（c）所示。与拉西环比较，虽然它们表面积增加，分离效率有所提高，但总体而言，其传质效率并没有显著改善。

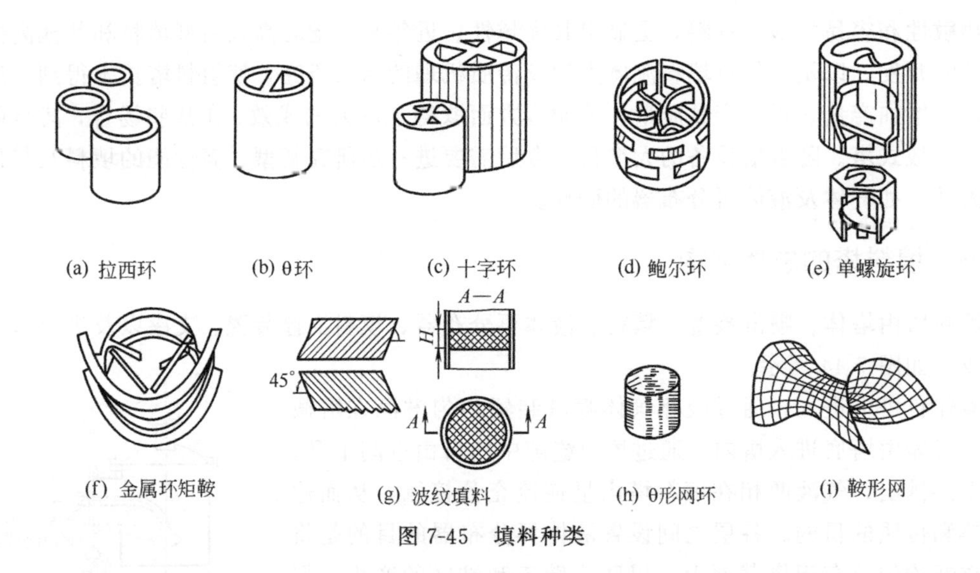

图 7-45 填料种类

3. 鲍尔环填料

鲍尔环填料是在拉西环的基础上经改进而得到的一种性能优良的填料，并有逐渐代替其他填料的趋势。其形状是在拉西环的侧壁上开有两层长方形窗孔，每层几个，每个孔的舌叶弯向环心，上下两层窗孔的位置是错开的，如图 7-45（d）所示。开孔的面积占环壁总面积的 35%左右。由于环壁窗孔可供气、液流通，使环的内壁面得以充分利用，因此同样尺寸与材质的鲍尔环和拉西环相比，其相对效率要高出 30%左右。由于气、液流通截面积增加，通过填料层的气流阻力大为降低，流体的分布状况也有所改善，因此在相同条件下，鲍尔环比拉西环处理能力大、压力降小。

4. 阶梯环填料

阶梯环是 20 世纪 70 年代初期，由英国传质公司开发所研制的一种新型短开孔环形填料，是对鲍尔环加以改进的产物。其结构类似于鲍尔环，如图 7-46 所示，是在环壁上开窗孔，被切开的环壁形成叶片向环内弯曲，填料的一端扩为喇叭形翻边，但其高度通常为直径的 1/2，且喇叭口的高度约为环高的 1/5。这样不仅增加了填料环的强度，而且使填料在堆积时相互的接触由线接触为主变成以点接触为主，从而不仅增加了填料颗粒的空隙，减小了气体通过填料层的阻力，而且改善了液体的分布，有利于液膜的不断更新，提高了传质效率。因此，阶梯环填料的性能较鲍尔环填料又有了进一步的提高。目前，阶梯环填料可由金属、陶瓷和塑料等材料制造而成。

5. 鞍形填料

鞍形填料分为两类，即弧鞍形填料和矩鞍形填料，形状类似马鞍，它们都是敞开式填料，结构如图 7-47 所示。

弧鞍形填料通常由陶瓷制成。这种填料虽然与拉西环比较性能有一定程度的改善，但由于相邻填料容易产生叠合和架空的现象，使一部分填料表面不能被湿润，即不能成为有效的传质表面，目前基本被矩鞍形填料所取代。

矩鞍形填料是在弧鞍形填料的基础上发展起来的，可用瓷质材料、塑料制成。它是将弧鞍形填料的两端由圆弧形改为矩形，克服了弧鞍形填料容易相互叠合的缺点。这种填料因为在床层中相互重叠的部分较少，空隙率较大，填料表面利用率高，传质效率提高。

近年来出现了矩鞍形填料的改进型，其特点是将原矩鞍形填料的平滑弧形边线改为锯齿状，并在表面增加皱褶和开有圆孔，结构如图 7-47（c）所示。由于结构上进行了上述改进，改善了流体的分布，增大了填料表面的湿润率，增强了液膜的湍动，降低了气体阻力，处理能力和传质效率得到了提高。

(a) 金属阶梯环

(b) 塑料阶梯环

图 7-46　阶梯环填料结构

(a) 弧鞍形填料

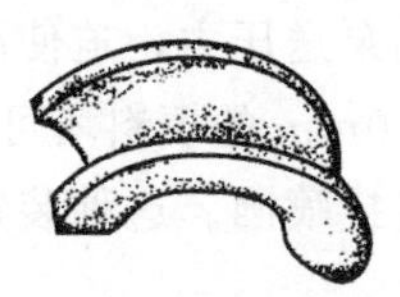
(b) 矩鞍形填料

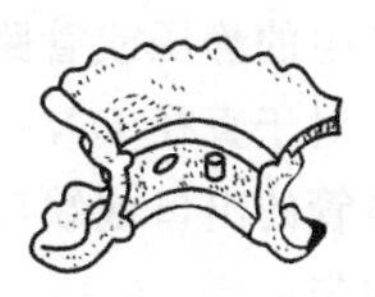
(c) 改进型矩鞍形填料

图 7-47　鞍形填料结构

6. 金属环矩鞍填料

1978 年美国 Norton 公司首先开发出金属环矩鞍填料。这种填料将开孔环形填料和矩鞍填料的特点相结合，吸取了环形和鞍形填料的优点，结构如图 7-45（f）所示。由于这种填料是一种开敞的结构，所以流体的通量大、压降低、滞留量小，也有利于液体在填料表面的分布及液体表面的更新，从而提高传质效率。

7. 波纹填料

波纹填料属于整砌类型的规则填料，它是将许多波纹形薄板垂直反向地叠在一起，组成盘状，如图 7-45（g）所示。各层薄板的波纹成 45°角，而盘与盘之间填料成 90°角交错排列，这样有利于液体重新分布和气液接触。气体沿波纹槽内上升，其压力降较乱堆填料低。另外由于结构紧凑，比表面积大，传质效率较高。

波纹材料可根据物料的温度及腐蚀情况，采用铝、碳钢、不锈钢、陶瓷、塑料等材料制造。

波纹填料的缺点是：不适于容易结痂、固体析出、聚合或液体黏度较大的物系；清洗填料困难；造价较高。因此，限制了它的使用范围。

8. 波纹网填料

金属丝编织的波纹网填料与波纹填料结构基本一样，不同的是它用金属丝编织成的金属网代替金属板。它与波纹板相比空隙率增大，表面积也增大，因此气体通量大，压力降低，传质效率增大，操作弹性大。故适用于精密精馏及高真空精馏装置，为难分离物系、热敏性物系及高纯度产品的精馏提供了有效的手段。

此外，金属丝编织网也可制成 θ 形网环或鞍形网等，如图 7-45（h）、（i）所示，并都具备上述特点。

填料选择主要根据其效率、通量和压降三个重要性能参数，它们决定着塔的大小及操作费用。此外，选择填料还需要考虑物料的性质、塔的大小、分离或吸收的要求、填料的价格和安装、检修难易程度等。不必局限于某种结构，只要选择恰当，就能获得预期的效果。

（二）喷淋装置

液体喷淋装置安装于填料上部，它将液体均匀地分布在填料的表面上，形成液体的原始分布。喷淋装置是填料塔重要的内件之一，它将直接影响填料表面的有效利用率，直接影响填料的处理能力和分离效率。选择液体喷淋装置的原则是能使液体均匀地分布在填料上，使整个塔截面的填料表面润湿、结构简单、制造和检修方便。

喷淋装置的位置通常高于填料表面 150～300mm，以提供足够的自由空间，让上升的气体不受约束地穿过喷淋装置。生产上使用的液体喷淋装置很多，按操作原理可分为喷洒型、溢流型、冲击型等，按结构又可分为管式、喷头式、盘式、槽式等类型。

1. 喷洒型液体喷淋器

喷洒型液体喷淋器（简称喷洒型喷淋器），又称多孔型布液器，主要借助于孔口以上液层产生的静压或管路的泵送压力，迫使液体从小孔流出，注入塔内。

对于直径 $DN<300$mm 的填料塔可采用直管式喷淋器，如图 7-48（a）所示，即由塔顶进料管的出口或缺口直接喷洒。这种装置结构简单，安装、拆卸方便，但喷淋面积小，而且不均匀。

对于直径 $DN=300\sim600$mm 的填料塔，可采用莲蓬头式喷淋器，如图 7-48（b）所示。这是应用较多的一种装置。这种装置比前一种喷淋均匀，缺点是要求喷淋的液体不含固体颗粒，否则容易堵塞小孔，不适于处理污浊液体；操作时液体必须有一定的压头，否则喷淋半径改变，不能保证良好的分布。

对于直径 $DN=600\sim1200$mm 的填料塔，可采用多孔环管式喷淋器，如图 7-48（c）所示，它由多孔圆形盘管、连接管及中央进料管组成。它在环管的下部开有 3～5 排孔径为4～5mm 的小孔，此种喷淋器特别适用于液量小而气量大的填料吸收塔，气流阻力小，缺点是喷淋面积小，要求液体清洁。

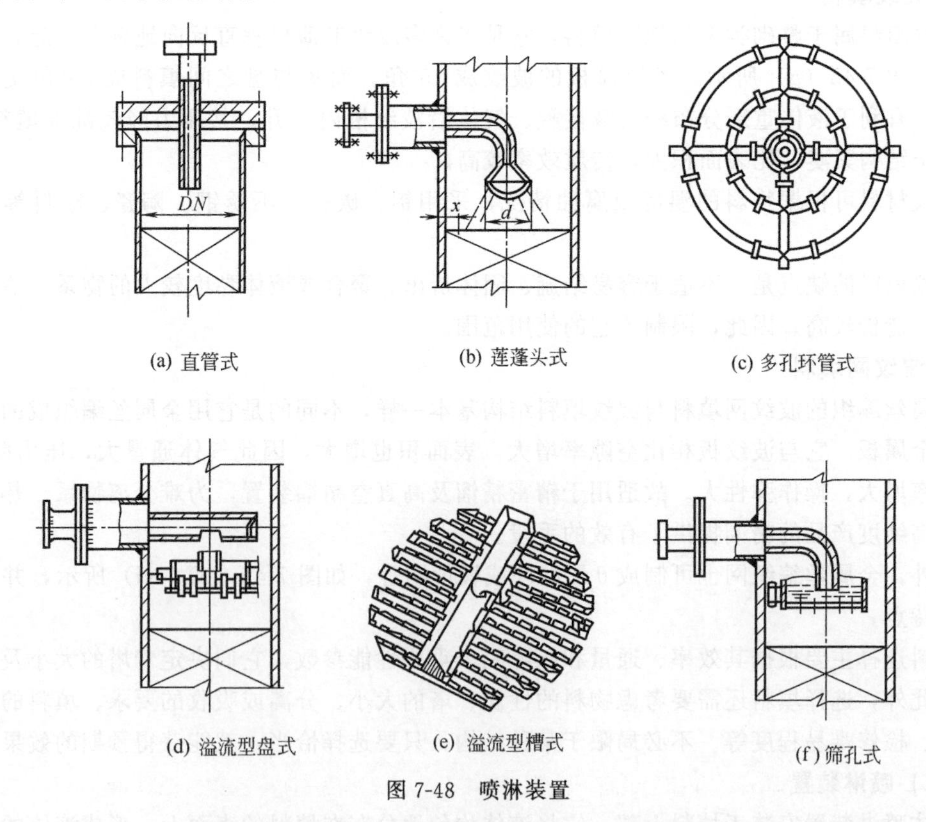

(a) 直管式 (b) 莲蓬头式 (c) 多孔环管式

(d) 溢流型盘式 (e) 溢流型槽式 (f) 筛孔式

图 7-48 喷淋装置

对于直径较大的塔，可采用排管式喷淋器，如图 7-49 所示，它由液体进口主管和多列排管组成。主管将进口液体分流给各列排管。排管式喷淋器可提供良好的液体分布，但当液体负荷过大时，液体高速喷出，易形成雾沫夹带，影响分布效果，且操作弹性不大。

2. 溢流型液体喷淋器

图 7-48（d）所示为溢流型盘式喷淋器（简称溢流型喷淋器）。它与多孔式液体喷淋器不同，进入布液器的液体超过堰的高度时，依靠液体自重通过堰口流出，并沿着溢流管壁呈膜状流下，淋洒至填料层上。盘式分布器目前广泛应用于大型填料塔，它的优点是可基本保证液体的均匀分布，操作弹性大，不易堵塞，操作可靠，便于分块安装，缺点是这类分布器的制作比较麻烦。

图 7-48（e）所示为溢流型槽式喷淋器。操作时，液体自上部进液管进入分配槽，漫过分配槽顶部缺口流入喷淋槽，喷淋槽内的液体经槽的底部孔道和侧部的堰口分洒到填料上。槽式喷淋器的液体分布均匀，处理量大，操作弹性好，抗污能力强，适应的塔径范围广，应用较多。

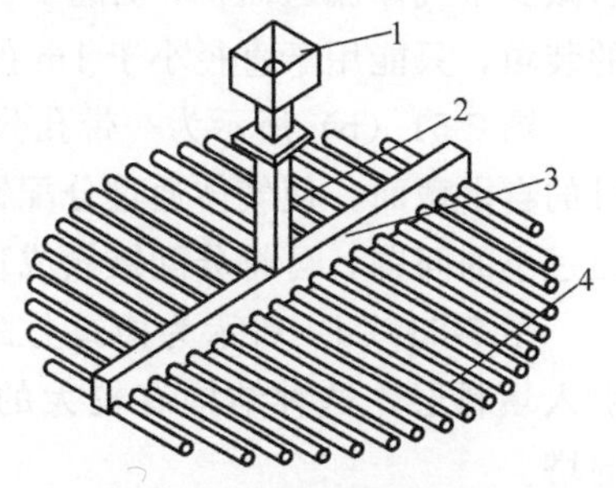

图 7-49 排管式喷淋器

1—进液口；2—液位管；3—液体分布管；4—布液管

3. 冲击型液体喷淋器

图 7-50（a）所示为反射板式喷淋器，属于冲击型液体喷淋器（简称冲击型喷淋器），由中心管和反射板组成。操作时，液体沿中心管流下，靠液体冲击反射板的反射分散作用而分布液体。反射板可做成平板、凸板和锥形板等形状。当液体喷淋均匀性要求较高时，还可由多块反射板组成宝塔式喷淋器，如图 7-50（b）所示。

冲击型喷淋器喷洒范围广，液体流量大，结构简单，不易堵塞。但应在稳定压头下工作，否则影响喷淋的范围和效果。

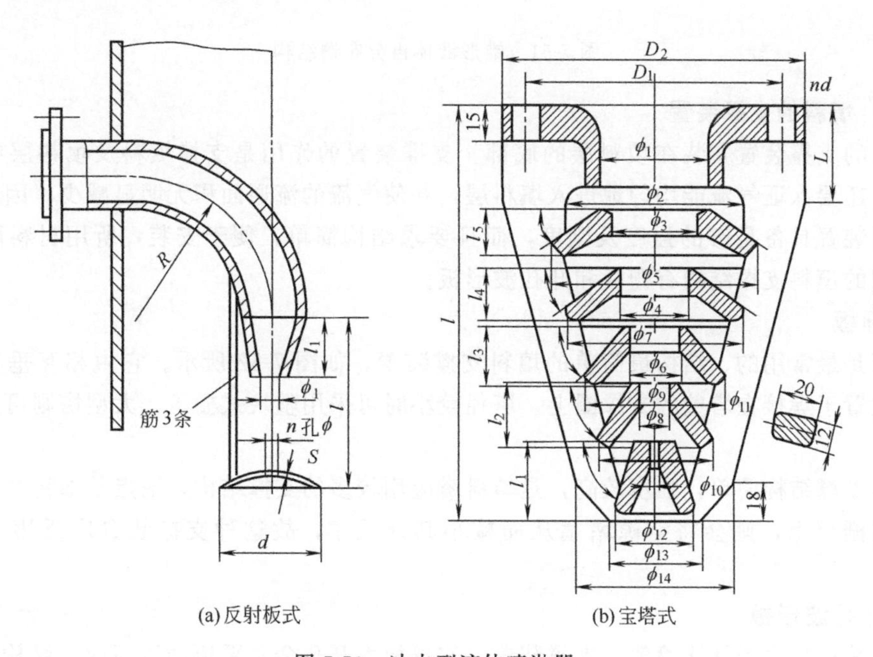

图 7-50 冲击型液体喷淋器

（三）液体再分布装置

填料塔内当液体沿填料层下流时，液体有流向器壁造成“壁流”的倾向，使气液分布不均，减少气液有效接触面积，降低了塔的效率，严重时可使塔中心的填料不能被湿润而成

“干堆”。为了克服这种现象，当填料层过高时，应将填料分段安装，并在每两段之间安装液体再分布装置，使液体再次分布。相邻液体再分布器间的距离，一般可取塔径的2～3倍。

工厂中应用最多的是锥形液体再分布器。图7-51（a）所示为一分配锥，锥壳上端直径与塔体内径相同，下端直径为0.7～0.8倍塔径，结构最简单，可直接焊在塔壁上。但安装后减少了气体流通面积，扰乱了气体流动，且在分配锥和塔壁之间形成了死角，妨碍了填料的装填，只能用于直径小于1m的塔内。

图7-51（b）所示为一带孔分配锥，它在分配锥的基础上开设了4个管孔以增大气体通过的自由截面，使气体通过分配锥时，不致因速度过大而影响操作。为了解决分配锥自由截面过小的问题，可将分配锥做成玫瑰形，如图7-51（c）所示。

图7-51（d）所示为槽式分配锥，它的特点是将分配锥倒装以收集壁流，再由溢流管引入填料层，这种结构有较大的自由截面，增加了气体流通的表面积，可用于较大直径的塔。

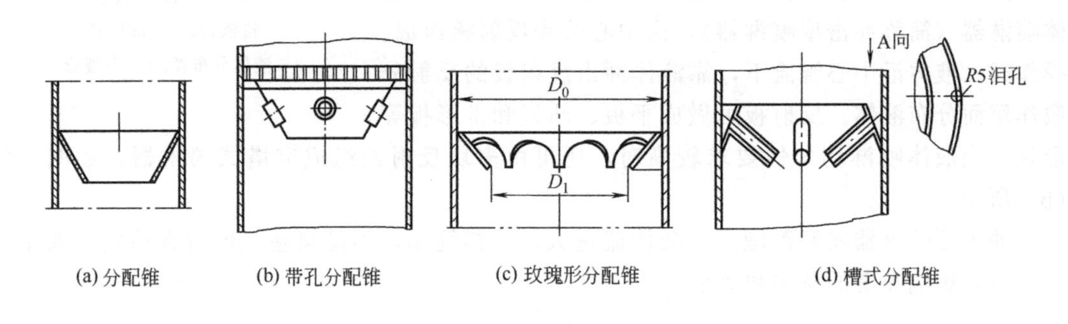

(a) 分配锥　(b) 带孔分配锥　(c) 玫瑰形分配锥　(d) 槽式分配锥

图7-51　锥形液体再分布器结构

（四）填料的支撑装置

填料的支撑装置安装在填料层的底部。支撑装置的作用是支撑填料及填料层中所载液体，同时还要保证气流能均匀地进入填料层，并使气流的流通面积无明显减少。因此，不仅要求支撑装置具备足够的强度及刚度，而且要求结构简单，便于安装，所用材料耐介质腐蚀。常用的填料支撑结构有栅板和开孔波形板。

1. 栅板

栅板是最常用的、结构最简单的填料支撑装置，如图7-52所示。它由相互垂直的栅条组成，放置于焊接在塔壁的支撑圈上。塔径较小时可采用整块式栅板，大型塔则可采用分块式栅板。

栅板支撑结构简单，强度较高，是填料塔应用较多的支撑结构，缺点是如将散装填料直接乱堆在栅板上，则会将空隙堵塞从而减小其开孔率，故这种支撑装置广泛用于规整填料塔。

2. 开孔波形板

开孔波形板属于气体喷射式支撑装置，波形板由开孔金属平板冲压而成，结构如图7-53所示。在每个波形梁的侧面和底部上开有许多小孔，上升的气体从侧面小孔喷出，下降的液体从底部小孔流下，故气体在波形板上分道逆流，既减小了流体阻力，又使气液分布均匀。

开孔波形板的特点是支撑板上开孔的自由截面大；气体和液体分道逆流，气体容易进出填料层，液体也可以自由排出，避免了因液体积聚而发生液泛的可能性，并有利于液体的均匀分配；气体通过支撑板时所产生的压降小。另外，支撑板做成波形，增加了高度，提高了强度。

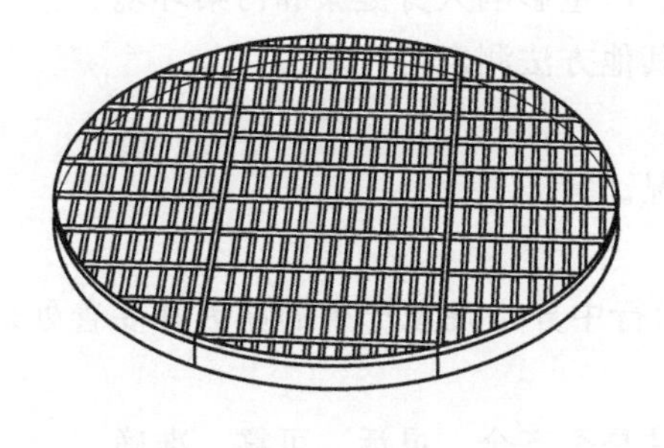

图 7-52 栅板

图 7-53 开孔波形板

第四节 塔设备的维护

一、塔设备的维护要点

化工产品的种类繁多，但基本上都采用连续性生产的工艺流程，产品大多有易燃、易爆、剧毒、强腐蚀等特性。因此，对化工设备进行日常维护是非常重要的。

1. 日常维护

① 操作人员必须精心操作，认真执行工艺规程，严格控制各项工艺指标，使设备处于正常运行状态，严禁超温、超压、超负荷运行。

② 设备开、停车及调节塔负荷，必须按照操作规程规定的步骤进行操作。

③ 操作过程中升、降温及升、降压速率应严格按规定执行。

④ 操作人员、维修人员每天应定时定点对下列内容进行巡回检查并做记录：

a. 设备各连接处法兰及阀门、人孔等有无泄漏现象。

b. 各零部件是否完整，温度计、压力表、液面计等有无异常现象。

c. 设备有无异常响声、振动、碰撞、变形、摩擦等现象。

⑤ 保持设备清洁，清扫周围环境，及时消除“跑、冒、滴、漏”。

⑥ 螺栓和紧固件应定期涂防腐油脂。

2. 定期检查

定期对塔外部进行一次表面检查，检查内容如下：

① 焊缝有无裂纹、渗漏，特别应注意转角、人孔及接管焊缝；

② 各紧固件是否齐全，有无松动，安全栏杆、平台是否牢固；

③ 基础有无下沉倾斜、开裂，螺栓腐蚀情况，防腐层、保温层是否完好；

④ 按工艺要求测定工艺参数，根据参数变化来判定设备内部部件有无损坏。

3. 停产检查

(1) 停产原因

有下列情况之一者应停产：

① 操作压力、介质温度或壁温超过许用值，采取措施后仍不能得到有效控制。

② 两相介质，有一相堵塞，经处理无效。

③ 容器主要部件产生裂纹，或出现泄漏情况，严重影响人身健康和污染环境。

④ 系统安全阀失灵，或压力表失灵而又没有其他方法测定塔内压力。

⑤ 设备发生严重振动、晃动，危及安全运行。

⑥ 发生其他安全规则中不允许继续运行的情况。

(2) 检查项目

无论短期停产还是长期停产，除了要查明在运行中异常现象产生的原因并妥善处理外，根据需要还应进行下列检查和维护：

① 检查和核验压力表、液位计、温度计等附件是否齐全、灵活、可靠、准确。

② 对筒体、封头等受压元件应选点测厚，对易引起壁厚减薄的部位应增加测厚点，发现壁厚已小于名义壁厚时，应进行强度校验，以确定是否继续使用、限制使用或采取其他处理办法。与容器相连接管道也应用超声波测厚仪测量其壁厚。

③ 检查塔体法兰及接管焊缝等有无裂纹、泄漏，各紧固件有无松动现象。

④ 检查防腐层、保温层是否完好，观察塔体外壁有无裂纹、局部鼓包等缺陷。

⑤ 检查裙座、爬梯、平台、人孔吊杆的连接是否牢固，是否有开裂或松动现象；检查地脚螺栓是否完好，基础有无下沉、倾斜等异常现象。

⑥ 短期停塔时，必须保持正压，防止空气进入。

二、完好标准

1. 零、部件

① 塔的零、部件，如喷淋装置、溢流装置、塔节、塔板符合设计图样要求。

② 塔上各类仪表灵敏、准确，各种阀门设施齐全、畅通。

③ 基础无不均匀下沉，连接螺栓紧固齐整，符合要求，保温、防冻设施有效。

④ 塔上梯子、平台栏杆等安全设施完整牢固。

2. 运行性能

① 整体无异常振动、松动、晃动等现象。

② 压力、温度、液面、流量平稳，波动在允许范围内。

③ 各进出口、放空口及管路无堵塞现象。塔内物件衬里无裂纹、鼓泡和脱落现象。塔壁和物件的腐蚀、冲蚀情况应在允许范围内。

④ 生产能力达到铭牌标示能力。

3. 技术资料

① 应具有设备检修、运行、缺陷记录，以及压力容器要求的档案资料。

② 设备图纸完整。

③ 有操作规程、设备维护检修规程。

4. 设备及环境

① 设备表面清洁，无锈蚀，油漆无剥落。

② 基础及周围环境清洁，无杂物，无积水。

③ 设备及连接管线密封良好，无“跑、冒、滴、漏”。

第五节 塔设备的检修

一、选择工具

选择合适的工具是拆卸能否顺利进行的重要环节，而且在进入工作面前必须做好这项工作。如何做好这项工作，应遵循下列方法：

① 根据拆卸项目列出所用工具、设备和材料明细表。

② 指派专人按上述明细表逐一落实，经清点后运到拆装现场进行发放，并指定专人保管和返还。

③ 选择工具应本着尺寸标准、强度标准、类型标准和质量标准的原则进行，同时还应考虑特殊和难易程度（锈蚀程度）。

④ 备齐所用材料及零部件，应本着备足、备准的原则，备足指数量满足需要，备准指材料和尺寸一定要和需要一致。

⑤ 在使用过程中工具不可随意转借，如有特殊情况，必须在不影响自己操作的前提下进行。收回工具应进行检查，检查工具是否有损坏。

二、打开人孔

打开人孔是进入塔的前提工作，能否安全顺利打开人孔决定拆装塔盘操作能否进行。

① 将所选工具带到操作现场，在接到可以打开指令后方可进行。

② 拆卸螺栓过程应遵循：第一，隔一个拆一个的原则，每个拆卸下的螺栓都要戴上螺母，放在不易掉落和影响操作的地方，摆放整齐。第二，拆掉除对角各留一个螺栓外的其他螺栓。第三，开始拆卸最后剩余的四个螺栓，先逐个松动 2～3 扣。第四，从一边撬动人孔盖，观察是否有液体喷出，如果有液体喷出，应迅速紧固已松动的螺栓，进行报告。如果没有出现上述现象，先拆除人孔合叶轴对面的其他三个螺栓。第五，最后拆卸剩余的一个螺栓，但在拆卸最后一个螺栓时，应先将尖扳手插入上部螺丝孔中，避免损坏螺纹。最后，慢慢打开人孔到最大开度。

③ 拆卸螺栓的操作方法：

a. 人不能出现失去平衡状态，必须站稳。

b. 人不能站在危险地方。

c. 松动螺栓时初始用力不能过猛，更不能使用爆发力，如果工作面比较小，螺栓拆卸所需强度很大，操作员应系上安全带，安全带应拴在牢固位置上。

d. 松动螺栓需要两个人以上配合操作，其中指定由一人指挥。扳口一定要压实。如需加套管的，应选择合适的管径和长度。

e. 在操作中每个人都要集中精神，时时牢记自己所处的周围环境，如果感觉疲劳，可以做间歇操作，直到全部拆卸完毕。

f. 拆卸后应将原垫片完好收回，如果认定不能再用，备好新垫片，为上人孔做准备。

g. 对人孔法兰进行检查，如发现损坏，应当及时向有关人员或部门汇报。

三、塔盘拆卸、清理和问题处理

拆卸、清理塔盘是塔盘进行检修的主要环节，它直接关系到检修后塔能否达到运转周期，运行情况能否保证。

① 拆卸塔盘需 3 人以上，清理和检修人数自定，所有参与人员必须做到塔内、塔外相互配合，塔上、塔下相互配合，尤其是塔内、塔外人员应采用定时轮换的方法来调整体力，以不断喊话的方式来保证安全。

拆塔盘顺序为自上而下，人员从下部人孔出塔。装塔盘顺序自下而上，人员从上部人孔出塔。

② 入塔人员应在塔外人员配合下安全入塔，工具由塔 外人员传递给塔内人员，并时时监护喊话，接应拆卸塔盘。

③ 每层塔盘拆卸顺序：先拆中间板两侧卡子，再逐个松动塔板之间连接螺栓，将所卸螺栓送出塔外，然后抓住一侧拉手慢慢提起，传递给塔外人员。这时人可以站到下一层塔盘上，拆卸剩余的两块边板，依次拆卸送出。

④ 塔外人员应对塔盘及每层塔盘组合板进行编号，主要是为了安装塔盘时不乱。编号方法：人孔从上至下编号 1、2、3 等，每层塔盘编号 1、2、3 等，每层塔盘组合板从里至外编号 1、2、3 等（人孔这边属于外），以短线连接组合在一起。

例如，编号 1-2-3 代表第 1 号人孔第 2 层塔盘第 3 块组合板。

⑤ 拆到深处塔盘，可用绳索将塔盘拉出人孔，塔内人员必须将塔板系牢，塔外人员听到塔内人员起重指令后 ，慢慢将塔板拉到人孔处，另外一名塔外人员将塔板拿出，方可解开绳索，不许在塔板起重上升途中松手或在塔内解索。

⑥ 将塔盘用滑轮运至二楼平台，进行清理和检修：

a. 先用铁刷将塔盘两面清理干净；

b. 检查有无损坏，包括螺栓、卡子、浮阀、溢流堰等；

c. 能处理的问题包括补齐缺损浮阀、螺栓和卡子，对所有通用螺栓进行透油、活动，达到灵活好用；

d. 有些问题不能处理的及时汇报有关部门和人员。

⑦ 塔盘按编号摆放，核实准确，准备安装塔盘。

四、装塔盘、封人孔

装塔盘、封人孔是拆装塔盘操作整个过程中十分重要的环节，严把这道关口关系到整个工作的成败，应按下列方法进行。

① 塔盘安装顺序自下而上，按拆卸时的编号将最底层塔盘运到下一个人孔处，其他塔盘运到原拆卸人孔处。检查卡子安放是否正确，所用螺栓配齐全、灵活好用（达到新螺栓状况）。

② 每层塔盘安装方法：

a. 先将 1 号板放在人孔一侧塔盘架上平推过去；

b. 再将 3 号板放上；

c. 最后放 2 号板。

③ 卡子螺栓安装紧固方法：

a. 人员进入塔内，将板连接螺栓戴上，各卡子定位并轻轻带劲（用力能窜动）；

b. 紧固连接螺栓，螺栓眼对正，紧到板与板靠严即可；

c. 拧紧各个卡子。

④ 上一层塔盘安装需从上边人孔将编号塔板用绳索系入塔内，其安装方法与安装第一层塔盘方法相同。

⑤ 人在离开安装好的塔盘时，要进行清理和检查，不要将工具、螺栓和其他材料物品落在塔盘上。必须做到干一层，清理检查一层。

⑥ 封人孔

a. 封人孔之前，先清点装塔盘所用工具和剩余螺栓、材料是否不缺，确认后方可封人孔。

b. 对人孔法兰和人孔盖子水线面进行检查，不能有多余锈末和沙粒状物质，更不能有损坏现象，确认无误后方可进行安装。

c. 穿螺栓方法：先从下部往两侧穿至一半数量（穿入同时戴上螺母），这时可以将巴金垫放入，再将其他螺栓穿好。必须留一个螺栓孔作调试调正用。

d. 调试和紧固螺栓方法：先将合适的尖扳手插入调试螺栓孔（最上侧 1～2 个孔）将法兰螺栓孔对正，法兰对齐，其他人员用手将螺母带扣至巴金垫用力能拨动为止，而且做到均匀。然后对巴金垫进行调正，全部压在水线面上，不能偏。当调整到位时，开始从上下左右呈十字对角均匀紧固（16 个螺栓以上可选择对拧 8 个螺栓的方法），带上劲后可拿掉调试扳手穿上螺栓。其他螺栓普遍采取对角拧的方法进行，直到达到力矩要求（对角紧固，就是防止法兰紧偏，巴金垫受力不均而导致泄漏）。

e. 人孔封好后，将所用工具和剩余材料物品全部收回。

五、清理现场和质量检查验收

清理现场和进行质量检查验收，是完成塔盘拆装操作的最后一项工作，因此尤为重要。它是由验收单位对拆装单位和个人，按验收标准对其完成的工作进行检查和验收，一旦验收，就证明可以使用。对汽提装置塔盘拆装操作检查验收应遵循下列原则：

① 现场清理应做到工完料净场地清，设备无油垢，地面无杂物，否则不能验收。

② 拆装设备退出拆装现场，地面无损坏。

③ 检查人孔法兰安装质量：

a. 螺栓是否上齐，方向是否正确一致，法兰盘是否对齐，巴金垫是否放正；

b. 螺母紧固是否均匀，力矩是否到位；

c. 螺栓选择合适，包括直径和栓长，紧固后的螺栓多出 3～4 扣为宜。

习题

7-1 简述塔设备的作用及基本要求。

7-2 塔设备的基本结构及各部分的作用是什么？

7-3 常见板式塔的类型有哪些？各有何特点？

7-4 塔盘由哪些部件组成？各有何作用？

7-5 塔盘在塔内如何支撑？怎样密封？

7-6 填料塔和板式塔在传质机理和性能方面有哪些不同？

7-7 常用的填料有哪几种？如何选择？

7-8 液体分布器有哪几种结构？各有何特点？

7-9 液体再分布器有何作用？分配锥有哪几种结构？

7-10 常用的除沫装置有哪几种？各有何特点？

7-11 塔设备日常维护有哪些内容？

7-12 塔设备定期检查有哪些内容？

7-13 塔盘安装有哪些主要环节？

第八章

反应设备

学习目标

通过本章学习，了解反应设备的分类、特点和应用场合，熟悉搅拌式反应器的基本结构，能根据工艺条件对机械搅拌式反应器进行一些简单分析，并掌握主要零部件的选用原则和基本方法，掌握搅拌反应釜日常维护与检修的相关知识与技能。

第一节 概 述

一、反应设备应用及分类

在工业生产过程中，为化学反应提供反应空间和反应条件的装置，称为反应设备或反应器。反应设备广泛应用于物料混合、溶解、传热、制备悬浮液、聚合反应和制备催化剂等生产过程，是石油、化工生产中的重要设备之一。例如，石油工业中，异种原油的混合调整和精制，汽油中添加四乙基铅等添加物而进行混合，使原料液或产品均匀化。化工生产中，制造苯乙烯、乙烯、高压聚乙烯、聚丙烯、合成橡胶、苯胺染料、油漆颜料以及氨的合成等工艺过程，都装备着各种形式的反应设备。

反应设备可分为化学反应器和生物反应器。化学反应器是指在其中实现一个或几个化学反应，并使反应物通过化学反应转化为反应产物的设备。由于化学产品种类繁多，物料的相态各异，反应条件的差别很大，工业上使用的反应器也千差万别，因此其分类也多种多样。通常按照物料相态可分为单相反应器和多相反应器；按操作方式分为间歇式、连续式和半连续式反应器；按物料流动状态分为活塞流型和全混流型反应器；按传热情况分为绝热、等温和非等温非绝热反应器；按设备结构形式不同可分为机械搅拌式、管式、固定床和流化床反应器等。

生物反应器是指为细胞或酶提供适宜的反应环境，以满足细胞生长和进行反应的设备。随着生物技术和生产过程的发展，生物反应器的种类不断增多，规模不断扩大，分类方法也多种多样。按照所使用的生物催化剂的不同可分为酶催化反应器和细胞生物反应器；按照反应器的操作方式分为间歇操作、连续操作和半连续操作反应器；按输入搅拌器能量方式的不同分为机械方式输入的机械搅拌式反应器和气体喷射输入的气升式反应器；根据反应物系在反应器内的流动与混合方式分为活塞流反应器和全混流反应器；按设备结构形式不同可分为机械搅拌式、气升式、固定床和流化床反应器等。

二、常见反应设备的特点

反应设备使用历史悠久，应用广泛，反应设备综合运用了反应动力学、传递、机械设计、控制等方面的知识，了解反应设备具有的结构特点，正确选择反应设备的形式，确定其最佳工作条件是工业过程中的一个非常关键的问题。

从反应器的分类可以看出，无论是化学反应器还是生物反应器，常用的结构形式是相同的，主要有固定床反应器、流化床反应器、管式反应器和机械搅拌式反应器等。

1. 固定床反应器

气体流经固定不动的催化剂床层进行催化反应的装置称为固定床反应器。它主要应用于气固相催化反应，诸如合成氨、合成甲醇、合成苯酐等许多非均相反应。其具有结构简单、操作稳定、便于控制、容易实现大型化和连续化生产等特点。

固定床反应器有轴向绝热式、径向绝热式和列管式三种基本形式。轴向绝热式固定床反应器如图 8-1（a）所示，催化剂均匀地放在一多孔筛板上，预热到一定温度的反应物料自上而下沿轴向通过床层进行反应，在反应过程中反应物系与外界无热量交换；径向绝热式固定床反应器如图 8-1（b）所示，催化剂装在两个同心圆筒的环境中，流体沿径向通过催化剂床进行反应，径向反应器的特点是在相同筒体直径下增大流道截面积；列管式固定床反应器如图 8-1（c）所示，这种反应器由很多并联的管子构成，管内（或管外）装催化剂，反应物料通过催化剂进行反应，载热流体流经管外（或管内），在化学反应的同时进行换热。

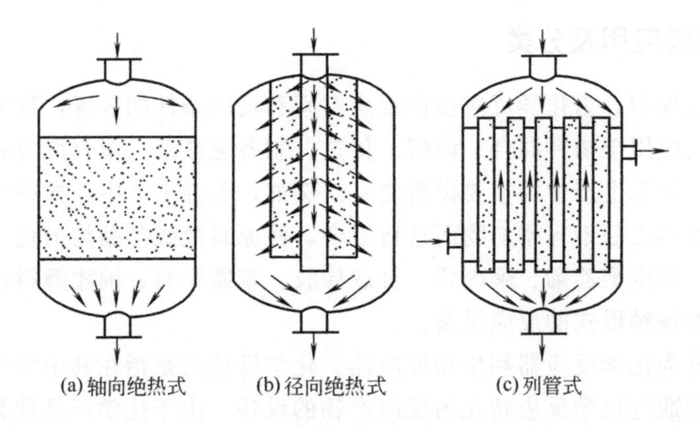

图 8-1 固定床反应器

固定床反应器的缺点是床层的温度分布不均匀，由于固相粒子不动，床层导热性较差，因此，对放热量大的反应，应增大换热面积，及时移走反应热，但这会减少有效空间。

2. 流化床反应器

流体（气体或液体）以较高的流速通过床层，带动床内的固体颗粒运动，使之悬浮在流动的主体流中进行反应，具有类似流体流动的一些特性的装置称为流化床反应器。

流化床反应器多用于固体和气体参与的反应。最早应用的例子是催化裂化炉，其中固体是烃类蒸气裂化的催化剂。氧化铀（固体）与氟化氢（气体）生成氟化铀的反应也是在流化床反应器中进行的。在反应器中固体颗粒被流体吹起呈悬浮状态，可上下左右剧烈运动和翻动，好像液体沸腾一样，故流化床反应器又称沸腾反应器。

流化床反应器的结构形式很多，一般由壳体、气体分布装置、换热装置、气-固分离装置、内构件以及催化剂加入和卸出装置等组成，流化床反应器如图 8-2 所示。

流化床反应器的最大优点是传热面积大、传热系数高和传热效果好。流态化较好的流化床，床内各点温度相差一般不超过 5℃，可以防止局部过热。流化床的进料、出料、废渣排放都可以用气流输送，易于实现自动化生产。流化床反应器的缺点是反应器内物料返混大，粒子磨损严重；通常要有回收和集尘装置；内构件比较复杂；操作要求高等。

3. 管式反应器

管式反应器是将混合好的气相及液相反应物从管道一端进入，连续流动、连续反应，最后从管道另一端排出。图 8-3 所示为用于石脑油分解转化的管式反应器，其内径为 ϕ102mm，外径为 ϕ43mm，长为 1109mm，反应温度为 750～850℃，压力为 2.1～3.5MPa，管的下部催化剂支撑架 6 内装有催化剂。气体由进气总管 1 进入管式反应器，在催化剂存在条件下，石脑油转化为 H_2 和 CO，供合成氨用。

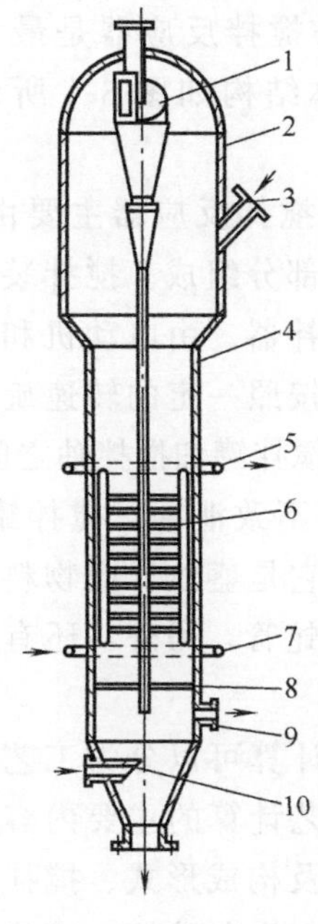

图 8-2　流化床反应器

1—旋风分离器；2—筒体扩大段；3—催化剂入口；4—筒体；5—冷却介质出口；6—换热器；7—冷却介质进口；8—气体分布板；9—催化剂出口；10—反应气入口

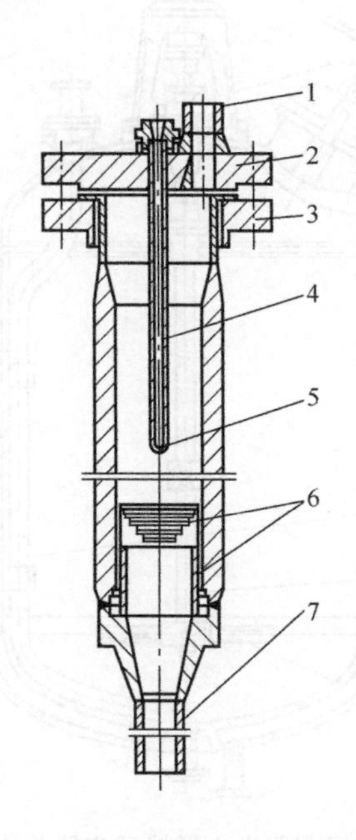

图 8-3　用于石脑油分解转化的管式反应器

1—进气总管；2—上法兰；3—下法兰；4—温度计；5—管子；6—催化剂支撑架；7—下猪尾巴管

不同的反应，管径和管长可根据需要设计。管外壁可以进行换热，因此传热面积大。反应物在管内的流动快，停留时间短，经一定的控制手段，可使管式反应器有一定的温度梯度和浓度梯度。

管式反应器结构简单，制造方便，可用于连续生产，也可用于间歇操作，反应物不返混，也可在高温、高压下操作。

4. 机械搅拌式反应器

机械搅拌式反应器（简称搅拌反应器）是一种设计、使用都非常成熟的反应设备，多用于均相反应（多为液相），也可用于多相反应，如液-液相、气-液相、固-液相之间的反应。

机械搅拌式反应器的主要特征是搅拌，它可以使参加反应的物料混合均匀，使气体在液相中很好地分散，使固体粒子在液相中均匀地悬浮，使液-液相保持悬浮或乳化，强化相间传热和传质。在三大合成材料的生产中，搅拌设备作为反应器，约占反应器总数的90%。其他如染料、医药、农药、油漆等行业，搅拌反应器的使用亦很广泛。搅拌设备在生产中应用广泛还因为其操作条件（浓度、时间、停留时间）的可控范围广，可在常压、加压、真空下生产操作；通用性大，根据生产需要，可以生产不同规格、不同品种的产品；反应结束后出料容易，反应器的清洗方便。

三、搅拌反应器总体结构

搅拌反应器根据结构上的差异，可以分为立式容器中心搅拌反应器、偏心搅拌反应器、倾斜搅拌反应器、卧式容器搅拌反应器等。其中，立式容器中心搅拌反应器是最为普遍和典型的一种，其总体结构如图8-4所示，下面重点介绍。

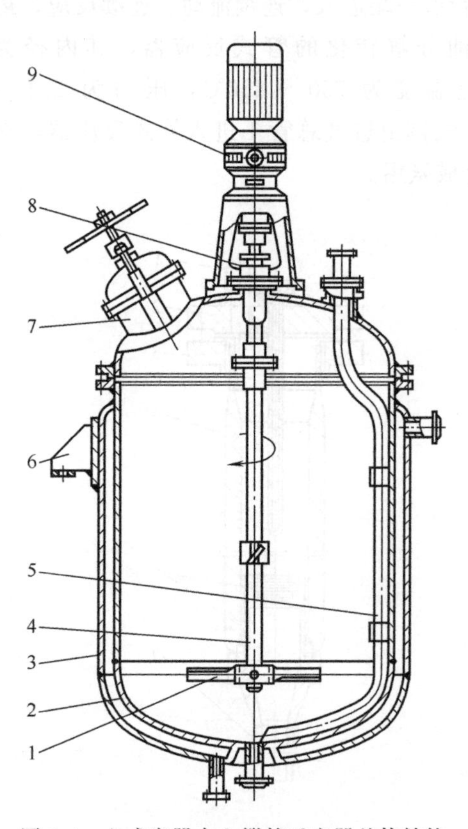

图8-4 立式容器中心搅拌反应器总体结构
1—搅拌器；2—罐体；3—夹套；4—搅拌轴；5—压出管；6—支座；7—人孔；8—轴封；9—传动装置

立式容器中心搅拌反应器主要由搅拌装置、轴封和搅拌罐三大部分组成。搅拌装置包括传动装置、搅拌轴和搅拌器。由电动机和减速器驱动搅拌轴，使搅拌器按照一定的转速旋转以达到搅拌的目的；轴封为搅拌罐和搅拌轴之间的动密封，以封住罐内的流体不致泄漏；搅拌罐包括罐体、加热装置及附件，它是盛放反应物料和提供热量的部件，如夹套、蛇管，另外，还有工艺接管及防爆装置等。

搅拌反应器的计算可以分为工艺计算和强度计算两大部分。工艺计算的主要内容有反应器所需容积、传热面积及构成形式、搅拌器的形式和功率、转速、管口方位布置等。工艺计算确定的工艺要求和基本参数是机械设计的依据。其中，机械设计计算的内容如下。

① 根据工艺要求确定反应器的结构形式和尺寸。

② 进行筒体、夹套、封头、搅拌轴等构件的强度计算。

③ 根据工艺要求选用搅拌装置、轴封装置和传动装置。

第二节 搅拌反应器的罐体

搅拌反应器的罐体是为物料反应提供反应空间的，一般属圆筒形容器，包括顶盖、筒体和罐底，并通过支座安装在基础或平台上。罐体在操作温度和操作压力下，也为物料完成其搅拌过程提供了一定的空间。

为了满足不同的工艺要求，或者搅拌罐体本身结构的需要，罐体上安有各种不同用途的附件。例如，由于物料在反应过程中常常伴有热效应，为了提供或取走反应热，需要在罐体的外侧安装夹套或在罐体内部安装蛇管；与减速机和轴封相连接，顶盖上需要焊有底座；为了检修内件及加料和排料，需要装焊人孔、手孔和各种接管。因此，在确定反应器的罐体结构的时候要综合考虑，使设备既满足工艺要求，又要经济合理，以实现全面结构优化。

一、罐体尺寸确定

反应器的筒体内径和高度是反应器罐体的基本尺寸，如图 8-5 所示。它的确定首先要取决于工艺设计所要求的容积。

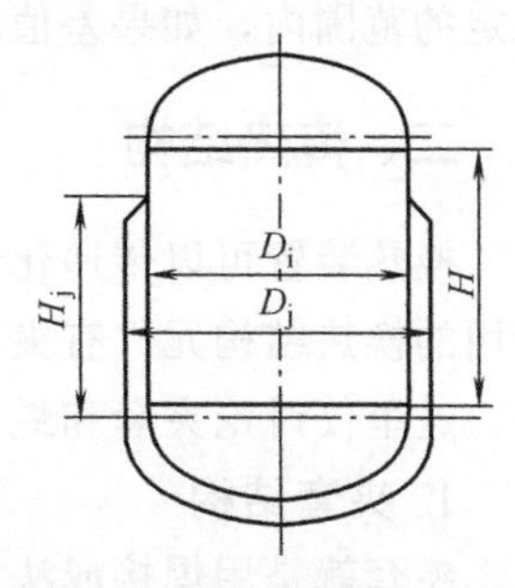

图 8-5 罐体几何尺寸示意

1. 筒体的高径比

在已知反应器的操作容积之后，首先要选择筒体适宜的高径比。因为搅拌器的功率与搅拌器直径的五次方成正比，而搅拌器直径随容器直径的增大而增大，所以反应器筒体的直径不宜太大。根据使用经验，搅拌容器中筒体的高径比可按表 8-1 选取。

表 8-1 搅拌容器中筒体的高径比

种类	罐内物料类型	高径比	种类	罐内物料类型	高径比
一般搅拌罐	液-固相、液-液相	1～1.3	聚合釜	悬浮液、乳化液	2.08～3.85
	气-液相	1～2	发酵罐类	发酵液	1.7～2.5

2. 搅拌罐的装料量

选择了筒体的高径比之后，还应考虑物料在容器内充装的比例，即装料系数 η，设计时应合理选用 η 值，尽量提高设备的利用率，η 值通常可取 0.6～0.85。如果物料在反应过程中产生泡沫或呈沸腾状态，取 0.6～0.7；如果物料在反应中比较平稳，可取 0.8～0.85。

3. 初步计算筒体的直径

工艺设计给定的容积，对立式搅拌容器通常是指筒体和下封头两部分容积之和。知道了筒体的高径比和装料系数之后，还不能直接算出筒体的直径和高度，因为当筒体的直径不知道时，封头的容积也未知，罐体容积就不能最后确定。为了便于计算，可先忽略封头的容积，近似估算罐体容积为

$$V \approx \frac{\pi}{4} D_i^2 H$$

或

$$V \approx \frac{\pi}{4} D_i^3 (H/D_i)$$

由此得罐体直径为

$$D_i = \sqrt[3]{\frac{4V_g}{\pi\left(\frac{H}{D_i}\right)\eta}} \tag{8-1}$$

将式（8-1）计算出的直径结果圆整为标准直径，再带入下式计算出筒体高度，即

$$H = \frac{V - v}{\frac{\pi}{4} D_i^2} = \frac{\frac{V_g}{\eta} - v}{\frac{\pi}{4} D_i^2} \tag{8-2}$$

式中 v ——封头容积，m^3；

V ——罐体容积，m^3；

V_g ——罐体操作容积，$V_g=\eta V$，m^3；

η ——装料系数。

将式（8-2）计算出来的筒体高度 H 值圆整，然后核算高径比 H/D_i，看是否在表 8-1 规定的范围内，如果差值较大，则需要重新进行尺寸调整，直至满足为止。

二、传热结构

换热装置可以传递化学反应所需的热量或带走反应生成的热量，保持一定的操作温度。常用的换热结构元件有夹套和蛇管，另外还有电感应加热、直接蒸汽加热或外部换热器加热等。这里仅讨论夹套和蛇管结构。

1. 夹套结构

夹套就是用焊接或法兰连接的方式在容器的外侧装设各种形状的结构，使其与容器外壁形成密闭的空间。在此空间内通入载热流体，加热或冷却容器内的物料，以维持物料的温度在预定的范围。

夹套的主要结构形式有整体夹套、型钢夹套、半圆管夹套和蜂窝夹套等，结构如图 8-6 所示，其适用温度和压力范围见表 8-2。

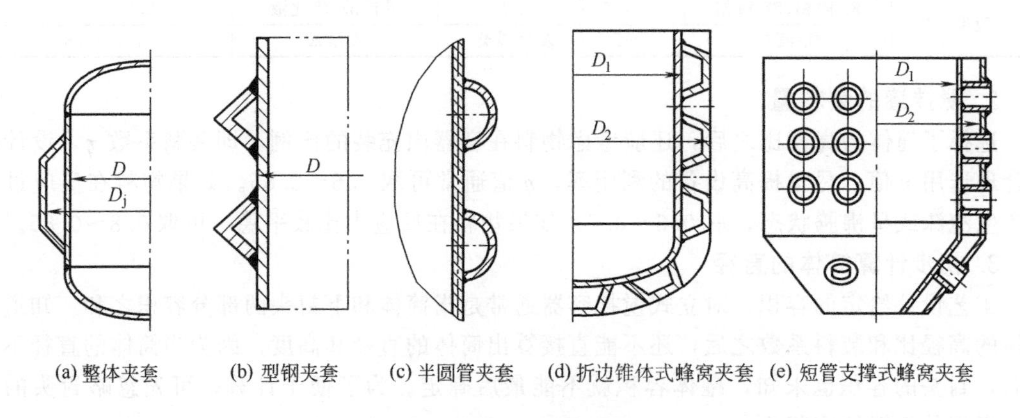

图 8-6 夹套主要结构形式

表 8-2 各种碳素钢夹套的适用温度和压力范围

夹套形式		最高温度/℃	最高压力/MPa
整体夹套	U形	350	0.6
	圆筒形	300	1.6
型钢夹套		200	2.5
蜂窝夹套	短管支撑式	200	2.5
	折边锥体式	250	4.0
半圆管夹套		350	6.4

夹套直径一般按公称直径系列选取，这样有利于按标准选择夹套封头，具体使用时可根据筒体直径按表 8-3 选取。

表 8-3　夹套直径和筒体直径的关系

筒体直径 D_i/mm	500～600	700～1800	2000～3000
夹套直径 D_j	D_i+50mm	D_i+100mm	D_i+200mm

夹套封头根据夹套直径及所选封头类型按标准选用。

夹套高度主要取决于传热面积的大小，为了保证传热充分，夹套上端一般应高于反应釜内料液的高度，因此夹套高度为

$$H_i > \frac{\eta V - V_C}{\frac{\pi}{4} D_i^2} \tag{8-3}$$

式中　V_C ——设备下封头容积，m^3；

　　D_i ——设备内径，mm。

其他符号意义同前。

按估计的夹套高度，校核换热面积，当夹套的换热面积能满足传热要求时，应首选夹套结构，这样可减少容器内构件，便于清洗，不占用有效容积。

整体夹套与罐体的连接方式有可拆卸式和不可拆卸式，如图 8-7、图 8-8 所示。不可拆卸式夹套的结构简单，密封可靠，主要适用于同一材料制成的搅拌设备。如果罐体与夹套用不同材料制造，两者不能用焊接方法连接，或者因反应条件恶劣要求定期检查罐体表面的应采用可拆卸连接。

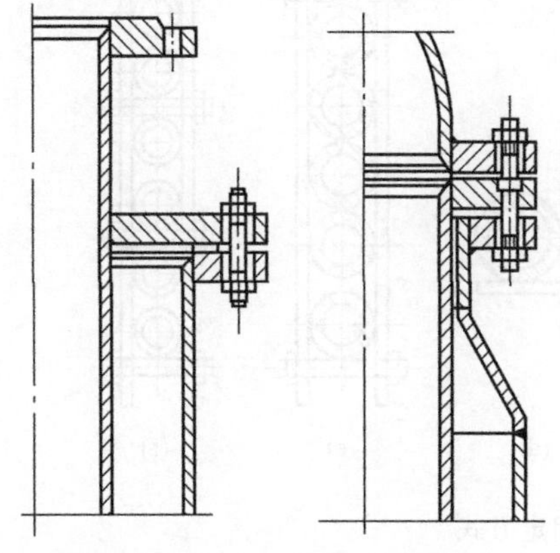

图 8-7　可拆卸整体夹套结构

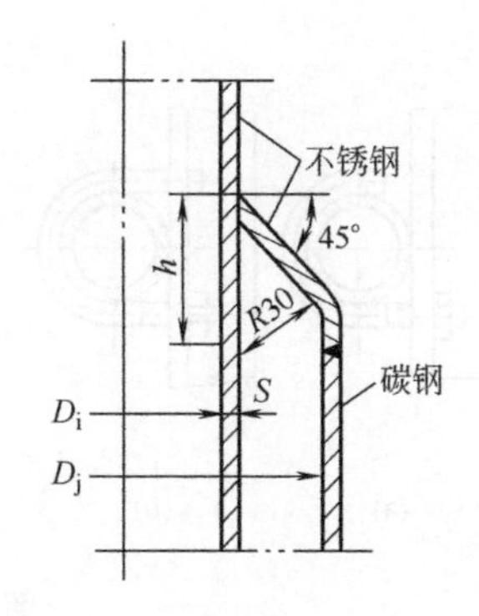

图 8-8　不可拆卸整体夹套结构

2. 蛇管结构

当反应釜所需传热面积较大，而夹套传热不能满足要求时，可增加蛇管传热。蛇管可分为螺旋式盘管和竖式蛇管，如图 8-9 所示。

蛇管沉浸在物料中，热量损失小，传热效果好，同时还能起到导流筒的作用，但检修较麻烦。蛇管不宜太长，一是因为凝液积聚会降低传热效果，二是因为要从很长的蛇管中排出蒸汽中夹带的惰性气体也是很困难的。蛇管管长与管径的最大比值见表 8-4。

表 8-4　蛇管管长与管径的最大比值

蒸汽压力/MPa	0.045	0.125	0.20	0.30	0.50
管长与管径的最大比值	100	150	200	225	275

如果要求蛇管传热面很大时，可做成几个并联的同心圆蛇管组，其结构尺寸如图 8-10 所示。内圈和外圈的间距 $t=(2\sim3)d$，各圈的垂直排列距离 $h=(1.5\sim2)d$，d 为蛇管的外径，最外圈直径 $D_0=D_i-(200\sim300)$mm。

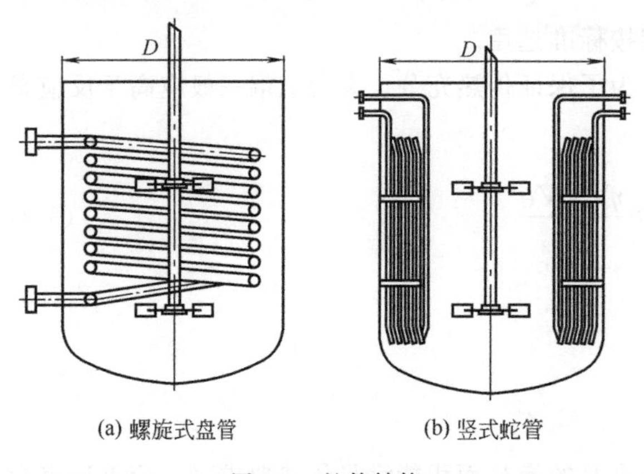

图 8-9 蛇管结构

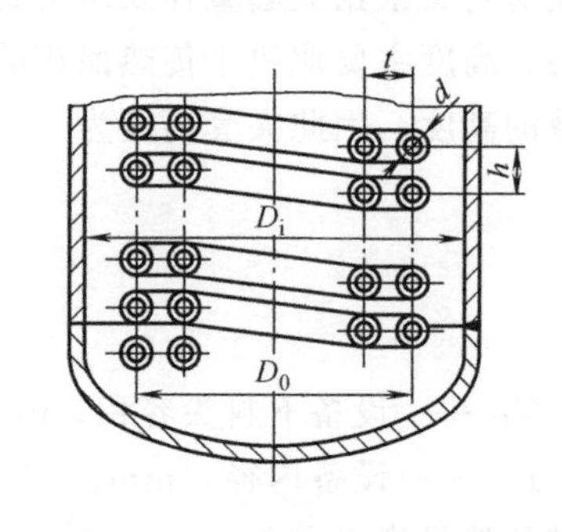

图 8-10 同心圆蛇管组结构尺寸

蛇管的固定形式较多，如果蛇管中心圆直径较小或圈数不多、质量不大时，可以利用蛇管进出口接管固定在顶盖上，不再另设支架固定。当蛇管中心圆直径较大、比较笨重或搅拌有振动时，则需要支架以增加蛇管的刚性。常用蛇管的固定方式如图 8-11 所示。

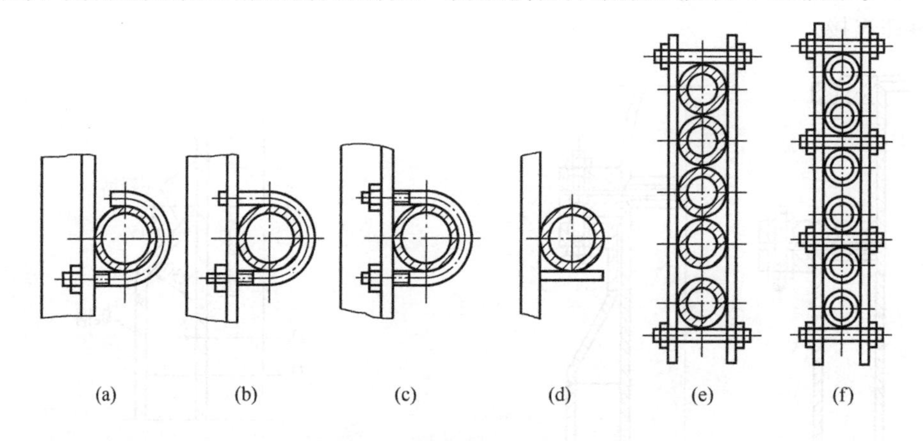

图 8-11 常用蛇管的固定方式

蛇管支托在角钢上，用半 U 形螺栓固定，如图 8-11（a）所示。该固定方式制造方便，缺点是拧紧时易偏斜，难于拧紧，可用于操作压力不大及管径较小的场合（一般小于 ϕ45mm）。

蛇管支托在角钢上，用 U 形螺栓固定，如图 8-11（b）和图 8-11（c）所示。该固定方式能很好地固定蛇管，适用于振动较大和管径较大的场合，但图 8-11（b）所示结构采用一个螺栓固定，比较简单，图 8-11（c）所示结构则需要两个螺栓固定。

蛇管支托在扁钢上，不用螺栓固定，如图 8-11（d）所示。当蛇管温度变化时伸缩自由，在支托处没有因压紧而产生的局部应力，适用于膨胀较大的蛇管。

图 8-11（e）所示结构是通过两块扁钢和螺栓夹紧并支托蛇管，适用于蛇管密排的搅拌设备中兼作导流筒的情况。图 8-11（f）所示结构则是用两块扁钢和螺栓夹紧来固定蛇管，

该结构安全可靠，适合于有剧烈振动的场合。

蛇管出口一般均设在顶盖上，常用的结构如图 8-12 所示。

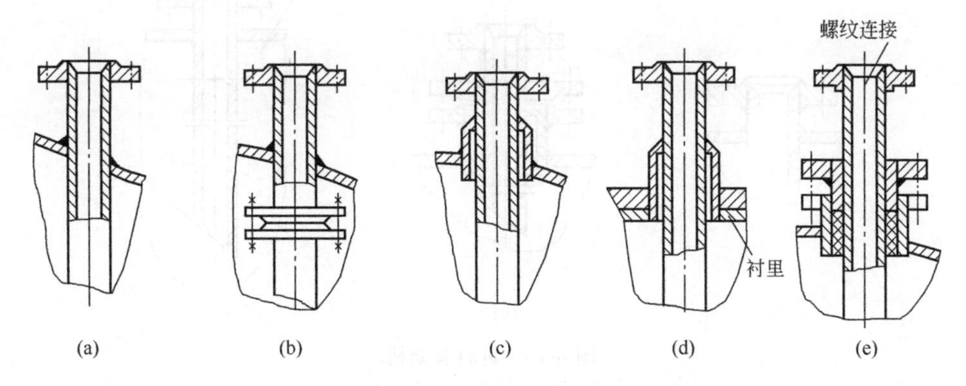

图 8-12　蛇管出口的结构

图 8-12（a）所示结构适用于蛇管与封头可以一起抽出的情况；图 8-12（b）所示结构适用于蛇管需要经常拆卸，而设备内有足够空间允许装卸法兰的情况；图 8-12（c）所示结构简单，使用可靠，需要拆卸接头时，可在设备外面短筒节的焊缝处割断，安装时再实施焊接；图 8-12（d）所示为有衬里的蛇管进出口结构；图 8-12（e）所示结构为管端法兰采用螺纹连接，用于经常要求拆卸的场合，但碳钢螺纹易腐蚀而使拆卸困难，应尽量少用。

三、筒体和夹套壁厚确定

反应器筒体和夹套壁厚，可按本书内压薄壁容器和外压容器的有关方法进行计算。其中，夹套承受内压时按内压计算；筒体既承受内压，同时又承受外压，应该根据可能出现的最危险的状况计算；当反应器为真空外带夹套时，则筒体按外压设计，设计压力等于真空容器的设计压力再加上夹套内的设计压力；当反应器内为常压操作时，则筒体按外压计算，设计压力等于夹套内的设计压力；当反应器内为正压操作时，则筒体按承受内压和外压分别计算，最后取两者中的较大值。

四、顶盖和工艺接管

反应器的顶盖（上封头）为了满足需要常做成可拆卸的，即通过法兰将顶盖与筒体相连接。带有夹套的反应器，其接管口大多设在顶盖上。此外，反应器的传动装置也大多直接支在顶盖上，故顶盖必须有足够的强度和刚度。顶盖的结构形式有平盖、碟形盖、锥形盖，使用较多的是椭圆形顶盖。

反应器上的工艺接管口，包括进出料管口、仪表接口、温度计及压力计管口等，其结构和容器接管类似。接管口径和方位由工艺要求确定。

1. 进料管

搅拌设备的进料管一般是从顶盖引入，其结构如图 8-13 所示。加料管下端的开口截成45°角，开口方向朝向设备中心，以防止冲刷罐体。图 8-13（a）所示为一般常用结构；图 8-13（b）所示为一般套管式结构，便于装拆、更换和清洗，适用于易腐蚀、易磨损、易堵塞的介质；图 8-13（c）所示结构管子较长，沉浸于料液中，可减少进料时产生的飞溅和对液面的冲击，并可起到液封作用，为避免虹吸，在管子上部开有小孔。

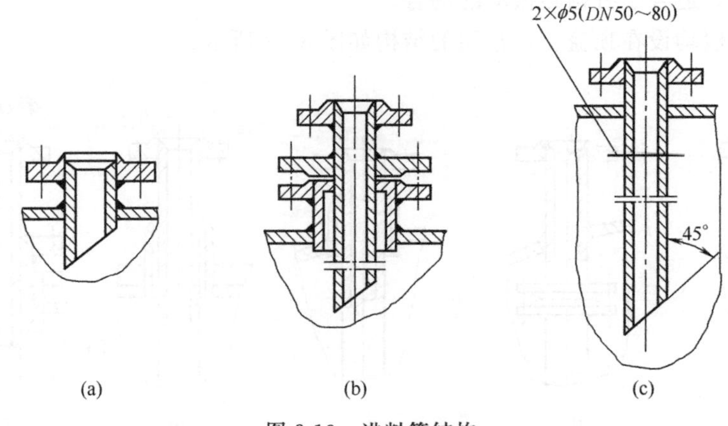

图 8-13　进料管结构

2. 出料管

出料管分上部出料管和下部出料管两种。下部出料管适用于黏性大或含有固体颗粒的介质，常见的下部出料管如图 8-14 所示。图 8-14（a）所示结构用于不带夹套的筒体，图 8-14（b）所示结构较复杂，多用于内筒与夹套温差较大的场合。

当物料需要输送到较高位置或需要密闭输送时，必须装设压料管，使物料从上部排出。上部出料管及固定方式如图 8-15 所示，为使物料排出干净，应使压出管下端位置尽可能低些，且底部做成与釜底相似形状。

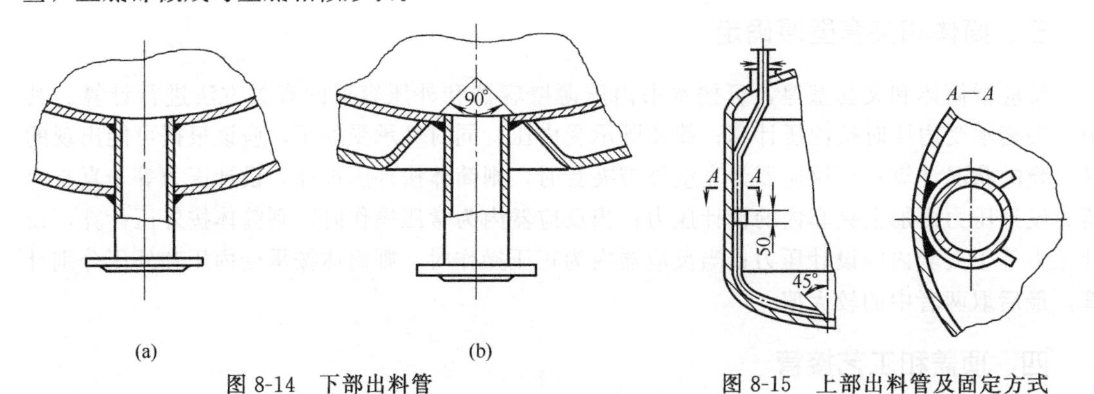

图 8-14　下部出料管

图 8-15　上部出料管及固定方式

第三节　搅拌装置

在搅拌反应器中，为加快反应速率、强化传热效果以及加强混合作用，常装有搅拌装置。搅拌装置由搅拌器及搅拌轴组成。搅拌器又称搅拌桨或叶轮，它的功能是提供过程所需要的适宜的流动状态，以达到搅拌过程的目的。

一、搅拌器形式和选择

1. 搅拌器形式

搅拌器的形式多种多样，采用平叶和折叶两种结构的有桨式、涡轮式、框式和锚式的桨叶，推进式、螺杆式和螺带式的桨叶为螺旋面（见图 8-16）。其中，桨式、推进式、涡轮式、锚式搅拌器在搅拌反应器中应用最为广泛，据统计，约占搅拌反应器总数的75%～80%。

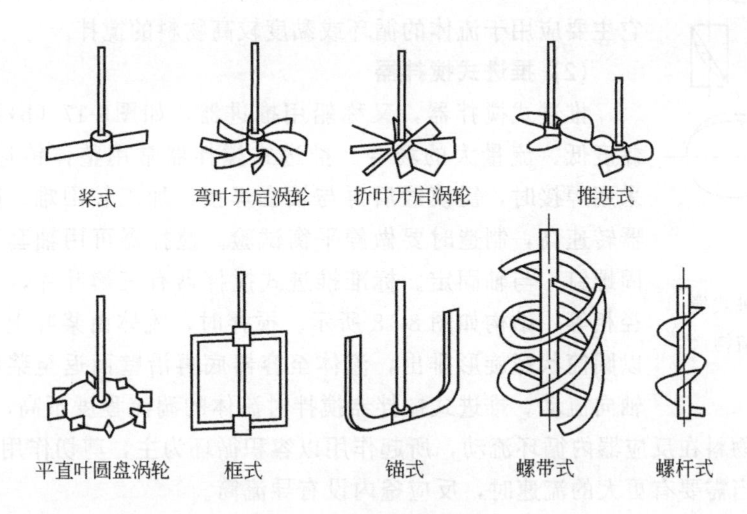

图 8-16　典型搅拌器形式

(1) 桨式搅拌器

桨式搅拌器是结构最简单的一种搅拌器，如图 8-17（a）所示。桨叶形状分为平直叶和折叶两种，平直叶是叶面与旋转方向互相垂直，折叶则是与旋转方向成一倾斜角度。平直叶主要使物料产生切线方向的流动，加搅拌挡板后可产生一定的轴向搅拌效果。折叶与平直叶相比轴向分流略多，在结构上较简单。桨叶一般以扁钢制造，当反应器内物料对碳钢有显著腐蚀性时，可用合金钢或有色金属制造，也可以采用钢制外包橡胶或环氧树脂、酚醛玻璃布等方法。

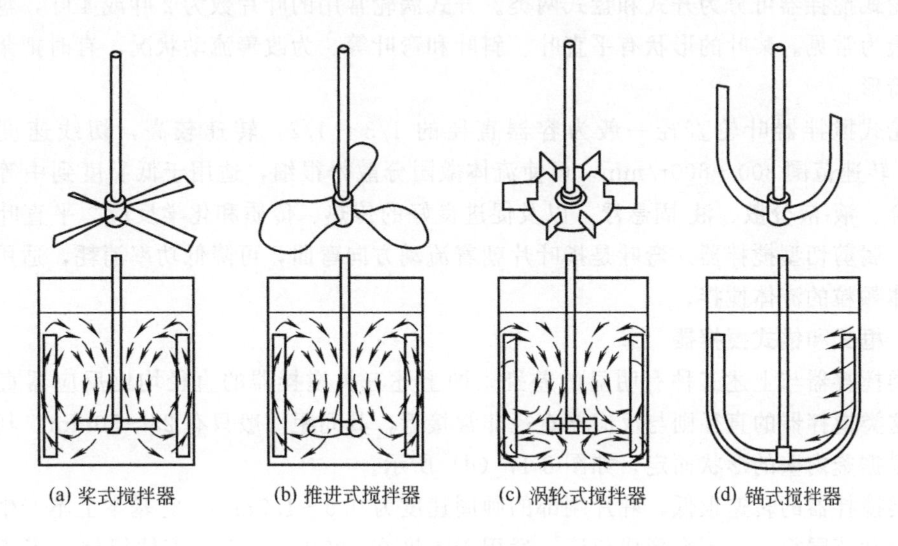

图 8-17　常用搅拌器及流型示意

桨式搅拌器的尺寸较大，直径一般为容器直径的 1/2～4/5，转速一般为 20～80r/min，圆周速度在 1.5～3m/s。当釜内液面较高时，可以在轴上装几对桨叶，以增强全容器内的搅拌效果。

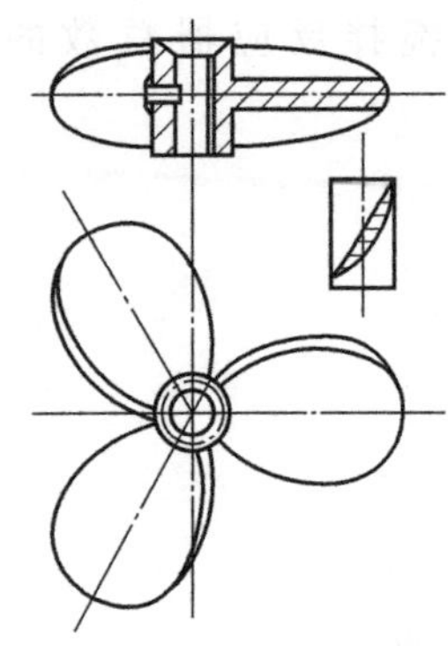

图 8-18 推进式搅拌器叶片结构

桨式搅拌器结构简单，制造容易。其缺点是主要产生旋转方向的液流，即便是折叶式桨式搅拌器，所造成的轴向流动范围也不大。它主要应用于流体的循环或黏度较高物料的搅拌。

(2) 推进式搅拌器

推进式搅拌器，又称船用推进器，如图8-17（b)所示，常用于黏度低、流量大的场合。推进式搅拌器常用整体铸造，加工方便。采用焊接时，需模锻后再与轴套焊接，加工较困难。因推进式搅拌器转速高，制造时要做静平衡试验。搅拌器可用轴套以平键（或紧固螺钉）与轴固定。标准推进式搅拌器有三瓣叶片，其螺距与桨直径相等，结构如图 8-18 所示。搅拌时，流体由桨叶上方吸入，下方以圆筒状螺旋形排出，流体至容器底再沿壁面返至桨叶上方，形成轴向流动。推进式搅拌器搅拌时流体的湍流程度不高，但循环量大。故搅拌时能使物料在反应器内循环流动，所起作用以容积循环为主，剪切作用较小，上下翻腾效果良好。当需要有更大的流速时，反应釜内设有导流筒。

推进式搅拌器的直径较小，$d/D=1/4\sim1/3$，叶端速度一般为 7～10m/s，最高达 15m/s。该类搅拌器适用于黏度低、流量大的场合。利用较小的搅拌功率，通过高速转动的桨叶能获得较好的搅拌效果，主要用于液-液混合，使温度均匀，在低浓度固-液系中防止淤泥沉降等。

(3) 涡轮式搅拌器

涡轮式搅拌器（又称透平式叶轮）如图 8-17（c）所示，是一种应用较广泛的搅拌器，能有效地完成几乎所有的搅拌操作，并能处理黏度范围很广的流体。涡轮搅拌器的主要优点是当能量消耗不大时，搅拌效率较高。

涡轮式搅拌器可分为开式和盘式两类。开式涡轮常用的叶片数为 2 叶或 4 叶，盘式涡轮以 6 叶最为常见。桨叶的形状有平直叶、斜叶和弯叶等。为改善流动状况，有时把桨叶制成凹形或箭形。

涡轮式搅拌器叶轮直径一般为容器直径的 1/3～1/2，转速较高，切线速度约 3～80m/s，转速范围 300～600r/min，可使流体微团分散得很细，适用于低黏度到中等黏度流体的混合、液-液分散、液-固悬浮，以及促进良好的传热、传质和化学反应。平直叶剪切作用较大，属剪切型搅拌器。弯叶是指叶片朝着流动方向弯曲，可降低功率消耗，适用于含有易碎面体颗粒的流体搅拌。

(4) 框式和锚式搅拌器

这类搅拌器与上述三种有明显的差别，即上述三类搅拌器的直径均比反应器直径小得多，而这类搅拌器的直径则与反应器直径非常接近，其间距一般只有 25～50mm。其外缘形状也是根据釜内壁的形状而定，如图 8-17（d）所示。

这类搅拌器的转速很低，叶片端部的圆周速度为 0.5～1.5m/s。它基本上不产生轴向液流，但搅动范围很大，不会形成死区，适用于黏度在 100Pa・s 以下流体搅拌。当流体黏度在 10～100Pa・s 时，可在锚式桨中间加一横桨叶，即为框式搅拌器，以增加容器中部的混合。锚式或框式桨叶的混合效果并不理想，只适用于对混合要求不太高的场合。由于锚式搅拌器在容器壁附近流速比其他搅拌器大，能得到大的表面传热系数，故常用于传热、晶析操作，也常用于搅拌高浓度淤浆和沉降性淤浆。当搅拌黏度大于 100Pa·s 的流体时，应采用螺带式或螺杆式搅拌器。

(5) 螺旋式搅拌器

螺旋式搅拌器是由桨式搅拌器变化而来的。它的主要特点是消耗功率比较小。根据资料介绍，在雷诺数相同的情况下，单螺旋搅拌器消耗的功率是锚式搅拌器消耗功率的 1/2，因此在化工生产中应用广泛，并主要适合在高黏度、低转速的情况下使用。

2. 搅拌器的选用

设计反应器时，选用合适的搅拌器是十分重要的。由于液体的黏度对搅拌状态有很大影响，因此根据搅拌介质黏度大小来选型是一种最基本的方法。搅拌器适用黏度范围如图8-19所示，图中随黏度增高，各种搅拌器的使用顺序依次是：推进式、涡轮式、桨叶式、锚式、螺带式。但桨叶式由于结构简单，用挡板可改善流型，在高、低黏度场合仍然适用。涡轮式由于对流循环能力、湍流扩散和剪切力都较强，几乎是应用最广的桨型。由图可以看出，对于推进式而言，大容量流体时用低转速，小容量流体时用高转速。由于各种桨型的使用范围有一定重叠，所以图 8-19 供选用时参考。

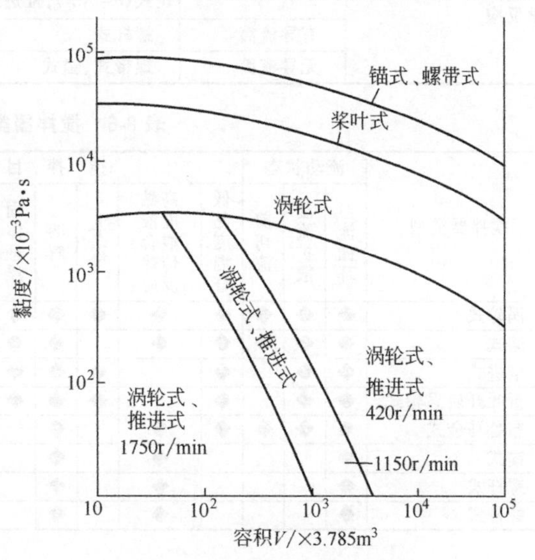

图 8-19　搅拌器适用黏度范围

还可以从搅拌过程的目的和搅拌器造成的流动状态来考虑所适用的搅拌器类型（见表 8-5）。

当然，比较全面的选型应该综合考虑具体的使用条件、搅拌过程的目的、搅拌器内流体的流型及介质的黏度范围等因素，可参考表 8-6。表 8-6 中记号“◆”表示存在和适合，而空白表示没有、不适合或情况还不清楚。

总之，由于影响搅拌过程的因素极其复杂，选型时一般要从工艺上考虑搅拌目的、物料黏度和搅拌器容积的大小，同时还需考虑功耗、操作费用，以及制造、维护和检修等因素，所以，一个理想的选型方案必须同时满足工艺、安全与经济等方面的要求。

表 8-5　不同搅拌过程的搅拌器类型推荐表

搅拌目的	挡板条件	推荐类型	流动状态
互溶液体的混合及在其中进行化学反应	无挡板	3 片折叶开启涡轮式($\theta=24°$)；6 片折叶开启涡轮式($\theta=45°$)；桨式，圆盘涡轮	湍流
	有导流筒	3 片折叶开启涡轮式($\theta=24°$)；6 片折叶开启涡轮式($\theta=45°$)；推进式	
	有或无导流筒	桨式、螺杆式、框式、螺带式、锚式	层流
固-液相分散及在其中溶解和进行化学反应	有或无挡板	桨式；6 片折叶开启涡轮式($\theta=45°$)	湍流
	有导流筒	3 片折叶开启涡轮式($\theta=24°$)；6 片折叶开启涡轮式($\theta=45°$)；推进式	
	有或无导流筒	螺杆式、螺带式、锚式	层流

续表

搅拌目的	挡板条件	推荐类型	流动状态
液-液相分散（互溶的液体）及在其中强化传质和进行化学反应	有挡板	3片折叶开启涡轮式($\theta=24°$)；6片折叶开启涡轮式($\theta=45°$)；桨式，圆盘涡轮；推进式	存在不连续流的湍流状态，有空穴产生
液-液相分散（不互溶的液体）及在其中强化传质和进行化学反应	有挡板	圆盘涡轮式；6片折叶开启涡轮式($\theta=45°$)	湍流
	有反射物	3片折叶开启涡轮式($\theta=24°$)	
	有导流筒	3片折叶开启涡轮式($\theta=24°$)；6片折叶开启涡轮式($\theta=45°$)；推进式	湍流
	有或无导流筒	螺杆式、螺带式、锚式	层流
气-液相分散及在其中强化传质和进行化学反应	有挡板	圆盘涡轮式、闭式涡轮式	湍流
	有反射物	3片折叶开启涡轮式($\theta=24°$)，在$D/d\geqslant1.5$时	
	有导流筒	3片折叶开启涡轮式($\theta=24°$)；6片折叶开启涡轮式($\theta=45°$)；推进式	
	有导流筒	螺杆式	层流
	无导流筒	螺带式、锚式	

表 8-6　搅拌器类型和适用条件

搅拌器类型	流动状态			搅拌目的									搅拌容器容积/m³	转速范围/(r/min)	最高黏度/Pa·s
	对流循环	湍流扩散	剪切流	低黏度混合	高黏度液混合传热反应	分散	溶解	固体悬浮	气体吸收	结晶	传热	液相反应			
涡轮式	◆	◆	◆	◆	◆	◆	◆	◆	◆	◆	◆	◆	1～100	10～300	50
桨式	◆	◆	◆	◆	◆		◆	◆		◆	◆	◆	1～200	10～300	50
推进式	◆	◆		◆		◆	◆	◆		◆	◆	◆	1～1000	10～500	2
折叶开启涡轮式	◆	◆		◆		◆	◆	◆			◆	◆	1～1000	10～300	50
布鲁马金式	◆	◆	◆	◆	◆		◆				◆	◆	1～100	10～300	50
锚式	◆				◆		◆						1～100	1～100	100
螺杆式	◆				◆		◆						1～50	0.5～50	100
螺带式	◆				◆		◆						1～50	0.5～50	100

二、搅拌器附件

在液体黏度较低、搅拌器转速较高时，容易产生漩涡或称为“柱状回转区”，使搅拌器的功率显著下降，为了改变流体在搅拌过程中的漩涡现象，通常在反应器内增设挡板或导流筒以改变流体的流动状态。采用何种附件要综合考虑搅拌器的类型，以达到预期的搅动状态。增设附件会使液体的流动阻力增大，同时也会影响搅拌功率，在后面功率计算中将讨论这方面的问题。

1. 挡板

反应器内的挡板有竖和横两种，常用的是竖挡板，当黏度较高的时候，使用横挡板。挡板的作用：一是将切向流动转变为轴向和径向流动，对于罐体内液体的主体对流扩散，轴向和径向流动都是有效的；二是增大被搅动液体的湍流程度，从而改善搅拌效果。

图 8-20 为打漩现象，图 8-21 为各种流型，图 8-22 为理想混合流动模型。

竖挡板固定在反应器内壁上，其宽度为容器直径的 1/12～1/10，在高黏度时也可减小到 $D_i/20$。挡板的数量根据容器的直径来定，小直径用 2～4 块，大直径用 4～8 块，以 4 块或 6 块居多。当再增加挡板数和挡板宽度，功率消耗不再增加时，称为全挡板条件。全挡板条件与挡板数量和宽度有关。挡板的安装如图 8-23 所示。搅拌容器中的传热蛇管可部分或全部代替挡板，装有垂直换热管时一般可不再安装挡板。

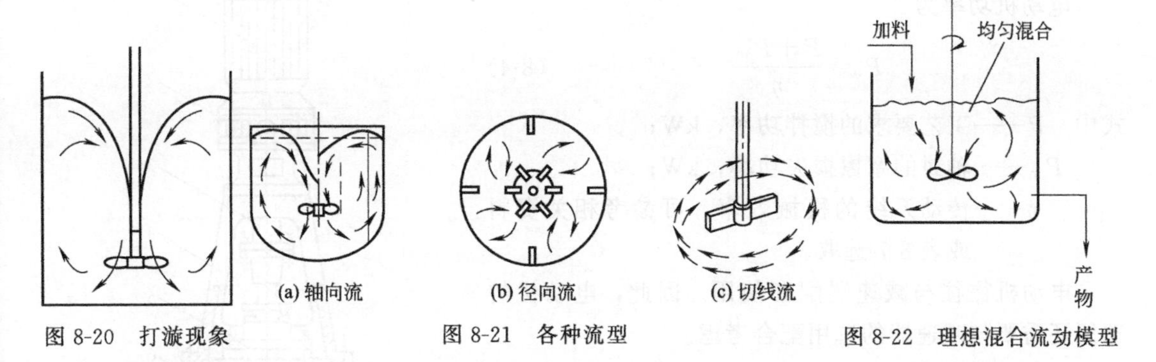

图 8-20　打漩现象　　图 8-21　各种流型　　图 8-22　理想混合流动模型

2. 导流筒

导流筒是上下开口圆筒，安装于容器内，如图 8-24 所示。导流筒在搅拌混合中起导流作用，提高了混合效率。另外，由于限定了循环路径，减少了短路的机会。对于涡轮式或桨式搅拌器，导流筒刚好置于桨叶的上方。对于推进式搅拌器，导流筒套在桨叶外面或略高于桨叶时，通常导流筒的上端都低于静液面，且筒身上开孔或槽，当液面降落后流体仍可从孔或槽进入导流筒。导流筒将搅拌容器截面分成面积相等的两部分，即导流筒的直径约为容器直径的 70%。当搅拌器置于导流筒之下，且容器直径又较大时，导流筒的下端直径应缩小，使下部开口小于搅拌器的直径。

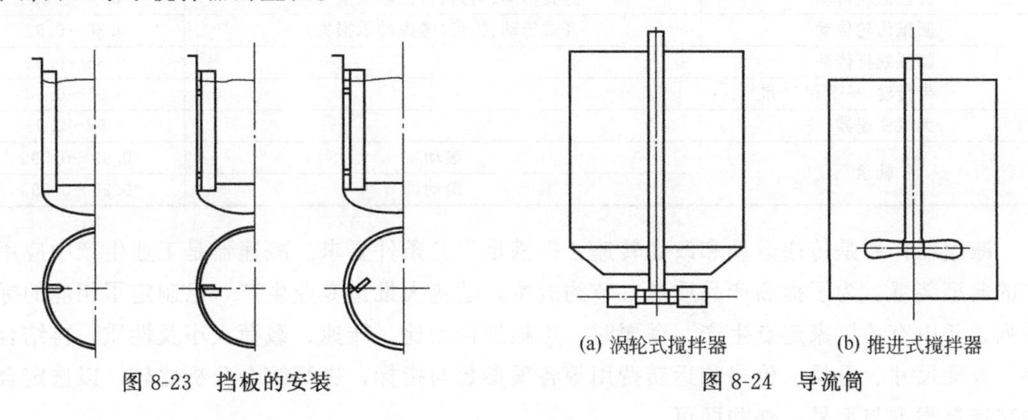

图 8-23　挡板的安装　　图 8-24　导流筒

第四节　搅拌反应器的传动装置

搅拌反应器中的搅拌器由传动装置来带动。传动装置一般包括电动机、减速器、联轴器及搅拌轴等，其典型传动装置如图 8-25 所示。传动装置通常设置在反应器的顶盖（上封头）上，一般采用立式布置。电动机经减速器减至工艺要求的搅拌转速后，再通过联轴器带动搅拌轴旋转，从而带动搅拌器转动。

一、电动机选用

电动机功率主要根据搅拌所需的功率及传动装置的传动效率来确定。搅拌所需的功率一般由工艺要求给出，传动效率与所选减速装置的结构有关。此外，还应考虑搅拌轴通过轴封装置时因摩擦而损耗的功率。

电动机功率为

$$P_e=\frac{P+P_m}{\eta} \tag{8-4}$$

式中 P——工艺要求的搅拌功率，kW；

P_m——轴封的摩擦损失功率，kW；

η——传动系统的机械效率，可参考相关资料或表 8-7 选取。

电动机往往与减速器配套使用。因此，电动机的选用还需要与减速器的选用配合考虑。

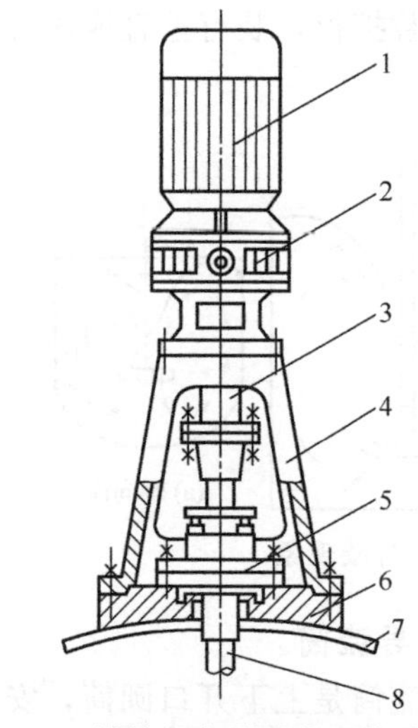

图 8-25 搅拌反应器的典型传动装置
1—电动机；2—减速器；3—联轴器；4—机座；5—轴封装置；6—底座；7—上封头；8—搅拌轴

二、减速器类型和选用

搅拌反应器常用的有摆线针轮行星减速器、两级齿轮减速器、V 带减速器及圆柱蜗杆减速器等多种标准釜用立式减速器，其主要特点见表 8-8，供选用时参考。

表 8-7 传动系统的机械效率

类型	传动方式	效率
圆柱齿轮传动	开式传动、铸齿(考虑轴承损失)	0.9～0.93
圆锥齿轮传动	开式传动、铸齿(考虑轴承损失)	0.88～0.92
圆弧蜗杆传动		0.85～0.95
带传动(平带和 V 带)		0.95～0.96
无级变速器		0.92～0.95
轴承	滚动	0.99～0.995
	滑动	0.98～0.995

减速器作用是传递运动和改变转速，以满足工艺条件要求。减速器是工业生产中应用很广的典型装置。为了提高产品质量，节约成本，适应大批量专业生产，已制定了相应的标准系列，并由有关厂家定点生产。需要时，可根据传动比、转速、载荷大小及性质，再结合效率、外廓尺寸、重量、价格和运转费用等各项参数与指标，进行综合分析比较，以选定合适的减速器类型与型号，外购即可。

选用时可根据工艺条件、安装空间范围、搅拌要求、寿命、工况条件等各项因素综合考虑确定减速器类型，再根据电机功率和输出转速（或传动比）由相关标准确定其型号。

表 8-8 四种常用减速器的主要特点

项目	减速器类型			
	摆线针轮行星减速器	两级齿轮减速器	V 带减速器	圆柱蜗杆减速器
传动原理	利用少齿差内合行星传动	两级同中心距并流式斜齿轮减速传动	单级 V 带传动	圆弧齿圆柱蜗杆传动
主要特点	传动效率高、结构紧凑、拆装方便、寿命长、承载能力高、工作平稳、质量小、体积小，对过载和冲击载荷有较强的承受能力，允许正反转，可用于防爆的场合，与电动机直连供应	传动平稳、体积小、效率高、制造成本低、结构简单、装配检修方便等，可正反转，能用于防爆场合，与电动机直连供应	结构简单，过载时能产生打滑，对电动机起到安全保护作用，但不能保持精确的传动比。允许正反转，不能用于防爆的场合	凹凸圆弧齿廓啮合，磨损小、发热低、效率高、承载能力高、体积小、质量小、结构紧凑，广泛用于搪玻璃反应釜，可用于防爆场合

三、联轴器类型和选用

联轴器的作用是将两个独立设备的轴牢固连接在一起，以传递运动和功率。为了确保传动质量，一方面要求被连接的轴要同心，另一方面则要求传动中一方工作有振动、冲击时，尽量不要传递给另一方。

联轴器结构类型较多，基本上可以分为刚性联轴器和弹性联轴器两类。图 8-26 所示为刚性联轴器，是由两个带凹、凸的圆盘组成，圆盘称为半联轴器。半联轴器与轴通过键进行周向固定，通过锁紧螺母达到轴向固定。此联轴器用于连接严格的同轴线的两端，允许在任何方向转动，结构简单、制造方便，但无减振性，不能消除两轴不同心所引起的不良后果，一般用于振动小和刚度大的轴。

图 8-27 所示为弹性联轴器，凸半联轴器的突出柱插入凹半联轴器，在突出柱之间放有硬橡胶，从而使两个半联轴器之间产生弹性接触。此联轴器靠弹性块变形而储存能量，从而使联轴器具有吸振与缓和冲击的能力，并允许有不大的径向和轴向位移，但不能承受轴向载荷。这种联轴器适用于工作温度－20～60℃的变载荷及频繁启动场合。

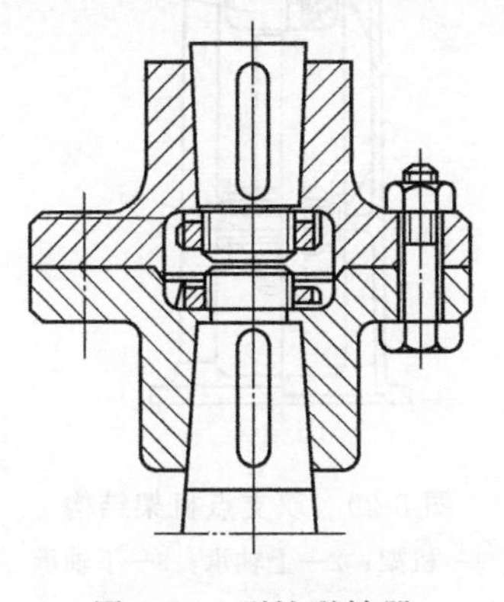

图 8-26 刚性联轴器

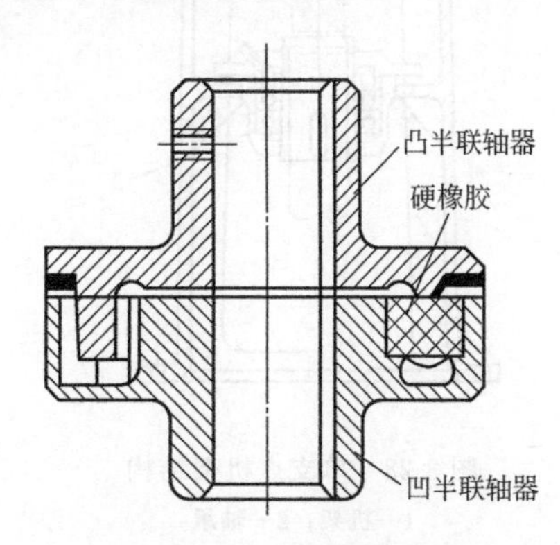

图 8-27 弹性联轴器

搅拌反应器中常用的联轴器有立式夹壳联轴器、纵向可拆联轴器、刚性联轴器、LT 型链条联轴器、弹性块式联轴器等几种。常用联轴器的特点和应用场合见表 8-9。

表 8-9 常用联轴器的特点和应用场合

类型	特点	应用场合
立式夹壳联轴器	结构简单、拆装方便，最高使用温度 250℃	适用于低转速场合，不适用于有冲击的场合
纵向可拆联轴器	拆装方便	适用于减速器出轴和搅拌轴的刚性连接
刚性联轴器	结构简单、制造方便，但无减振性	一般使用于振动小和刚度大的轴，常用于反应釜的内部
LT 型链条联轴器	有罩壳，允许正、反方向旋转	适用于高温、潮湿或多尘条件
弹性块式联轴器	具有吸振与缓和冲击的能力，并允许有不大的径向和轴向位移，但不能承受轴向载荷	适用于工作温度－20～60℃的变载荷及频繁启动场合
联轴器中间加设附件	在联轴器之间加一短轴，便于装卸、检修、机械密封	

四、机座和底座设计

1. 机座

搅拌反应器的传动装置是通过机座安装在反应器顶上，其结构要考虑安装联轴器、轴封装置以及与之配套的减速器输出轴径和定位结构尺寸的需要。搅拌反应器专用机座的常用结构有单支点机架和双支点机架两种。

单支点机架结构如图 8-28 所示，适用于电动机或减速机可作为一个支点，或容器内可设置中间轴承和底轴承的情况。搅拌轴的轴径应在 30～160mm 范围内。

当减速器中的轴承不能承受液体搅拌所产生的轴向力时，应选用双支点机架，其结构如图 8-29 所示。机架上的两个支点承受全部轴向载荷。对于大型设备，搅拌密封要求较高的场合，一般多采用双支点机架。

单支点和双支点机架已有标准系列产品。相关标准对机架的用途和适应范围、结构形式、基本参数和尺寸、主要技术要求都做了相应的规定，选用时可直接查取。

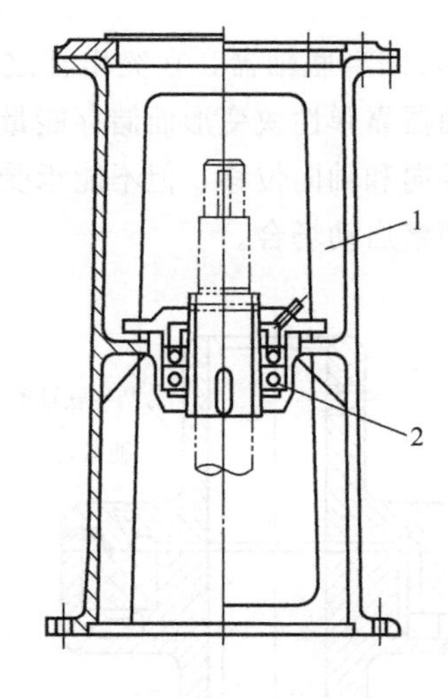

图 8-28 单支点机架结构

1—机架；2—轴承

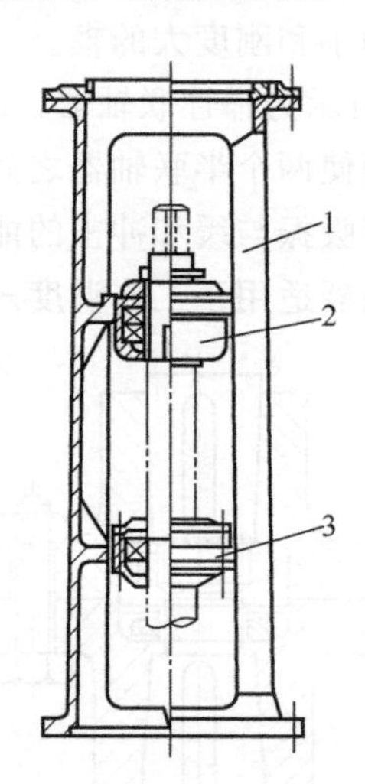

图 8-29 双支点机架结构

1—机架；2—上轴承；3—下轴承

2. 底座

底座用于支托机架和轴封，轴封和机架定位于底座，有一定的同心度，从而保证搅拌轴既与减速器连接又穿过轴封还能顺利运转。视釜内物料的腐蚀情况，底座有不衬里和衬里两种。底座安装方式有上装式（传动装置设置在釜体上部）和下装式（传动装置设置在釜体下部）两种，如图 8-30 和图 8-31 所示。

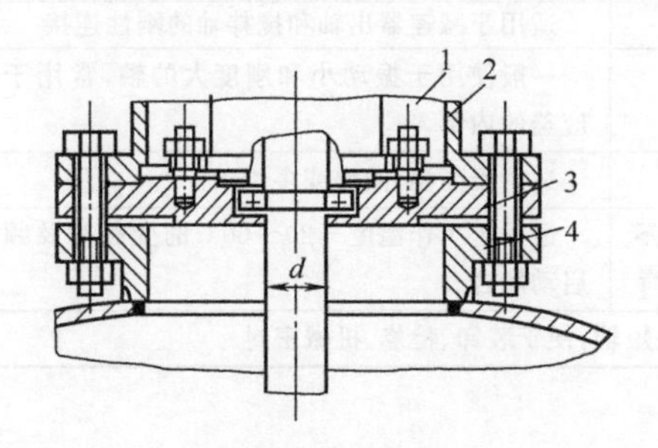

图 8-30 上装式

1—轴封；2—机架；3—安装底盖；4—凸缘法兰

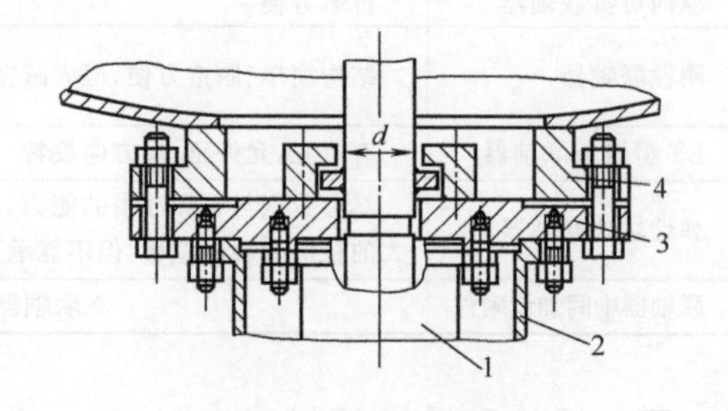

图 8-31 下装式

1—轴封；2—机架；3—安装底盖；4—凸缘法兰

五、搅拌轴

搅拌轴是连接减速机和搅拌器而传递动力的构件。搅拌轴属于非标准件，需要自行设计，其机械计算内容与一般传动轴类似，主要是结构设计与强度校核。由于搅拌轴有安装零部件和制造的需要，常有键槽、轴肩、螺纹孔、倒角、退刀槽等结构，削弱了轴横截面的承载能力，因此轴的直径应在强度计算得到直径的基础上适当放大。

搅拌轴常用圆截面实心轴和空心直轴，其结构形式视轴上安装的搅拌器类型、支撑的结构和数量而定，同时还要考虑联轴器的连接要求和腐蚀等因素。与普通轴一样，搅拌轴的材料常用 45 号优质碳素钢。

搅拌轴通常依靠减速箱内的一对轴承支撑，支撑方式为悬臂梁，由于搅拌轴往往较长而悬伸在反应器内进行搅拌操作，这种支撑条件较差。当搅拌轴转速较快而密封要求较高时，可考虑安装中间轴承。

第五节　搅拌反应器的轴封

由于搅拌轴是转动的，而反应釜的封头是静止的，在搅拌轴伸出封头处必须进行密封，以阻止釜内介质向外泄漏，或阻止空气漏入反应釜内，这种密封称为轴封。轴封是搅拌反应器的重要组成部分。轴封的形式很多，最常用的有填料密封、机械密封、迷宫密封、浮环密封等。

一、填料密封

填料密封又称压盖密封，由底环、本体、油环、填料、螺柱、压盖及油杯等组成，其结构如图 8-32 所示。在压盖压力作用下，装在搅拌轴与填料箱本体之间的填料，对搅拌轴表面产生径向压紧力。由于填料中含有润滑剂，在对搅拌轴产生径向压紧力的同时，会形成一层极薄的液膜，一方面使搅拌轴得到润滑，另一方面阻止设备流体的逸出或外部流体的渗入，达到密封的目的。虽然填料中含有润滑剂，但在运转中润滑剂不断消耗，故在填料中间设置油环，使用时可从油杯加油，保持轴和填料之间的润滑。填料密封不可能绝对不漏，因为增加压紧力，填料紧压在转动轴上，会加速轴与填料间的磨损，使密封更快失效。在操作过程中应适当调整压盖的压紧力，并需定期更换填料。

填料箱密封结构简单，填料装拆方便。尽管大多数填料是非金属的，并且有润滑作用，但由于轴不断旋转，轴和填料间的磨损是不可避免的，总会有微量的泄漏，因而不可克服的缺点是寿命短。尤其在压力较高、温度较高的条件下，要保证密封可靠，必须增加填料圈数和填料压紧力。

当釜内操作温度大于或等于 100℃，或转轴线速度大于或等于 1m/s 时，填料箱应带冷却水夹套，其作用是降低填料温度，保持填料具有良好的弹性，延长填料使用寿命。填料箱的主要尺寸如图 8-33 所示。填料截面边长与轴径关系见表 8-10，填料环数与介质压力关系见表 8-11。

表 8-10　填料截面边长与轴径关系　　单位：m

轴径 d	＜20	20～35	35～50	50～75	75～110	110～150	150～200	＞200
填料截面边长 b	5	6	10	13	16	19	22	25

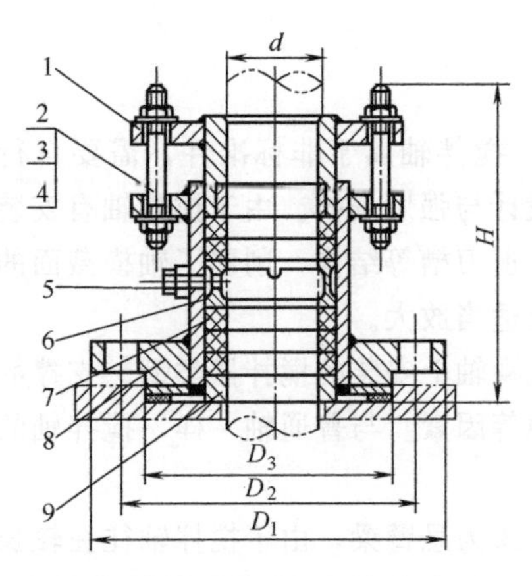

图 8-32 填料密封的结构

1—压盖；2—双头螺柱；3—螺母；4—垫圈；5—油杯；6—油环；7—填料；8—本体；9—底环

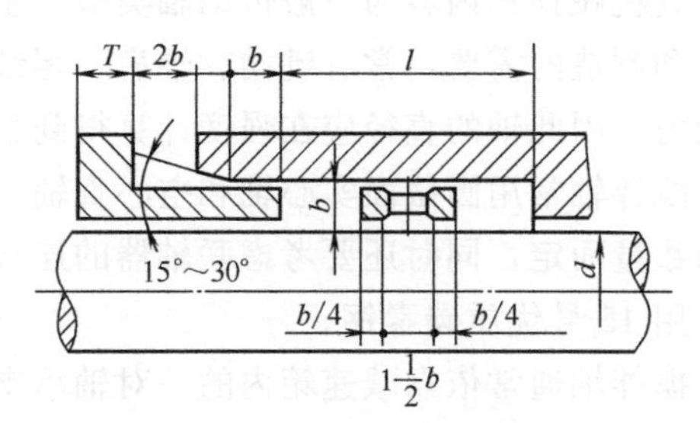

图 8-33 填料箱的主要尺寸

b—填料截面边长，按表 8-10 选取，mm；l—填料室深度，无油环时，$l=zb$，有油环时，$l=(z+2)b$，mm；z—填料环数（图中未标出），按表 8-11 选取；d—轴径，mm；T—压盖法兰厚度，$T=0.75d_b$，mm；d_b—压盖螺栓直径（图中未标出），mm

表 8-11 填料环数与介质压力关系

螺杆运动方式	旋 转		
压力/MPa	0.1	0.5	1.0
填料环数 z	3～4	4～5	5～7

填料是维持密封的主要零件。填料选用主要根据反应釜内介质的特性（包括对材料的腐蚀性）、操作压力、操作温度、转轴直径和转速等参数进行。填料材料的选用见表 8-12。

表 8-12 填料材料的选用

填料名称	牌 号	尺寸/mm	介质极限温度/℃	介质极限压力/MPa	适用条件（接触介质）
油浸石棉填料	YS250	3、4、5、6、8、10、13、16、19、22、25、28、30、32、35、38、42、48、50	250	4.5	蒸汽、空气、工业用水、重质石油等
	YS350		350	4.5	
	YS450		450	6.0	
石棉浸四氟乙烯填料	FFB-01	3、4、5、6、8、10、13、16、19、22、25	250	20	强酸、强碱及其他腐蚀性物质
	FFB-02		200		
	FFC-58		200		
纯四氟乙烯编织填料	NFS	方形(3×3)～(20×20) 圆形 ϕ5～49	−200～290	30	强酸、强碱及其他腐蚀性物质 浸油后不宜用于液氧
石棉线和尼龙线浸渍四氟乙烯填料	YAB	方形(3×3)～(20×20) 圆形 ϕ5～49	−30～200	25	适应弱酸、弱碱
柔性石墨填料	无牌号	ϕ50×30、ϕ60×40、ϕ76×50、ϕ106×80、ϕ48×32 等	非氧化介质中为 −200～1600 氧化性介质中为 400	20	醋酸、硼酸、柠檬酸、盐酸、乳酸、氨水、氢氧化钠、汽油、四氯化碳等
碳纤维	TCW	4、5、6、8、10、12、14、16	−250～320	20	酸、强碱、溶剂

原化学工业部制定了供工业反应釜用的轴封装置标准。轴径系列有 30mm、40mm、50mm、65mm、80mm、95mm、110mm 和 130mm 等几种，选用时可直接参考相关内容。

二、机械密封

机械密封又称端面密封，是由垂直于轴的两个密封元件的平面相互贴合并相对转动而构成的密封装置。机械密封装置是将较易泄漏的轴向密封改变为较难泄漏的端面密封。它功耗小、泄漏量小、密封性能可靠、使用寿命长，被广泛应用于泵、压缩机及搅拌反应器的轴封。

机械密封装置的基本结构如图 8-34 所示，它由摩擦副（即动环和静环）、弹簧加荷装置、辅助密封装置（即动环密封圈和静环密封圈）组成。当轴旋转时静环不动，动环与轴一起转动，由于弹簧力的作用使动环紧紧压在静环上，从而阻止了介质的泄漏。

由图 8-34 可知，机械密封主要由四个密封点来保证。*A* 点一般是指静环座与反应器之间的密封，属静密封，通常加上垫片即可保证密封；*B* 点是静环与静环座之间的密封，也是静密封；*C* 点是动环与静环相对旋转接触的环形密封端面，它将极易泄漏的轴向密封变为不易泄漏的端面密封，两端面保证高度光洁平直，以创造完全贴合和使压力均匀分布的条件，达到密封要求；*D* 点是动环与轴之间的密封，这也是一个相对静止的密封，但在端面磨损时，允许其做补偿磨损的轴向移动，常用的密封元件为 O 形、V 形和矩形环等。

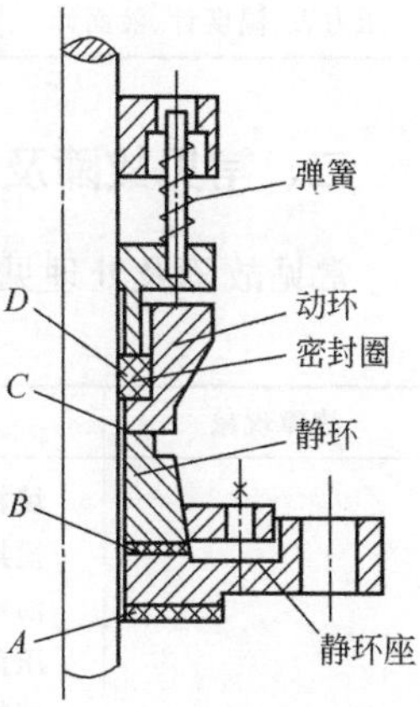

图 8-34 机械密封装置的基本结构

对于机械密封的具体选用，可参考本专业配套教材《密封技术》和其他有关技术手册，这里不再赘述。

第六节 反应釜的维护

一、维护要点

1. 日常维护

① 禁止超温、超压、超负荷运行。

② 观察釜体及零部件是否有变形、裂纹、腐蚀等现象，检查各运动部件有无松动和异常声响。

③ 检查冷却液、密封液（气）是否畅通，压力、温度、流量、液位是否符合要求；密封泄漏量是否符合规定；油量减少时要及时补油消漏。

④ 检查电机电流是否正常。

⑤ 检查各轴承部位温度、声音等是否正常。

⑥ 检查搅拌轴是否因紧固件失灵而下沉，如有下沉时，应立即停车处理。

⑦ 对于用皮带或链条传动的设备，应经常检查，调整其松紧度。

⑧ 保持周围环境整洁。

2. 定期检查内容

定期检查内容见表 8-13。

表 8-13 定期检查内容

检查记录	检查内容	检查间隔
操作记录本	进行对比、分析，了解、掌握设备状况	每周 1～2 次
物料	仔细查看物料是否变色、混有杂物等，从而判断设备是否有内漏或锈蚀物脱落	每次出料后
减速器、电动机、釜体	诊听并判断内部零件有无松动及损坏	每班 1 次
釜体支架基础	目视和用水平仪检查，应无下沉、无倾斜、无变形，接地良好	每月 2 次
进料管、压料管	检查有无堵塞、结疤、腐蚀、变形等现象	每次出料后
压力表、温度计、液面计	检查是否完好无损、清晰、准确	每班 1 次

二、常见故障及处理

常见故障及处理见表 8-14。

表 8-14 常见故障及处理

故障现象	故障原因	处理方法
轴封泄漏	填料密封： 搅拌轴在填料处磨损或腐蚀 油环放置不当或油路堵塞 压盖没压紧，填料质量差或使用过久 填料箱腐蚀 机械密封： 动静环端面变形或碰伤 密封圈失效或装反 弹簧比压小 操作压力、温度不稳 硬颗粒进入摩擦副 轴窜量超标	 修理或更换新轴 调整油环或清堵 压紧压盖或更换填料 修补或更换填料箱 研磨或更换新件 更换或正确安装 调整比压 平稳操作 修复回装前认真过滤冷却液 重新调整紧固
釜内有异常响声	搅拌器碰釜内壁或附件 搅拌器松动 搅拌轴弯曲及轴承损坏 物料结块	停车检查及修理 停车修理、紧固 修理或换轴，更换轴承 停车修理
轴承温度过高	润滑油不足或过多 油质不合适或不清洁 机件配合不当 轴承损坏	调整油量 更换 调整间隙 更换
联轴器响声大	螺栓松动 弹性连接件磨损 零部件间隙过大	紧固 更换新件 更换或修理
搅拌轴晃动	搅拌轴不直度过大 轴承间隙过大 填料箱磨损	校直或换轴 更换轴承 更换或修理
搅拌轴下沉	上端锁紧螺母松动，垫片损坏 减速器输出轴与搅拌轴找正不好	换垫，使轴回位紧固 调整、找正

续表

故障现象	故障原因	处理方法
电动机过载	轴承等传动件损坏 釜内温度低，物料黏度偏高或料面偏高	更换新件 调整操作条件
出料不畅通	出料管堵塞 压料管损坏	清理 修理或更换配管

三、紧急情况停车

发生下列异常现象之一时，必须紧急停车：

① 反应釜工作压力、介质温度或壁温超过许用值，采取措施仍不能控制；

② 反应釜的主要受压元件发生裂缝、鼓包、变形、泄漏等危及安全的缺陷，

③ 安全附件失效；

④ 接管、紧固件损坏，难以保证安全运行；

⑤ 发生火灾等意外情况，直接威胁到反应釜安全运行；

⑥ 过量进料；

⑦ 液位失去控制，采取措施仍不能得到有效控制；

⑧ 反应釜与管道发生严重振动，危及安全运行。

四、完好标准

1. 零、部件

① 釜体及传动、搅拌、密封等装置的零部件完整齐全，质量符合要求。

② 压力表、温度计、安全阀、液面计等齐全、灵敏、准确，并定期检验。

③ 基础、机座稳固可靠，螺栓紧固、齐整，符合技术要求。

④ 管线、管件、阀门、支架安装合理、牢固，标志分明。

⑤ 防腐、保温、防冻设施完整有效。

2. 运行性能

① 设备润滑系统清洁畅通，润滑良好。

② 空载盘转搅拌轴时，无明显偏重及摆动，零部件之间无冲击声。

③ 运行时无杂音，无异常振动，各部温度、压力、转速、流量、电流等符合要求。滚动轴承温度不超过70℃，滑动轴承温度不超过65℃。

④ 生产能力达到铭牌出力。

3. 技术资料

① 设备档案齐全，有产品合格证、产品使用说明书。

② 检修及验收记录齐全。

③ 运行时间和累计运行时间有统计、记录。

④ 有装配总图及易损配件零件图。

⑤ 操作规程、维护检修规程齐全。

⑥ 压力容器档案资料齐全，并符合有关规定。

4. 设备环境

① 设备及周围环境整洁。

② 动、静密封点统计准确，无“跑、冒、滴、漏”现象。

五、安全注意事项

① 操作人员必须持证上岗操作。

② 佩戴规定的安全劳动防护用品，有毒、有害的场合，要配备好防护器具。

③ 不得用水直接冲洗电动机、减速器、保温层、仪表、计器等。

④ 设备运转时，不得清理、擦拭运转零部件。

⑤ 不得带压拧紧或松开螺栓及修理受压元件。

第七节 反应釜的检修

一、拆卸与检查

1. 搅拌轴密封部位

① 拆检机械密封件及其辅助系统设备、阀件等。

② 拆检填料密封部位，检查填料及轴套磨损情况。

③ 检查搅拌轴弯曲度及其与密封座的垂直度、同轴度及搅拌轴的轴向窜动量。

2. 搅拌装置

① 拆卸有碍于提起搅拌轴的零件、接管，如注油管、进料管、温度计套管等。

② 拆检减速器与搅拌轴间联轴器等，提起搅拌轴，并用专用工夹具可靠支承。

③ 检查搅拌器腐蚀、磨损情况及有无裂纹、变形和松脱。

④ 检查各轴承的润滑状况、轴承游隙或滑动轴承间隙。

⑤ 检查密封部位的轴面状况与尺寸。

3. 驱动部分

检查联轴器状况；检查、调整皮带与链条松紧度。

4. 内部构件

检查挡板等有无变形等缺陷；检查盘管、列管有无腐蚀、变形，焊缝有无裂纹，螺栓有无松动。

5. 釜体

① 将壳体清洗干净，用肉眼或五倍放大镜检查腐蚀、变形、裂纹等缺陷。

② 用超声波测厚仪测出缺陷部位的厚度。

6. 附件

检查安全阀、爆破片、压力表、液面计、支座、基础等。

二、主要零部件的检修

1. 圆柱齿轮减速器

有下列缺陷的齿轮不得继续使用，应进行修理或更换。

(1) 工作面磨损

① 原因：润滑油内混入高硬度的砂料引起研磨；齿轮材质不对或表面硬度不够。

② 修复方法：在磨损的齿面上补焊结构钢，消除应力后铣削和研磨，或者补焊硬质合金，再磨削加工。

（2）点蚀和剥落

① 原因：齿轮长期受较高的接触应力（如过载），当点蚀发展严重时形成剥落；表面热处理不合格也会引起剥落；润滑油选择不合适，黏度不够，没有形成油膜。

② 修复方法：发生点蚀的齿轮在一般情况下可以使用，但不得过载。如果点蚀严重而脱落时，就要更换备件。

（3）齿轮胶合

① 原因：齿轮在高速转动过程中，由于润滑不好或冷却不及时，在齿轮接触面上产生局部高温而胶合；齿轮材料不合适，也会产生胶合。

② 修复方法：采用黏度大的润滑油，加强润滑，防止过载；加强冷却，防止在齿面上产生高温。在齿面发现胶合处，应把胶附在齿面上的熔化物研磨掉，去掉油中残渣，先轻负荷运转，跑合一定时间后检查无问题再正常开车。熔化严重，塑性流动较大时，应更换齿轮。

2. 釜体

① 报废：反应釜使用到一定年限，出现下列情况之一者应予以报废：设备壁厚均匀腐蚀超过设计规定的最小值；设备壁厚因局部腐蚀小于设计规定的最小值，且腐蚀面积大于总面积的 20%；水压试验时，设备有明显变形或残余变形超过规定值；因碱脆或晶间腐蚀严重，设备本体或焊缝产生裂纹，不能修复时；设备超标缺陷（如严重的结构缺陷危及安全运行时；焊缝不合格，严重未焊透、裂纹等无法修补时）。

② 修复方法：修复方法与釜体材料、缺陷面积和深度有关，工作重点是焊接工艺的制定。如钢制釜体，若是局部腐蚀，采用电弧堆焊法修补，腐蚀面积较大，采用贴补法；若是裂纹，要看其深度和宽度，裂纹深度小于壁厚的 10%，且不大于 1mm，可用砂轮将裂纹磨平，并与金属表面圆滑过渡即可，裂纹深度不超过壁厚的 40%，可在裂纹深度范围铲出坡口，进行焊补（裂纹两端宜钻小孔，以防止裂纹延伸），穿透的宽裂缝则采用挖补法，用气焊把带有缺陷的金属部分切下来，在切口处补焊一块与母材相同的钢板。

从壳体切下的材料长度，应比裂缝（或腐蚀部位）长 50～100mm，其宽度应不小于 250mm，以避免在焊接补片的两条平行焊缝时彼此有热影响区。焊上的补片与本体表面平齐，无搭接部分，并且预先将补片压弯，其曲率半径与被修理壳体表面弯曲半径一样，一块补片的面积不应超过被修理设备表面积的 1/3。

3. 密封装置

（1）填料密封

① 在安装填料时，应先将填料制成填料环。接头处应互为搭接，其开口坡度为 45°，搭接后的直径应与轴径相同。每层错角按 0°、180°、90°和 270°交叉放置，防止接头在同一方位上重叠。

② 压紧压盖时，按对角线拧紧螺栓，用力要均匀，压盖与填料箱端面应平行，且四个方位的间距相等。

③ 填料箱体的冷却系统要畅通无阻，保证冷却效果，如发现有污垢，要及时处理，避免影响冷却效果。

（2）机械密封

机械密封属于精密零件，对轴与密封腔的垂直度、同轴度、轴的径向跳动都有严格要求，安装时勿敲、碰等。

① 拆卸：将机械密封固定螺栓松开，各个零件全部上移，并固定住，防止下落。用夹具卡住竖轴，然后将机械密封零件放在夹具上。必要时用软布垫隔开动、静环，防止碰坏。松开联轴器，移开电动机、减速器及支架，将机械密封按顺序从轴上取下来。

② 安装：将机械密封零件按顺序套在轴上，拧紧联轴器，安装好减速器、电动机及支架，然后去掉夹具。在轴（或轴套）上涂润滑油，依次装入机械密封零件，防止损伤动、静环及密封圈。将静环装入静环压盖后，压紧静环压盖时受力要均匀，为保证密封端面润滑，安装时应先在静环端面涂上一层清洁机油，润滑箱内润滑液面要高出密封端面 10～15mm。

一般情况可选干净机油为润滑液。紧固螺钉时要均匀拧紧，尤其是轴套硬化处理后，不要偏斜。轴与端面垂直度，一般通过调节减速器支架螺钉、釜口法兰螺钉及静环压盖等来达到要求。通过压紧螺母调节弹簧压缩量，视现场介质压力、设备精度等情况，控制端面比压要适当。

三、试车与验收

1. 试车前的准备

① 设备检修记录齐全，新装设备及更换的零部件均应有质量合格证。

② 按检修计划任务书检查计划完成情况，并详细复查检修质量，做到工完料净场地清，零部件完整无缺，螺栓牢固。

③ 检查润滑系统、水冷却系统畅通无阻。

④ 检查电动机、主轴转向应符合设计规定。

2. 试车

空载试车应满足以下要求：

① 转动轻快自如，各部位润滑良好。

② 机械传动部分应无异常杂音。

③ 搅拌器与设备内加热蛇管、压料管、温度计套管等部件应无碰撞。

④ 釜内的衬里不渗漏、不鼓包，内蛇管、压料管、温度计套管牢固可靠。

⑤ 电动机、减速器温度正常，滚动轴承温度应不超过 70℃，滑动轴承温度应不超过 65℃。

⑥ 密封可靠，泄漏符合要求；密封处的摆动量不应超过规定值。

⑦ 电流稳定，不超过额定值，各种仪表灵敏好用。

⑧ 空载试车后，应进行水试车 4～8h，加料试车应不少于一个反应周期。

3. 验收

试车合格后按规定办理验收手续，移交生产。验收技术资料应包括如下内容：

① 检修质量及缺陷记录。

② 水压、气密性及液压试验记录。

③ 主要零部件的无损检验报告。

④ 更换零部件的清单。

⑤ 结构、尺寸、材质变更的审批文件。

四、安全注意事项

① 特殊作业人员应有相应的作业资格证。

② 必须佩戴规定的安全劳动防护用品，有毒、有害的场合，要配备好防护器具，作应急之用。

③ 切断电源，悬挂“禁止合闸”警告牌。

④ 检修易燃、易爆、有毒、有腐蚀性物质的釜体时，必须切断出入口阀门，加隔离盲板，并进行清理置换，经取样分析合格后，方能进行工作。

⑤ 釜内作业要办理釜内作业许可证，作业因故较长时间中断或安全条件改变时，要继续釜内作业，应重新办理釜内作业许可证。

⑥ 釜内作业可视具体作业条件，采取通风措施，对通风不良以及容积较小的釜体，采取间歇作业，不得强行连续作业。

⑦ 釜内作业要按釜体深度搭设安全梯及台架，设立监护人，配备救护绳索，以保证应急撤离。监护人不得擅自离开监护岗位。

⑧ 动火需办证。施焊人离开时，不得将乙炔焊枪留放釜内，以防乙炔泄漏。

⑨ 检修临时灯采用低压（36V），釜内应使用电压不超过 24V 的防爆灯具。检验仪器和修理工具的电源电压超过 24V 时，必须采取防止直接接触带电体的保护措施。

习 题

8-1 反应设备有哪几种分类方法？简述几种常见反应设备的特点。

8-2 搅拌式反应器由哪些零部件组成？各部分的作用是什么？

8-3 在确定筒体内径和高度时，应考虑哪些因素？

8-4 搅拌式反应器的传热元件有哪几种？各有什么特点？

8-5 常用搅拌器有哪几种结构形式？各有何特点？各适用于什么场合？

8-6 搅拌轴的计算应考虑哪些因素？

8-7 为什么要在搅拌式反应器中设置挡板和导流筒？

8-8 搅拌式反应器常用的减速器有哪几种？各有何特点？适用于什么场合？

8-9 简述填料密封的结构组成、工作原理及密封特点。

8-10 简述机械密封的结构组成、工作原理及密封特点。

8-11 有一台生物反应器的内直径为 1800mm，容器的上、下封头为标准椭圆形封头，高径比为 2，试确定搅拌容器的筒体高度。该反应器的容积是多少？

8-12 搅拌式反应器的筒体内直径为 1200mm，液深为 1800mm，容器内均布 4 块挡板，采用直径为 400mm 的推进式搅拌器，搅拌速度为 320r/min，反应液的黏度为 0.1Pa・s，密度为 1050kg/m^3，试求：(1) 搅拌功率；(2) 改用六直叶圆盘涡轮式搅拌器，其余参数不变时的搅拌功率；(3) 如反应液的黏度改为 25 Pa・s，搅拌器采用六斜叶开式涡轮，其余参数不变时的搅拌功率。

8-13 搅拌反应器的筒体内直径为 1800mm，采用六直叶圆盘涡轮式搅拌器，搅拌器直径为 600mm，搅拌轴转速为 160r/min。容器内液体的密度为 1300kg/m^3，黏度为 0.12Pa・s。试求：(1) 搅拌功率；(2) 改用推进式搅拌器后的搅拌功率。

8-14 反应釜日常维护有哪些内容？

8-15 简述反应釜轴封泄漏的原因及处理方法。

8-16 反应釜拆卸与检修的主要内容包括哪些？

8-17 简述反应釜机械密封检修的主要内容。

参考文献

[1] 董大勤主编. 化工设备机械基础. 北京：化学工业出版社，2003.
[2] 郑津洋，董其伍，桑芝富主编. 过程设备设计. 第3版. 北京：化学工业出版社，2003.
[3] 黄振仁，魏新利主编. 过程装备成套技术设计指南. 北京：化学工业出版社，2003.
[4] 余国琮主编. 化工机械工程手册（上、下卷）. 北京：化学工业出版社，2003.
[5] 丁伯民，黄正林等编. 化工设备设计全书. 化工容器. 北京：化学工业出版社，2003.
[6] 王凯，虞军主编. 化工设备设计全书·搅拌设备. 北京：化学工业出版社，2003.
[7] 秦叔经，叶文邦主编. 化工设备设计全书·换热器. 北京：化学工业出版社，2003.
[8] 化工设备设计全书编委会编. 塔设备. 上海：上海科学技术出版社，1987.
[9] 周志安，尹华杰，魏新利编. 化工设备设计基础. 北京：化学工业出版社，1996.
[10] 洛阳石化公司编. 石油化工设备设计便查手册. 北京：中国石化出版社，2002.
[11] 汤金石，赵锦全主编. 化工过程及设备. 北京：化学工业出版社，2003.
[12] 李功祥等合编. 常用化工单元设备设计. 广州：华南理工大学出版社，2003.
[13] 王绍良主编. 化工设备基础. 第3版. 北京：化学工业出版社，2019.
[14] 匡国柱，史启才主编. 化工单元过程及设备课程设计. 北京：化学工业出版社，2002.
[15] 何瑞珍主编. 化工设备维护与检修. 北京：化学工业出版社，2012.